软件测试技术、方法和环境

徐拥军　王　炯　郝　进　编著
周伯生　主审

北京航空航天大学出版社
BEIHANG UNIVERSITY PRESS

内 容 简 介

本书是作者近20年实践经验的总结与提高，全面论述了软件测试技术、过程和方法，以及组织级的软件测试体系建设和运用。一方面讲述了软件测试目的和原则、测试的组织形式、组织级软件测试体系建设及测试人员培养等。另一方面从技术角度论述了同行评审方法、测试用例设计方法、测试度量与分析、自动化测试及性能测试等。最后通过一个行业核心业务系统测试案例，展现了各种测试技术和管理方法如何综合使用。提出的基于迭代的测试过程和行业核心业务系统测试是实践的总结，适用于中国当前的现实情况。

本书有助于测试人员及其他技术人员快速提高测试能力，适合业内人员阅读、使用，也可以作为计算机专业的教学参考书。

图书在版编目(CIP)数据

软件测试技术、方法和环境 / 徐拥军等编著. --北京
:北京航空航天大学出版社，2012.6
ISBN 978-7-5124-0707-7

Ⅰ.①软… Ⅱ.①徐… Ⅲ.①软件—测试 Ⅳ.
①TP311.5

中国版本图书馆CIP数据核字(2012)第008600号

软件测试技术、方法和环境

徐拥军 王 炯 郝 进 编著

周伯生 主审

责任编辑 许传安

*

北京航空航天大学出版社出版发行

北京市海淀区学院路37号(邮编100191) http://www.buaapress.com.cn

发行部电话:(010)82317024 传真:(010)82328026

读者信箱:bhpress@263.net 邮购电话:(010)82316936

涿州市新华印刷有限公司印装 各地书店经销

*

开本:787×1092 1/16 印张:14.75 字数:378千字

2012年6月第1版 2012年6月第1次印刷 印数:3 000册

ISBN 978-7-5124-0707-7 定价:36.00元

序

《软件测试技术、方法和环境》一书是三位作者多年来实践经验的总结。他们通过理论联系实践、技术与管理相结合的方式，从管理方面阐述了软件测试的目的、原则、组织形式、组织级软件测试体系建设以及人员培养等问题，从技术角度论述了迭代测试过程、同行评审、测试用例设计、测试度量与分析、性能测试以及自动化测试等技术。最后用一个行业核心业务系统测试案例，展示了各种测试技术和管理方法的综合使用，是软件和系统测试人员的重要参考资料，也可供其他开发人员和各级管理人员阅读。

我受邀担任本书主审，不仅可以与多年的朋友深入合作，而且是因为软件测试确实是建造软件和系统的一项不可或缺的重要技术。在这方面出版一本有价值的书籍，可为我国的软件和系统建造产业作一份贡献。

目前我们所处的信息化时代，是人类进入综合利用物质、能量和信息三种资源的知识经济时代。千百年来以传统的物质产品的生产、流通、消费为基本特征的物质型经济，正在逐步转为以信息产品的生产、流通、利用和消费为基本特征的现代化知识型经济。复杂的巨型计算机系统是这个时代的必不可少的基础设施，这类系统需要测试技术来确认。

同时，当前全球以云计算为特征的第四代计算模式风起云涌，我国从关键设备、数据中心系统、云安全、云应用服务等多个层次，正在制订长期发展战略，以指导构建自主可控的中国云，以确保国家信息基础设施和信息资源的安全。显然这类超大规模巨型系统的开发和确认，也需要采用测试技术。

此外，就软件系统本身来说，美国国防部认为大型软件项目不成功的原因70%是管理问题，30%是技术问题，就此幸运而诞生和发展的CMMI已经取得了巨大的成效，证明过程不仅是信息产业生产力的三要素之一(另两个要素是人员和技术)，而且是三要素的纽带和杠杆作用点。但是过程和技术必须两者兼顾，相辅相成。

我相信，积极、正确运用本书阐述的测试技术，可以对知识经济、云计算、过程改进提供重要的支持。我期望本书能对这三个大趋势真正做出有效的贡献，但我更热切地期望读者对本书的缺点和存在的问题提出批评、指正。

周伯生　于北京
2012年5月2日

前　言

我们生活在一个伟大的时代，可以随时随地得到想要的任何信息，但同时也往往陷入知识的海洋而找不到方向和重点。在竞争激烈的现实环境中，我们比以往任何时候都关注自身成长，特别渴望构建属于自己的知识体系和方法论，以便驾驭复杂多变的工作场景。作为一本软件测试的专著，本书希望帮助读者构建这样的知识体系，也希望帮助软件组织建立软件测试体系。因此本书主要论述两方面的内容，一是关于软件测试的过程、方法、技术和实践等，帮助测试从业人员及其他技术人员提升软件测试能力；二是关于组织级软件测试体系建设，帮助软件组织的管理者提高整个组织的软件测试能力。这两部分内容相互支撑，形成关于软件测试的知识体系和方法论。

软件工程的范畴很大，为什么专门论述软件测试呢？这与本书的总指导兼审校者周伯生教授和几位作者关于软件工程的认识有关。一方面，在当今世界及中国的软件开发和项目实施中，软件测试所占的分量越来越大(已达项目总工作量的40%左右)，其重要性越来越大，但各有关方(包括软件公司、用户、管理者和技术人员等)对测试的重视、关注和投入都很不够，测试从业人员力量也比较弱，这种状况往往导致不仅做不好测试，更影响整个项目的成败和效率。另一方面，在这种情况下，在测试过程、方法和技术等方面的一点点改进都有可能对软件工程实践起到显著的改善作用，而在一个组织内建立一套测试体系，则更能极大地促进软件测试，乃至其他方面的持续发展和提升。所以说，应该狠抓软件测试，并在组织范围内进行测试体系的建设。

随着软件工程理论和实践的发展，软件测试已经成为一门独立的学科，我们可以看到软件测试方面的专著。阅读这些经典著作有助于我们了解与测试相关的概念、模型和方法等理论知识。但由于内容过于庞杂，与实际情况有一段距离，要掌握起来也不是那么容易；而且，目前大部分的著作主要涉及测试方法和技术层面，较少论及组织级测试体系建设方面的内容。面对这些问题，我们认为有必要写一点东西，将测试理论和实践结合起来，将测试技术和测试管理结合起来，将项目级技巧和组织级体系结合起来。

我们来自神州数码公司和北京赛柏科技公司，都是长期从事软件开发、测试和研发管理的技术人员，在软件公司里承担着测试经理、测试部经理和研发管理者的角色，也面临着同样的问题。为了做好软件测试，我们引入了必要的测试理论和方法，并结合理论在各种软件研发和工程项目中承担具体的测试任务，同时还要考虑测试人员培养和测试体系建设等问题。在这个过程中，我们将相关的经验和教训总结出来，慢慢形成了关于测试的一些原则、过程、方法、技术和实用做法，并在实践中不断对它们进行检验和改进，逐步形成了一些比较成体系的东西，成为了整个组织的测试体系。这样的工作大约从2001年开始，持续了十余年的时间。回头来看，这样的工作还是有一定的借鉴意义的。从2009年开始，在周伯生老师的鼓励和指导下，我们将相关的内容进行整理和再提炼，以便汇集出版。这就是本书的源起。因此，本书不是测试理论的集中介绍，也不是测试技术的细节描述，而是测试经验和教训的结晶，希望带给

读者一个正在测试现场的真实体验，加深读者关于测试本质的认识，帮助读者利用本书介绍的方法和体系来构建一个属于自己的测试体系和方法论。

本书共11章。其中前5章由徐拥军执笔(也是本书的统稿人)，第7章由王炯执笔，第6章和第11章由郝进执笔，第8章至第10章由3人共同撰写。下面简要介绍一下。

第1章“测试技术引论”阐述与软件测试相关的比较本源、本质和基础的内容。首先从系统工程角度来看待软件测试，为软件测试及后面的章节内容引入一个方法论，而后面的章节也在自觉地利用系统工程方法来揭示软件测试的奥秘；再回顾软件测试的起源和发展历史，以正本清源、辨伪存真；然后从实际工作体会出发，重新认识测试的目的和作用；在此基础上，本章基于系统工程思想，提出了软件测试的基础原则，即“6W原则”。这些原则也是我们关于项目测试实践和测试体系建设的经验教训的总结。

第2章和第3章重点论述与人相关的两个专题。第2章“测试组织形式”介绍软件测试几种典型的组织形式，分析它们的不同特点、优势和劣势，说明各自成功的关键点所在，并开发了测试组织形式的选择表，帮助软件组织选择合适的测试组织形式。第3章“测试人员成长过程”关注测试工程师的成长之路，涉及测试能力培养、测试心理调适、测试与开发协作等专题，对测试人员的能力和素质要求进行分解，提出测试人员如何“过五关”(心理关、业务关、技术关、专业关和管理关等)，一步步迈向成功之路，成为测试专家，并给出了自我评估和制订发展计划的方法。对于组织来说，这些内容对于创建学习型组织、打造高绩效团队是有益的。

第4章“组织级测试体系总体设计”转入正题，给出组织级软件测试体系的总体设计，说明测试体系的内涵、内容、结构、各要素间的关系、建设的过程和方法等。本章还引入了测试成熟度模型，它定义了测试体系的不同等级及其内涵，指出了测试体系建设努力的方向。本书后面的章节是测试体系建设的一个分解和细化的过程。我们将在每一章重点阐述一个专题，在每一个专题中先介绍业界通行的和我们总结的相关原则、过程、方法、技术和指南等；然后论述与组织级测试体系建设相关的内容。

第5章“基于迭代的测试过程”从组织级软件测试体系建设的角度谈软件测试过程的建立。通过分析不同测试过程模型的优缺点，结合现实情况，提出了基于迭代的软件测试过程的概念，说明了它的两层内涵和五大特点，并在基于迭代的测试过程的背景下分专题论述如何监视和控制测试过程的重要方面。实践初步证明了此过程适应当今中国各行业软件开发和测试的情况，符合互联网时代软件开发和运营的新趋势。

第6章和第7章转入测试方法专题，分别论述同行评审过程和方法以及测试用例设计方法。前者涉及静态测试；后者涉及动态测试。第6章“同行评审过程和方法”强调好的软件组织不仅要认真进行动态测试，还要重视以同行评审为核心的静态测试，特别要重视需求同行评审和设计同行评审。为此，本章介绍了需求和设计评审、各种代码评审方式和开发人员自测等的过程和方法，并说明实施CMMI和TSP、PSP相结合的软件过程改进框架，可以帮助组织和技术人员改进这些环节的工作质量。本章也确立了同行评审的度量原则和精确的度量方法。第7章“测试用例设计方法”介绍了白盒测试用例设计方法和黑盒测试用例设计方法，并讨论了测试用例设计的策略。本章介绍的设计实例和第11章中的实际设计实例，方便读者理解各种设计方法。

第8章“测试度量与分析过程”介绍软件度量和测试度量的基本概念和模型，并择其精要，从实用角度分两个方面(即测试计划度量和测试过程度量)来说明度量与分析的内容、过程、方法、技术和案例等。这些内容有助于读者制订准确有效的计划，度量和分析缺陷数据，改进测试过程。本章还论述了如何建立测试度量与分析体系，并介绍了一个实用的质量监控系统，即“赛柏质量监控系统”，利用它可以进行测试度量与分析，持续提升项目测试效率和组织级测试过程性能。

第9章“自动化测试体系建设”论述自动化测试专题。讨论自动化测试的策略和误区，论述自动化测试基础建设、自动化测试框架、测试工具、测试脚本开发等专题，并结合案例介绍进行说明。本章介绍了我们自己开发的测试工具Sm@rtest，利用它可以开展自动化测试。本章还介绍了自动化测试过程建立方面的内容，强调自动化测试是组织级测试体系的重要内容，应该逐步开展起来。

第10章“性能测试过程和方法”论述性能测试专题。本章采取提纲挈领的办法，阐述了性能测试的重要方面，包括如何理解系统性能和性能测试的特点，如何确定性能测试的需求，如何进行性能测试的规划和设计，如何实施性能测试，如何做系统调优等。在此基础上探讨了性能测试体系建设和性能测试队伍建设等问题。本章的内容有助于读者理解性能测试的本质，体会性能测试的禀性。

第11章“行业核心业务系统测试实践”对我们执行的一个实际项目测试案例进行了剖析，用以说明实际项目中的软件测试是什么样的。本书阐述的相关原则、过程、方法和技术等是如何在项目中实际应用的，以及建立的组织级软件测试体系如何应用于实际项目中，并发挥作用。其中介绍了我们提出的“测试用例设计六步法”，它是基于测试要素分析和正交矩阵设计方法在税务行业的特化应用，还有“流程用例设计方法”和“基于状态图的测试用例设计方法”等都独具特色。本章介绍的测试用例设计实例、大项目测试过程掌控、项目测试实际总结和体验报告等内容会给读者以正在现场的感觉，读起来应该是流利自然的。

本书的出版首先要感谢北京航空航天大学周伯生教授，他是在国内外享有声誉的中国软件工程专家，并一直致力于中国软件企业的软件过程改进和质量提升。作为本书的总指导和主审者，为本书确立了总体结构和质量标准，并时常指导我们：“(1)写一本书是自己的一个里程碑。(2)书是写给他人看的，可能要给几千人看。为此我们要高度负责，不要怕麻烦，要精益求精。(3)一本书是一个整体，因此要严谨、严密、严格。写书是一件非常辛苦的事，愈到后来愈要有耐性。”在他的指导下，我们几易其稿，他也反复审校，很多内容相当于由他重写。可以说，没有他的鼎力支持，就没有本书的出版。在这里，还要感谢周伯生教授领导的北京赛柏科技有限责任公司(Beijing Cyberspi)为本书提供了资料。

在这里感谢北京航空航天大学出版社及其责任编辑的大力支持。

我们还要感谢神州数码公司(Digital China)的CTO谢耘先生，正是在他的鼓励和指导之下，我们将日常工作中的点点滴滴积累起来，终于成书。在这里还要感谢神州数码工程院的领导和同事们，包括各项目的开发人员、北京和西安测试部的测试经理、测试工程师和质量经理等，他们的出色工作和工程实践为本书提供了丰富的素材。

本书是为软件测试人员而写的，相信包括测试入门者和测试经理、测试工作者等都可以从

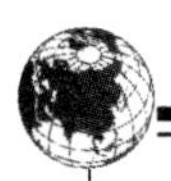

中受益，借此“过五关”就可成为高级测试者，一书在手就可以概览测试理论，借鉴实践经验，改进和提升测试工作。其中的一些章节值得多读几遍，并结合实践深入体会。本书也是为软件组织（软件公司、行业信息中心、专业测试中心、长期工程项目等）的各级管理者（总经理、部门经理、项目经理、技术经理和测试经理等）而写的，帮助他们建立组织级的软件测试体系，提升组织的测试能力，并进而提升整个软件开发和项目实施能力。本书也适用于各类技术人员（需求、设计、开发、运维等）和软件用户，帮助他们理解软件测试、同行评审、性能测试等，他们也是软件测试的参与者。本书也可以作为大学、软件学院及其他各类教育机构的教材，供教师和学生们教学和学习使用。另外，本书还有一定的普遍意义，体现在系统工程方法运用，系统化思维、组织级体系建设、总结、提炼和创新等方面。这不仅适用于测试和信息技术领域，也适用于其他各类业务、技术和管理领域，值得借鉴。

由于作者水平有限，本书中一定存有不少谬误和问题，敬请读者指正。在此我们要特别感谢北京大学董士海教授、清华大学郑人杰教授、中国科学院顾毓清研究员、北京航空航天大学刘超教授，他们都是中国著名的软件工程专家，他们在百忙中评阅了本书的书稿，并提出了宝贵的建议。

作者 E-mail 联系方式：

徐拥军：xuyjxu@sina.cn

王炯：wangjiongbook@sina.cn

郝进：haojinhj@sina.cn

作者

于 2012 年 2 月，北京

目　录

第 1 章 测试技术引论

作为本书的开篇，本章阐述跟软件测试相关的比较本源、本质和基础的内容。首先从系统工程角度来看软件测试，为软件测试及后面的章节内容引入一个方法论；再回顾软件测试的起源和发展历史，阐明测试与质量、V&V 等的关系，以正本清源，辨伪存真；然后从实际工作体会出发，重新认识测试的目的和作用；在此基础上，本章基于系统工程思想，提出了软件测试的基本原则，即“6 W 原则”。这些原则也是关于项目测试实践和测试体系建设的经验教训的总结。

1.1 从系统工程角度看测试

软件测试不是孤立的。它是软件工程的一部分，而组织级软件测试体系也不是孤立的，是整个组织级软件过程和质量体系的一部分。而指导系统（体系）建设和运作的方法论是系统工程。所以，我们先来从系统工程的角度来看软件测试，从系统工程的基本观点（包括整体性观点、综合性观点、科学性观点、关联性观点、实践性观点等）来重新审视软件测试。通过这样的审视，会得到一些新的启示。可以说，本大节的内容为后面的章节确立了方法论，而后面的章节也在自觉地利用系统工程方法来揭示软件测试的奥秘。

1.1.1 从系统工程角度看测试的作用

中国著名的科学家钱学森是系统工程科学的奠基者之一。他在《论系统工程》①一书中指出，我们把极其复杂的研制对象称为“系统”，即由相互作用和相互依赖的若干组成部分结合成的具有特定功能的有机整体，而且这个“系统”本身又是它所从属的一个更大系统的组成部分。研制这样一种复杂工程系统所面临的基本问题是：怎样把比较笼统的初始研制要求逐步地变为成千上万个研制任务参加者的具体工作，以及怎样把这些工作最终综合成一个技术上合理、经济上合算、研制周期短、能协调运转的实际系统，并使这个系统成为它所从属的更大系统的有效组成部分。这样复杂的总体协调任务不可能靠一个人来完成。这就要求以一种组织、一个集体来代替先前的单个指挥者，对这种大规模社会劳动进行协调指挥需要有一种叫做“系统工程”的科学方法来进行管理。“系统工程”是组织管理“系统”的规划、研究、设计、制造、试验和使用的科学方法，是一种对所有“系统”都具有普遍意义的科学方法。

这样的描述适用于国家尖端技术的研究和实践，同样地适用于软件工程实践。一个大型

① 钱学森. 论系统工程[M]. 长沙：湖南科学技术出版社，1988.

软件系统是一个“复杂系统”，进行软件系统建设的软件工程组织（包括开发方和用户方）也是一个“复杂系统”。大型软件系统的规划、设计、开发、测试和使用，在系统工程思想、系统工程科学和系统工程技术的指导下进行，才会产生好的效果。软件测试是软件系统工程中的重要环节，软件测试组织是软件工程组织中的重要组织，当然也要接受系统工程思想、科学和技术的指导。

从系统工程的角度看，软件“系统”是由相互作用和相互依赖的若干组成部分结合成的，具有特定功能的有机整体。这里的特定功能指的是用户需求，用软件技术来描述就是《需求规格说明书》；而“组成部分”是软件子系统、功能模块、构件和服务等，在软件体系架构中设计出组成部分之间的关系。在进行需求分析和系统设计时，要利用系统工程的思想和技术，设计出结构简单、层次分明、模块间耦合度小、可扩展性好的软件系统。按照系统工程的思想，能够设计和开发出高质量的软件系统。

软件测试是现代软件质量保证中的重要技术手段。软件测试是验证一个软件系统是否满足预定的功能需求，达到预定的非功能属性的过程。从系统工程（控制论）的观点来看，软件测试过程就是对正在开发的系统的一个“反馈”(feedback)过程，反馈系统中的错误、缺陷、问题和不符合项等。图 1-1 是在瀑布生命周期模型中，系统构建和反馈过程的图示。其中，右边的箭头指的是系统构建的过程，左边的箭头指的是测试（反馈）的过程。

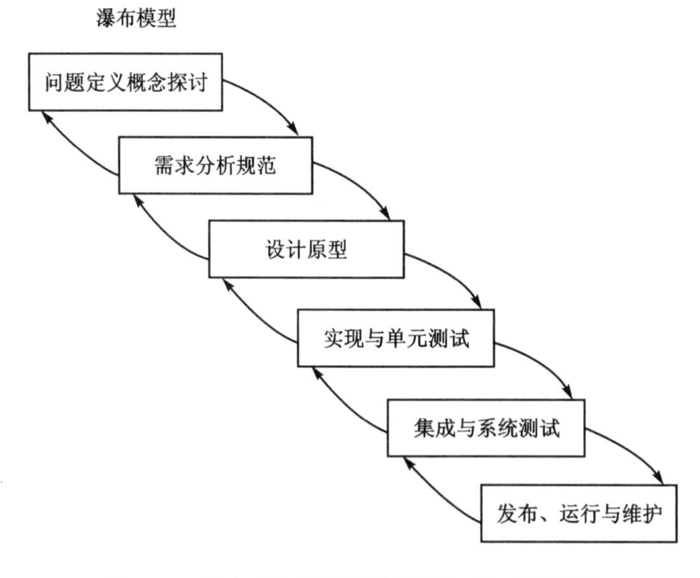

图 1-1　瀑布生命周期模型中的构建和反馈过程

在软件工程中，与质量相关的过程主要是验证过程和确认过程，即 V&V(Verification and Validation)①。关于验证和确认的定义在 2.1 节中有介绍。简而言之，验证过程就是对每个阶段的产出物相对输入需求做评审或测试；而确认一般是指在开发过程结束时做系统测试。从上面的描述可以看出，无论是验证还是确认，都是测试对开发的反馈过程。在 RUP 模型中，每一次迭代中有一个构建和测试（反馈）的过程，就是为了加强反馈，以便尽早地发现问题，

① 周伯生，董士海. 软件工程环境引论[J]. 计算机研究与发展，1986 年.

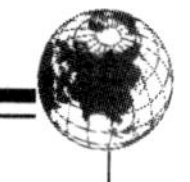

规避风险①。

1.1.2　从系统工程观点看软件测试

系统工程的基本观点包括整体性观点、综合性观点、科学性观点、关联性观点、实践性观点等②。下面以系统工程的基本观点来看软件测试，得出对于软件测试有益的一些启示和原则。

1. 整体性观点

所谓整体性观点即全局性观点或系统性观点，也就是在处理问题时，采用以整体为出发，以整体为归宿的观点。这种观点的要点是：1)处理问题时需遵循从整体到部分进行分析，再从部分到整体进行综合的途径，首先要确定整体目标，并从整体目标出发，协调各组成部分的活动；2)组成系统的各部分处于最优状态，系统未必处于最优状态；3)整体处于最优状态，可能要牺牲某些部分的局部利益和目标；4)不完善的子系统，经过合理的整合，可能形成性能完善的系统。

系统工程的整体性观点给我们的启示是：不能孤立地看软件测试这件事，需要将它放在整个软件工程的大视野来考察；软件测试是软件工程中的一个组成部分，而且它不是一个决定性的部分，所以软件测试不能离开软件工程项目中的其他组织(如分析、设计、开发等)而存在；软件测试要做得好，依赖于其他组织做得好及其他组织对测试的参与和支持，软件测试不能离开项目的整体目标而单独追求自身的目标。同样，软件工程组织也离不开测试。举例来说，在一个工程项目中，开发人员为了赶进度，开发的软件代码质量不高，又没有好好测试(没有缺陷反馈)，则到了项目的后期，会出现成堆的缺陷(BUG)，很多代码不可用，集成不起来，导致很多工作需要返工。系统工程中有一个基本定律，即“系统性能、功效不守恒定律”，说的是当系统发生变化时，物质、能量守恒，但性能和功效不守恒，且不守恒性是普遍的和无限的。在软件工程领域，软件变更越多，返工越多，系统质量会越差，系统的原有性能和功效会大大减弱。

2. 综合性观点

所谓综合性观点就是在处理系统问题时，把对象的各部分、各因素联系起来加以考察，从关联中找出事物规律性和共同性的研究方法。这种方法可以避免片面性和主观性。同时，现代工程基本上是现成科学的运用，关键在于综合，综合是最大的科学。系统工程就是指导综合研究的理论和方法。

软件测试就是一个综合性很强的工作，需要综合地考虑和运用人、技术、过程、方法、工具、环境等，以求达到好的效果。其综合性体现在下列方面：

(1) 软件测试贯穿软件生命周期的始终，从需求分析阶段就开始了，到系统运行和维护阶段还在继续，直到软件最终停止使用为止。软件测试不单是开发完成之后做系统测试的那一段。

① Ivar Jacobson，等. 统一软件开发过程[M]. 周伯生，等译. 北京：机械工业出版社，2002.

② 钱学森，宋健. 工程控制论(第 3 版)[M]. 北京：科学出版社，2011，2.

(2) 软件测试不单是测试人员的事。为了做好测试，要综合发挥软件项目中各种角色的作用，还包括用户单位人员、系统最终使用者等。不同的角色进行各种不同的测试(验证和确认)工作，在测试过程中如何组织管理这些人员，是一个很大的问题。

(3) 软件测试要综合利用各种技术、过程、方法和工具来做测试分析、设计和执行工作，以达到较好的效果，不能片面地依赖某一种。

(4) 软件测试的支撑环境，如网络和硬件、系统软件、持续集成系统、测试自动化系统等，本身就是一个综合性的集成系统。

软件测试中的综合，不是简单因素的加法，而是因地制宜地、因势利导地综合考虑和利用上述对象和因素，这才是真正的综合性观点。

3. 科学性观点

所谓科学性观点就是要准确、严密、有充足科学依据地去论证一个系统发展和变化的规律性。不仅要定性、而且必须定量地描述一个系统，使系统处于最优运行状态。

在强调采用定量方法的同时，必须注意以下两个问题：

(1) 必须在定性分析的基础上进行定量分析。定量分析必须以定性分析为前提。只进行定性分析，不能准确地说明一个系统，只有进行了定量分析之后，对系统的认识才能达到一定的深度，结论才能令人信服。然而没有定性分析作指导，定量分析就失去了依据。因此，必须强调要摆正定性分析和定量分析的辩证关系，在处理问题时，一定要在定性分析的基础上应用数学方法，建立模型，进行优化，从而达到系统优化的目的。

(2) 合理处理最优和满意的关系。在处理系统问题时，使系统达到最优比较困难，有时利用满意的概念会使问题得到圆满的解决。因此在处理问题时，要处理好满意和最优的关系。这一原则也是不违背科学性的观点的，因为寻求满意解也是科学。

科学性观点对软件测试的启示在于：对测试过程的管理，要先做定性管理，再做定量管理。通过定性管理打基础，通过定量管理上台阶。在做定性管理的过程中，先收集与测试过程相关的数据，如测试工作量估计数据、测试缺陷数据、测试效率数据、测试速率数据等。在测试数据积累到一定程度时，适当地做一些测试过程数据分析，形成组织的测试过程基准(benchmark)，利用它对未来的项目测试进行定量的管理。只有达到了定量管理的程度，才能说软件测试过程具有更好的合理性、科学性、可预测性、可控制性，对于开发人员也才具有更强的说服力和更好的满意度。同样，软件测试也要处理好技术最优和用户满意之间的关系。

4. 关联性观点

所谓关联性观点是指从系统各组成部分的关联中探索系统的规律性。一个系统是由很多因素相互关联而成的，正是这些关联决定了系统的整体特性。因此在处理系统时，必须努力找出系统各组成部分之间的关系，并设法用明确的方式描述这些关系的性质，来揭示和推断系统整体特征。也只有抓住这些联系，用数学、物理、经济学的各种工具建立关系模型才能定性和定量地解决系统问题。不然对一些复杂的问题会感到无从下手。

一个复杂应用系统要用关联性观点来分析、设计和建设，一个软件工程组织及其软件生产线也要以关联性观点来规划和建设。要提高软件测试效果和效率，需要先分析影响软件测试

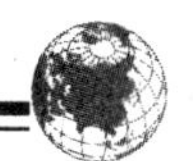

效率的各种要素及之间的关系，需要用关联性观点；要打造强有力的软件测试团队，要建设组织级软件测试管理体系，都需要用关联性观点。具体的分析和求解过程，将在后面的章节中阐述。

5. 实践性观点

实践性观点就是要勇于实践，勇于探索，要在实践中丰富和完善以及发展系统工程学理论。系统工程不是束之高阁的空头理论，也不是玄妙的数学游戏，它是来源于实践，并指导实践的理论和方法，只有在实践中系统工程才会大有作为，并得到迅速的发展。采用“问题导向”，摒弃“方法导向”是系统工程实践的主要方法。

软件工程、软件测试的实践性都很强，与传统产业（如建筑业、制造产业）相比，其实践时间较短，标准和规范较少，随意性太大，因而需要在实践中不断总结经验教训，探索出适合现实需要的测试过程、方法和技术等。

1.2　软件测试发展简史

1.2.1　软件测试的起源和发展历史

1936年Alan M. Turing提出了抽象计算模型“图灵机”，1950年提出了图灵测试，以判断计算机是否拥有智能，这可看作软件测试的起源。1957年Charles L. Baker将程序测试从调试中正式分离出来。1958年Gerald M. Weinberg建立了第一支软件测试队伍，针对为美国第一个空间飞行计划Mercury项目而开发的操作系统进行测试。

1969年Edsger W. Dijkstra提出了测试是为了发现BUG，而不是证明没有BUG的著名论断。1972年在北卡罗来纳大学召开了首届软件测试会议，1973年，William C. Hetzel编辑出版了这次会议的文集《程序测试方法（Program Test Methods）》一书，并专门论述测试和确认问题。与此同时，测试方法不断有新的发展，例如，在1973年William Elmendorf提出了用于功能测试的因果图，Fred Gruenberger对三角形问题进行了探讨；1975年John Good Enough和Susan Gerhart发表了《测试数据选择的原理》的文章，并阐述了决策表的使用；1977年Edward F. Miller引入决策路径作为一种结构化测试技术。

1979年，Glenford Myers出版了《软件测试艺术》①，这是关于软件测试的第一本专著，奠定了现代软件测试的基础。他将测试定义为“是为发现错误而执行的一个程序或者系统的过程”，并引入了黑盒测试。1981年Edward Miller和William E Howden合编的论文集《Tutorial, software testing & validation techniques》收集了有关测试和验证的主要论文，前后再版了多次，在这个领域起了重要作用。以后，1982年Gerald Weinberg在《再思考系统分析和设计》一书中阐述了迭代式开发和测试，1983年IEEE 829软件测试文档标准发布，1984年第一

① Glenford J. Myers. The Art of Software Testing[J], Wiley Publishing, Inc., 1979.

个测试工业会议(USPDI)在美国召开。

1986 年 Paul E. Rook 提出了 V -模型，阐述了软件生命周期中每个阶段与软件测试阶段之间的关系。1993 年 Paul Herzlich 提出了 W -模型；1988 年 David Gelperin 和 William Hetzel 在他们的 ACM 文章《The Growth of Software Testing》中讨论了四个测试模型和测试的演进。1988 年 Cem Kaner 提出探索性测试方法；1990 年 Boris Beizer 提出了 BUG 分类法，并提出谁测试的软件愈多，对测试就会愈得心应手。

1996 年提出了测试能力成熟度模型 TCMM(Testing Capability Maturity Model)、测试支持度模型 TSM(Testability Support Model)和测试成熟度模型 TMM(Testing Maturity Model)等。其中，1996 年美国伊利诺伊理工学院开发了测试成熟度模型(TMM)和 2005 年 TMMi 基金会发布的测试成熟度模型集成(TMMi)，是评估和改进测试过程的标准。

1996 年 James Bach 引入启发式测试策略模型(Heuristic Test Strategy Model)，1999 年又与 Cem Kaner 等人提出上下文驱动测试(Context - Driven Testing)。1999 年 Mark Fewster 和 Dorothy Graham 出版了专著《软件测试自动化》。

从 20 世纪 80 年代开始，测试工具开始盛行。2000 年 Martin Fowler 发表了《持续集成》一文；2002 年，Kent Beck 提出用测试驱动开发，Ward Cunningham 建立了集成测试框架(Framework for Integrated Test)，这是一个自动化测试的开源工具。2007 年 ISO 成立了软件测试新标准 ISO 29119 工作组，2008 年 Leo van der Aalst 提出软件测试作为服务(Software Testing as a Service，STaaS)。随着新的软件应用领域和软件类型的出现，出现了一些更加专业的测试技术类型，如 Web 应用测试，手机软件测试、嵌入式软件测试、安全测试等。

中国在软件测试方面的起步稍晚一些，但进步很快。例如，从 20 世纪 80 年代起，北京航空航天大学周伯生教授等就主持制订了软件工程和软件测试领域的多项国家标准和军用标准①②；1990 年左右，北京大学、北京航空航天大学等主持的国家科技攻关项目“青岛工程”推出了一批软件工程和软件测试工具；1990 年清华大学郑人杰教授出版的《计算机软件测试技术》③一书，堪称经典；从 1993 年起，北京航空航天大学针对 Lotus 软件产品开展了专业化的软件测试实践；1997 年，周伯生教授通过自创的基于过程模型的测试用例自动生成技术及其配套的测试用例生成工具软件，创造了 1 000 万行代码遗留缺陷为零的记录；从 20 世纪 90 年代后期，特别是本世纪初开始，中国的软件从业公司和重点用户单位就建立了专业化的软件测试组织，开展专业化的软件测试实践。

通过历代大师们的努力，软件测试从开发中独立出来，澄清了很多基本的概念，发明了很多测试的过程和方法，并随着现代软件工程和软件实践的发展而不断发展。

① 周伯生，张子让，制定软件工程化生产规范的若干问题[J]. 航空标准化与质量，1986 年 6 期.

② 周伯生，张子让，黄征，张社英. 中华人民共和国国家标准 · 计算机软件质量保证计划规范 GB/T 12504—1990，计算机软件配置管理计划规范 GB/T 12505—90.

③ 郑人杰. 计算机软件测试技术[M]. 北京：清华大学出版社，1990 年.

1.2.2 软件测试与质量的关系

1951年，质量管理之父 Joseph M. Juran 出版《Quality Control Handbook》。他将质量定义为“适合使用”，并将质量管理定义为三个过程：质量计划、质量控制和质量改进。同年，Armand Vallin Feigenbaum 出版《Total Quality Control》。他从客户的视角看质量，将质量定义为产品应该满足客户的实际需求和期望需求，质量应该成为全公司的职责。1976年，Glenford Myers 出版《软件可靠性：原则和实践》，探讨软件测试与其他范畴之间的关系，并指出软件测试人员的目标是使程序失败。

1976年，Barry W. Boehm 在调研大量公司实践的基础上提出变更代价曲线，揭示出变更软件的代价随时间成指数增长。1981年，他出版了《软件工程经济学》一书，引入构造成本模型 COCOMO，进一步揭示出修复缺陷的代价也随时间成指数增长。

1977年 Tom Gilb 出版了《软件度量》这本著作。1979年 Philip B. Crosby 在《Quality is Free》一书中提出质量改进的14步程序，将质量定义为“满足需求”，并提出了“质量成熟度网格”。1984年，在美国国防部资助下，在 Carnegie Mellon 大学成立了软件工程研究所，着重研究软件过程，推出了著名的能力成熟度模型 CMM 和能力成熟度模型集成 CMMI。

1991年，ISO 发布了 ISO/IEC 9126 软件工程——产品质量标准，将质量分解为六大特性。1994年，Victor R. Basili，Gianluigi Caldiera 和 H. Dieter Rombach 发布质量问题的度量方法(Goal Question Metric，GQM)。

从上面的测试和质量的发展历史可以看出，随着质量相关理论和实践的发展，软件测试的内涵也得到了发展。从上世纪80年代以来，软件测试的定义发生了进化，由测试是一个单纯发现错误的过程，进而包含软件质量评价。1983年，Bill Hetzel 在《软件测试完全指南》中指出：测试是以评价一个程序或者系统属性为目标的任何一种活动，测试是对软件质量的度量。2002年 Rick 和 Stefan 在《系统的软件测试》一书中，对软件测试作了进一步的定义：测试是为了度量和提高被测软件的质量，对测试软件进行工程设计、实施和维护的整个生命周期过程。

与此同时，随着软件测试理论及应用研究工作的不断深入，软件测试的社会分工也经历了如下发展历程：1)20世纪70年代以前——随机测试，与调试没有区分；2)20世纪70年代末到80年代中期——测试基础理论和实用技术形成，测试作为软件质量保证的主要职能；3)20世纪80年代末到90年代中期——测试工具在质量和数量上不断增长，测试与质量保证分离，注重于用工具来改善测试效果和提高测试效率。4)20世纪90年后期到现在——关注有效的过程管理对于软件测试的重要性，形成各种测试模型和测试能力成熟度模型。

1.2.3 软件测试与V&V的关系

在软件工程中，与质量相关的过程是验证过程和确认过程。它们的定义如下：

- 验证(verification) 按照 IEEE/ANSI 的定义，验证是为确定某一开发阶段的产品，是否满足在该阶段开始时提出的需求而对系统或部件进行评估的过程。

- 确认(validation) 按照IEEE/ANSI的定义，确认是在开发过程中或结束时，对系统或部件进行评估，以确定其是否满足需求规格的过程。

早在1983年美国政府就发布《计算机软件的验证、确认和测试指南》标准，1986年IEEE发布了软件验证和确认计划标准(IEEE Std 1012—1986)。1984年Watts Humphrey连续担任SEI的两届软件过程改进组经理，创造性地提出了能力成熟度模型CMM。随后CMM进化成能力成熟度模型集成CMMI，而验证过程和确认过程是CMMI中的两个过程域。

验证力图保证在任一阶段出口时满足对该阶段的需求，是质量控制过程。确认是力图保证在任一阶段出口时满足客户要求，是质量保证过程。目前在软件工程界普遍认为验证和确认的主要手段是同行评审和测试。2009年，Michael Bolton在他的博客文章《测试与检查的对比》中，认为检查是验证和确认，测试是探索、发现、调查和学习的过程，值得我们借鉴。关于软件测试与同行评审的关系，将在本书第6章进一步论述。

1.3 测试的目的和作用

我们都知道，软件测试的目的是为了发现缺陷，或者更准确地说，是为了尽早地、尽可能多地发现软件系统中存在的缺陷及问题。但在软件工程组织里或在一个项目中，从整体上看，软件测试能发挥什么样的作用，还是众说纷纭的，也是管理人员、开发人员、测试人员都首先关心的问题。对这个问题的认识，会极大地影响个人或组织对于软件测试的态度、重视程度、对于测试的资源投入，还会决定测试的组织形式。具体的测试策略、方法和技术等。在这里，对于软件测试极其轻视肯定有问题，但过分强调也是有问题的，需要有一个适当的度，这一点在本章1.1.1节以系统工程的观点来看软件测试时也谈到了。下面再从自己的亲身经历来谈谈对这个问题的认识。

测试现场

我(徐拥军)是在2001年初在神州数码开始组建专业的测试团队的。那是神州数码从联想正式分拆后的第一年，公司计划大力发展软件业务，为此采取了一个战略举措，即实现软硬分离，将当时软硬件一起做的系统集成公司分解为两个大的本部，一个是软件本部，一个是系统集成本部。软件本部不做硬件集成，专门为行业客户做软件的开发、实施和服务，按照软件业务的规律来做软件业务。当时在软件本部下成立了一个新的部门，叫“软件产品部”。这个部门的定位就是研发软件产品和行业解决方案，并为工程实施提供技术支撑。为了更好地按照软件工程的规律来开发软件，提高软件开发效率和软件产品质量，在软件产品部下又设立了一个独立的部门，叫“产品检测部”。这是公司历史上第一个专门负责软件质量和测试的部门。当时我作为软件产品部主管研发管理的副总经理，受命来负责建立和运转这个部门。在做这件事之前，我做的主要是开发和项目管理方面的工作，对于测试涉及很少，没有太多的认识，以为编码后测测就行了。而且当时招聘测试方面的人都很困难，开发人员不想做，测试人员又比较弱。好不容易找到一个从华为公司出来的测试经理，还有东拼西凑的十来个人，我们就开始做比较专门的测试了。我记得当时测的第一个产品是银行中间业务平台，用于处理银行客户

交电话费、水电费等业务，需要实现银行与电信运营商等外部系统的连接和业务协作。这是一个偏重于技术的业务处理平台，需要比较方便地接入不同的中间商，因而有很多的接口和流程需要测试，这是当时令我们很头痛的事情。我们通过不断的摸索，逐步找到了感觉，包括如何设计测试方案、设计测试用例、开发测试驱动程序、执行测试、报告和跟踪 BUG 等，都是通过这个项目慢慢总结出来的。后来这个产品测得不错，项目经理和技术经理还比较满意，专门的测试人员在项目中的作用初步体现出来了。

这个产品先后做过两期，出过两个大的产品版本。第一期，就像上面描述的那样，测试是摸爬滚打过来的，只是基本上完成了测试工作，对项目组的促进作用还不大。但到了第二期，测试不仅是只做测试，还帮助项目组理顺了开发流程和测试流程，通过比较规范的测试工作，影响开发人员的工作方式，促进了整个项目的工作有序性、有效性，提高了工作质量。

正如上面的例子所描述的那样，软件测试能够在更大的领域发挥更大的作用。软件测试就像是一面镜子，可以真实地反映出一个软件项目的实际状况，反映项目每一阶段完成的质量。我们经常能够看到这样的两个现象：1）一个开展得比较好的项目，它的测试工作往往也开展得比较好；2）一个项目的测试工作能够得到顺利开展，测试效果好、效率高，则它所在的项目也开展得比较好。所以有经验的管理者常常通过测试工作的进展情况，来判断项目组的健康状态。如果测试进行不下去，就表明项目出了问题。如何整顿这样的项目，使它起死回生，一个好的办法就是从抓测试入手。从测试回过头来驱动开发过程，基于测试过程来理顺和建立开发计划，使不同开发人员/小组之间能够协同起来，使开发的各个模块或子系统能够集成起来；通过测试来发现问题最多的模块、性能有问题的地方和其他项目风险，并以此制订相关的应对措施，及早地解决关键问题。一般地，越是到项目的后期，测试越是能起到全局性、关键性的促进作用。当然，前提是测试工作得到管理层和项目经理的重视，测试经理和测试团队做得好，才能起到这样的作用。

另外，软件工程组织一般地会将软件测试结果作为考查软件能否出厂或上线运行的最重要的依据，以阻止不合格产品的发布和应用系统的上线。测试人员发现产品有严重缺陷时，并跟踪这个缺陷直到相关问题得到解决，这是应该坚持的原则。但从另一个方面来讲，测试经理也要协助管理者做出合理的决定，很多时候这个决定是很难作出的，管理者想知道缺陷覆盖面和已发现问题的严重性，在这些方面，测试经理是最有发言权的人士之一。同时，测试人员还可以帮助发现使用产品的安全情景，就是即使存在缺陷，也能工作的方法。在这种情况下，测试人员不是寻找缺陷，而是在进行试验，按照经验推敲和证实业务操作的方法。

在系统上线之后，系统进入运行维护阶段，整个技术支持组还需要继续测试工作，也离不开测试人员。当用户在使用过程中出现问题或当系统出现运行故障时，需要测试组在生产机之外的单独测试环境中复现这些问题，识别出需要支持的问题。他们与技术支持组一起工作，提高运维的效率，降低技术支持的成本。测试组还会在第一时间关注任何会导致事故或伤害的失误，为公司将信息系统的安全诉讼风险降到最低。

总之，软件测试不只是一个局部性的工作，如果利用得当，会对整个项目产生有益的影响，有时还会起到全局性的关键性的作用。作为一个项目经理，当你看到你的测试经理或测试组在一个角落里默默无闻地干活时，去与他/她们谈谈，可能会听到很多关于项目的真知灼见，感觉到测试的价值和能够起到的各种作用。

1.4 软件测试6W原则

确立软件测试原则的主要目的是为了纠正关于测试的很多错误认识和做法，使得开发和测试能够有效配合起来，共同做好软件开发和实施项目。软件测试原则是测试体系建设者首先要关注和重视的课题，必须首先确立。

下面提出的测试原则是我们在系统工程思想的指导下，总结了多年项目测试实践和测试体系建设的成功经验和失败教训之后得出来的。我们仿照国际通行的方式，将它们命名为：**软件测试6W原则**，即：

1）WHEN原则　尽早地、及时地开始测试；
2）WHAT原则　测试对象包括各阶段重要产出物；
3）WHO原则　全员参与测试；
4）WHERE原则　针对用户最容易遇到的缺陷进行测试；
5）HOW原则　综合运用多项测试方法和技术；
6）WHY原则　测试要适时终止。

下面对这6项原则分别进行说明。

1.4.1 WHEN原则：尽早地、及时地开始测试

这个原则回答的是测试从什么时候开始、在什么时间执行的问题。要尽早地、及时地开始测试，这是业界的一个共识。根据一项统计，假如一个需求缺陷在需求阶段被发现并被修复，其修复成本是1；如果在需求阶段没有发现这个缺陷，而是到设计、编码和测试完成之后才发现，则修复成本要增加一个数量级；如果到推向市场后才发现并修复这个缺陷，则修复成本又要增加一个数量级。这就是著名的有关修复成本的1 : 10 : 100定理。因此，尽早地、及时地发现并修复缺陷(测试是其中的一种有效方法)，应该是软件开发人员必须遵守的一个信条。

但实际情况并不是这样，从需求阶段就开始做测试的项目还很少，这是什么原因呢？看来尽早地、及时地开始测试有它的难处。最大的难处在于软件项目在刚开始时有太多不清楚、需要待定的东西，如需求不确定、技术方案不确定等、这些需要通过项目经理、技术经理，甚至是用户方领导、公司管理层、项目总监等高级人员的参与和努力，来逐步明确的。在这个过程中，如果要启动与测试相关的工作，就需要比较有经验的测试经理介入；或者说，实际上是项目经理、技术经理或系统分析人员本身在做测试方面的工作。从这种意义上讲，测试工作已经开始了，只不过不是针对程序代码而做的，而是针对如用户需求范围、软件需求规格和总体技术方案的同行评审，特别要说明其正确性和可验证性。这是一种广义的测试。

从狭义的测试来讲，测试经理最迟应该在需求分析阶段的中后期进入项目组，参与项目组的需求确认和需求评审工作。一般地，相对于开发人员来说，测试人员对软件所实现的业务应该更熟悉、更敏感、更有兴趣，更能站在客户和使用者的角度来看软件的需求和功能，因而能够

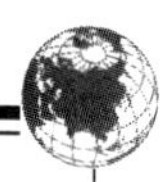

在需求评审中发挥出独特的作用。

另外，除了测试经理在项目早期就参与项目，启动测试工作之外，测试还有一个及时性的问题，即要及时地做测试执行。这个问题在项目的各个阶段都存在。需要项目经理、技术经理、测试经理等一起发掘、利用或创建合适的时机，使得测试工作与开发工作并行开展，通过测试及时地发现问题，以校正项目策略、项目计划等，减少由于问题、BUG 等的过早引入和过迟发现给项目带来的损失。

软件测试及时执行的合适时机包括：

1）测试人员参与需求评审、设计评审等同行评审，发现需求和设计缺陷及与可测试性相关的缺陷。

2）项目组开发软件原型，通过对原型进行功能和性能测试，来验证技术方案的合理性。

3）在测试之前，先做代码审查；在集成测试之前，先做单元测试。

4）在系统测试之前，先做集成测试。开发人员按照预先确定的集成策略，逐步提交模块。提交一个模块，就可开始测试，而不是等到所有模块都开发完成，才做测试。

5）测试人员边写测试用例，边做测试执行；而不是等到测试用例全部开发完后，再启动测试执行。

尽早地、及时地开始测试是对项目组的一大考验，需要项目经理、测试经理等经过严密的项目策划和部署、软件过程制订和遵循，而不是摸着石头过河，走到哪算到哪。尽早地、及时地开始测试可能会暴露出项目组的问题，搞得项目经理、测试经理很狼狈，或者会增加项目前期的成本，但这不能成为推迟启动测试工作的借口，因为如果不这样做，项目后期的风险可能会更大，成本会更高，甚至会失败。毕竟项目初期的质量对于整个项目的成功关系重大，尽早地、及时地开始测试工作，是保障项目成功最有效的措施之一，是首先要铭记的原则！在组织内成功确立了这一原则之后，就为后面的测试组织建立和测试过程建立打下了一个好的基础。在第 5 章中提出了“基于迭代的软件测试过程”，就是基于这一原则的。及时开展以需求同行评审和设计同行评审为主要手段的软件/系统的质量检测活动，是美国 Carnegie Mellon 大学软件工程研究所成立近 30 年来的最重要的有关质量控制的成功经验。

1.4.2　WHAT 原则：测试对象包括各阶段重要产出物

这个原则回答的是测试什么，即测试的对象包括什么的问题。我们都知道，测试既可用于验证，又可用于确认。采用测试进行验证时，就是以每个阶段入口处的需求为基准，对每个阶段的产出物进行测试；采用测试进行确认时，则是以软件开发整个生命周期入口处的需求为基准，对每个阶段的产出物进行测试，其中包括开发过程结束时的系统测试。以前的测试主要强调的是以系统测试为代表的确认，而对包括需求规格和设计规格进行的验证和确认则不太强调。实际上，按照 WHAT 原则，测试对象要包括各阶段的重要产出物，例如开发过程中所产生的需求规格说明书、概要设计说明书、详细设计说明书以及源程序等。它们都是软件测试的对象。在整个软件生命周期中，各阶段有不同的测试对象，形成了不同类型的测试，如需求评审、设计评审、代码走查、单元测试、集成测试、系统测试等，如图 1－2 所示。

俗话说，好的开始是成功的一半。对于面向客户的工程项目来说，前几个阶段的重要产出

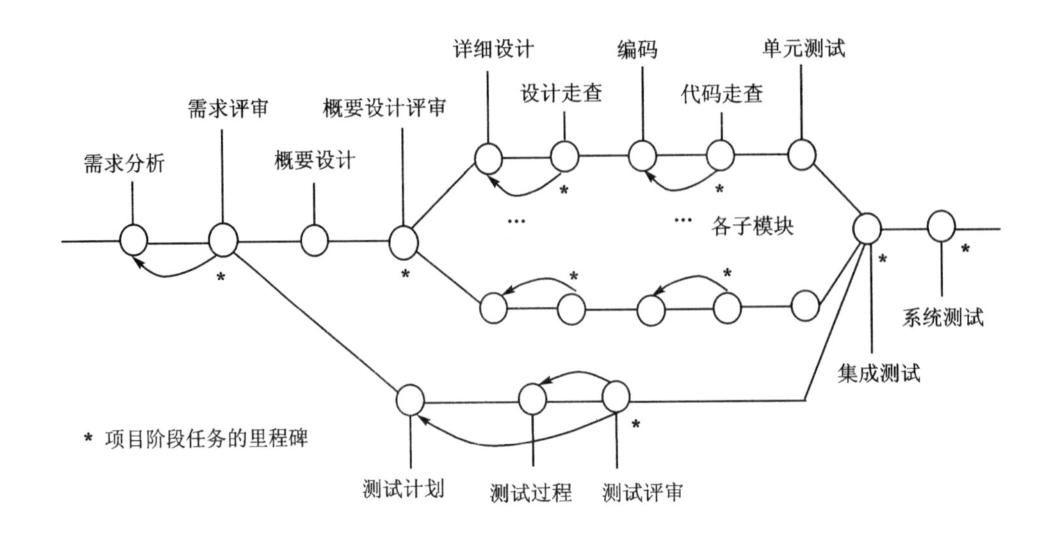

图 1－2 在生命周期各阶段的测试对象

物，如需求规格说明书、设计说明书，甚至项目开始前与用户达成的工作说明书、合同、对用户的承诺等，对项目来说至关重要。对于面向产品的研发项目来说，立项前的产品策划书、立项后的产品需求规格说明书和设计设明书等也是这样。如果项目的前期在上述产出物中引入了重大的缺陷而没有被发现，则产生的后果和风险是可想而知的。

应该对这些重要产出物进行严格把关，采用的办法有两个：一个办法是同行评审，由项目经理或技术经理主持，在整个项目组内展开，必要时可邀请外部专家；另一个办法是由测试经理主持，从测试的角度对这些重要产出物进行正规的测试。通过对需求和设计文档的分析和检查，尽早地发现和报告缺陷，通过测试人员参与，促进需求的澄清和设计的精准，提高需求和设计的质量。要做好这一点很不容易，特别是当项目工期比较紧张，或项目组急于赶进度时，需求和设计文档本身写得就比较潦草，更谈不上做测试了；同时这样做对测试人员的能力也是一个挑战，要求他们能够在比较短的时间内学习和理解需求和设计，具备对写在纸上的东西进行分析和评审的能力。最重要的是，整个项目组要给需求和设计留出较多的时间，并单独留出评审和测试的时间，在项目的前期，宁肯慢一点，也要做好。如果确立了这一原则，就能保障这一点。

1.4.3 WHO 原则：全员参与测试

这个原则回答的是应该由谁来参与测试的问题。测试应该是全员参与，包括测试人员、需求分析人员、设计人员、开发人员、支持人员，以及用户方人员、第三方人员等。在不同阶段、不同场合，不同的人员在测试过程中发挥的作用可能不一样，如分析设计人员多做技术评审、开发人员多做单元测试、测试人员多做系统测试等，但必须对所有人员赋予测试的职责和要求，不能认为测试工作低级，测试只是测试人员的事情。只有全员参与测试，才能提高所有人的质量意识，提高需求/设计和源代码的质量，进而提高整个项目的质量和开发效率。所以项目经理在管理项目时，可以有意识地安排开发人员参与一些交叉的代码走查和测试活动，让大家多

一些不同岗位的体会，培养责任意识。我们在公司质量体系设计和测试体系设计中，都要将这一原则加进去，并体现在各个流程中。

1.4.4　WHERE原则：针对用户最容易遇到的缺陷进行测试

这个原则回答的是应该将测试的重点放在哪里的问题。这个原则不是一个普适的原则，因为按道理讲，测试应该覆盖到软件的所有功能、程序的所有分支，但针对用户最容易遇到的缺陷进行测试，是提高测试效率最有效的策略。因为软件中有许多缺陷，而用户遇到的缺陷大约占软件缺陷总数的20%，最好是将80%的精力投入到寻找这20%的缺陷上面，而将20%的精力投入到寻找另外的80%的缺陷上面。因为用户经常遇到的缺陷远比不常遇到的缺陷所带来的危害为大，将主要的精力放在寻找用户可能遇到的缺陷上面，能够最大可能地找出这样的缺陷，减少缺陷带来的危害。图1-3形像地说明了应针对用户最容易遇到的缺陷进行测试。

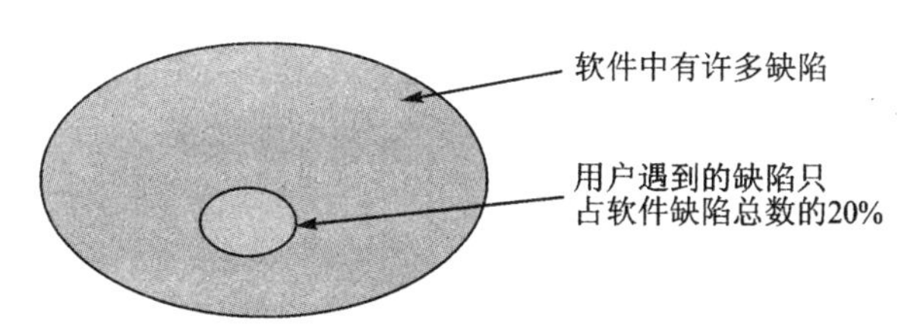

图1-3　针对用户最容易遇到的缺陷进行测试

应该针对用户最容易遇到的缺陷进行测试，以便改进测试的有效性。但是如何知道用户可能遇到的缺陷在哪里？按我们的经验和教训，用户遇到的缺陷往往在这些地方：1)用户经常使用的功能和模块，往往是业务主流程；2)不同系统或模块之间的接口处；3)新开发的功能和模块；4)经常出现缺陷的地方；5)系统状态变换的地方；6)经常变动的功能等。大家可以在实际工作中总结出很多这样的结论，使得这个原则越用越有效。

这个原则又派生出很多测试方法，如基于策略的测试、基于风险的测试、随机测试等，在下面的论述中也会提及这些方法。但这些方法不能替代正常的测试过程和方法，只能作为必要的补充手段，因为这一原则的运用还是有一定的风险，特别是面对全新的应用领域时。

实验软件工程的创始人Victor Basili① 曾经说过，如果一个软件/系统的开发费用需要1美元，则该软件/系统的维护费用就需要2美元。美国很多人研究了降低维护费用的思路，归纳起来是：如果知道需求变化率、同一需求的变化次数、配置项变化率、同一配置项的变化次数以及缺陷在系统中的驻留时间这五个参数，在测试时根据在项目开发过程中采集的实际数据为向导，采用试探法发现缺陷，可以提高维护效率40%。用这种测试方法来发现缺陷，有重要的参考价值。

① Victor R. Basili，The goal question metric paradigm，Encyclopedia of Software Engineering，1994

1.4.5　HOW 原则：综合运用多种测试方法和技术

这一原则回答的是如何做测试的问题，即测试方法、测试技术等问题。根据项目需要，在需求分析、设计、编码和测试各个阶段，恰当地选择，并运用不同的测试方法和技术，以便达到较好的测试效果。

关于测试方法和技术，有很多不同的分类方法。为了叙述的方便，下面列出了本书中采用的一些名词术语及其内涵。

- 测试阶段　单元测试、集成测试、系统测试、验收测试等；
- 测试方法　静态检测、动态测试等；
- 静态检测　同行评审、代码走查等；
- 动态测试　功能测试、非功能测试等；
- 非功能测试　性能测试、压力测试、可靠性测试、兼容性测试等；
- 测试技术　白盒测试、黑盒测试、灰盒测试等；
- 测试用例开发方法　等价类划分法、边界值法、正交分解法等。

我们既要在组织级测试体系中引入这些方法和技术，也要针对项目的实际情况，有选择、有针对性地采用不同的方法达到不同的目的；还不能单纯依赖某一种方法，需要多种方法在不同的阶段配合起来使用，就像熬中药一样，需要同时多种草药下锅一起熬，才能熬出好的药效来。

1.4.6　WHY 原则：测试要适时终止

这一原则回答的是测试为什么可以结束，达到什么条件可以结束的问题。测试要适时地终止，这是一个简单而重要的原则。从理论上讲，测试是无穷无尽的，何时终止？这对于测试经理、项目经理，乃至用户来说，有时是一个相当困难的决策性问题。图 1-4 是一个有名的分析图，说明如何找到测试终止的关键点，在这个点之前，找到一个 BUG 比较容易，但过了这个点之后，找到一个 BUG 的测试工作量快速增加，则这个点就是测试可以结束的关键点。但要找到这个关键点并不容易。

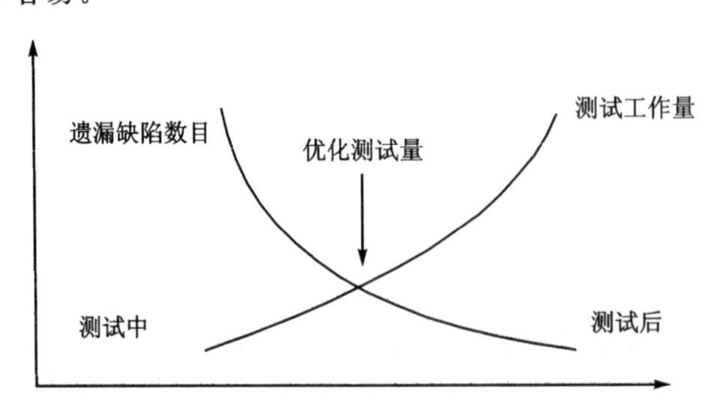

图 1-4　测试工作量和软件缺陷数量之间的关系

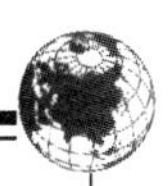

表1-1列举的一些业界通行的判断测试终止的原则，可供读者参考。

表1-1　测试终止原则

原　则	说　明
1. 基于测试阶段的原则	分别对单元测试、集成测试和系统测试等阶段，制订详细的测试结束点，按阶段控制
2. 基于测试用例的原则	在测试用例通过率达到××%时，允许正常结束测试，但要把握好测试用例的质量
3. 基于缺陷收敛趋势的原则	通过记录回归测试发现的缺陷数的趋势，来确定测试是否可以结束
4. 基于缺陷修复率的原则	例如，严重错误和主要错误的缺陷修复率必须达到100%，同时非严重缺陷的修复率必须达到××%。达到这些要求时，可以终止
5. 基于验收测试的原则	通过用户的测试验收后，终止测试
6. 基于覆盖率的原则	测试用例执行的覆盖率达到××%，终止测试
7. 基于缺陷度量的原则	缺陷数、缺陷密度达到某一个数值时，终止测试
8. 基于质量成本的原则	测试成本不能无限扩大。在质量、成本、进度等三个方面取得平衡后终止

需要说明的是，对一些重要软件来说，在考虑测试是否可以结束时，还需要检查是否已经记录了缺陷在系统中的分布情况（缺陷分布一般符合二八分布规律，即80%的软件问题总是发生在大约20%的功能模块或系统构件中）；有没有必要采取措施令缺陷的二八分布转移；是否已经记录了缺陷在系统中的驻留时间；有没有必要对系统的残存缺陷作出估计；等等问题。

上述6W测试原则是我们在系统工程的指导下，结合测试实践所总结出来的。它本身也较好地体现了系统工程的思想，对开展测试实践、建设测试体系有指导意义。

1.5 小　结

从系统工程角度看测试的作用，可以发现，软件测试是软件工程中不可或缺的重要组成部分；从系统工程的基本观点来看软件测试，可以站得更高，看得更远，可以培养系统化的思维，确立系统化的方法，把握和平衡各方面的关系，将零散而平凡的事情做成系统化的和可持续演进的事情，这不正是做软件测试和测试体系建设所追求的目标吗？其实这一点不仅适用于软件测试领域，也适用于其他的领域——工作的方方面面。

软件测试的目的、作用和原则从正面说明了应该做什么和应该如何做，还从反面说明了不应该做什么和不应用如何做，所以它有利于认识关于软件测试的误区，找到正确的方向和做法。但现实情况千差万别，关于软件测试，不同的人从各自的立场和经历出发，可能有不同的观点和认识，真可谓仁者见仁，智者见智。本章所阐述的一些原则虽然是前人智慧的积累及我们的一点经验教训的总结，并在一定的场景下发挥着好的作用，但并不一定全对，也不一定合适所有的项目和场景。这些都无关紧要，重要的是，软件组织和测试专家们要根据各自实际的情况总结和提炼出适合自己的测试原则，而本章的内容算是一个引导。

在下两章，将重点论述与人相关的两个专题，即软件测试的组织形式和测试人员成长之路。

第 2 章 测试组织形式

本章论述测试的组织形式。它是组织级测试体系首要的内容，并决定了测试体系的风格，所以要首先搞清楚测试的组织形式。测试组织是组织内从事测试工作的人员和负责管理测试工作的机构和人员等，而“测试的组织形式”指的是测试组织及其人员开展测试工作的方式，测试组织的设置情况及其与其他部分的关系等。本章介绍软件测试工作 3 种典型的组织形式，分析它们的不同特点、优势和劣势，说明各自成功的关键点所在，并探讨在什么样的场景下采用哪种组织形式比较合适。

2.1 测试组织形式

软件测试典型的组织形式有三种：项目内测试组形式、测试管理部形式、测试中心形式。当然还有一种形式是项目中没有专职测试人员和测试组的形式，测试工作由开发人员兼做。这种形式不在本章讨论的范畴内。下面对这三种典型的测试组织形式分别进行说明。

2.1.1 项目内测试组形式

1. 定义

在一个项目中设置一个测试组，此测试组包括一个测试经理和 0 到 N 个专职测试人员。此测试组是项目组的一部分，测试经理向项目经理汇报。在组织级没有一个测试管理部门。其结构图如图 2－1 所示。

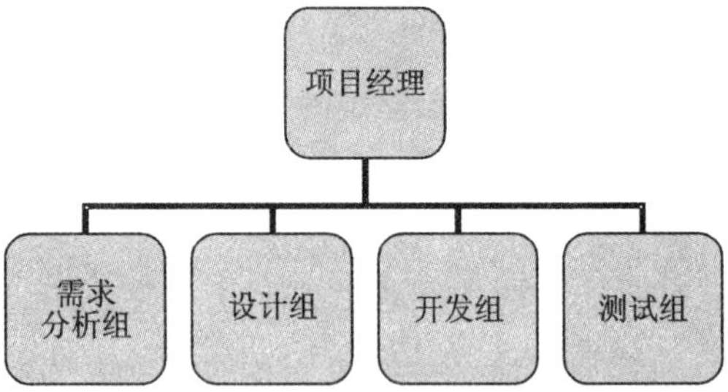

图 2－1 项目内测试组形式

2. 特点

1）测试组由项目经理自己组建。除测试经理外，测试人员不太固定。根据需要，开发人员、用户单位人员可参与测试。

2）测试工作完全包含在项目组内，由项目经理全面负责和掌控。测试计划纳入整个项目计划之内。

3）测试经理提出测试策略、方案、过程和计划等，但这些内容的决策权一般在项目经理或技术经理手里。

4）测试人员的考核和激励由项目经理负责。

5）测试人员与开发人员一样，归属于一个大的软件工程组织，项目结束之后，这些人员释放到一个大的部门或资源池中。

3. 优 势

1）项目整体质量完全由项目经理负责，责任最明确。项目经理有机会从项目总体目标出发考虑和把握测试工作，提高项目整体绩效。

2）开发和测试结合最紧密，开发对测试的支持力度最大；开发和测试之间的冲突在项目内解决，测试过程简单。

4. 劣 势

1）测试做得好不好主要取决于项目经理的意识（如对测试和质量的重视程度）和测试经理的能力。当项目经理测试意识不强或测试经理能力弱时，测试工作不易做好，有时甚至被砍掉。

2）测试工作主要依赖于项目组、测试经理自身的努力，得不到组织级的支持和测试人员、测试专业等方面的帮助、指导和监控。

3）测试人员的归属感不强，得不到专业的培训和训练，能力提升得不到组织级保障，不利于测试骨干的培养和保留。还有可能分配测试人员干其他非测试性工作，如配置管理、写文档、做运维等，专注做测试的时间短些。

4）整个组织的测试能力提升和经验积累得不到组织级的保障。

5. 测试效果和风险

1）在此形式之下，主要按用户实际使用习惯来做测试，对异常情况的测试做得不多。测试用例写得不够多，有些测试执行是在没有测试用例的情况下随机做的。测试进度可能会比较快，系统很快上线。在有用户单位业务人员参加的情况下，测试效果可能会比较直接，效率较高。

2）由于测试力量投入不足，可能测试做得不很充分，系统遗留 BUG 会比较多，给后面的系统运行和系统运维带来隐患。

3）由于没有统一的标准和规范，测试质量、软件质量不稳定。

6. 成功关键点

1）对项目经理、技术经理、项目组人员等进行测试专业方面的培训，提高他们的测试意识和能力。由公司相关管理部门加强对项目测试工作的检查。

2）需要有能力比较强（包括组织能力和测试能力）的测试经理。他/她应能够在复杂、恶劣的环境下有效开展工作，赢得项目组的信任和信服；能够灵活掌握测试策略、方案、过程、计划以及测试用例设计等方面，能够组织和指挥不同程度的人员参与测试。如何在这种情况下明确职责、做好分工？对测试经理来说是一个挑战。

3）尽量协调用户单位多派业务人员参加业务功能测试。

2.1.2 测试管理部形式

1. 定 义

在一个软件工程组织（例如：研发部或工程部）内设置一个部门，叫“测试管理部”，将所有的测试人员归属于此测试管理部中。测试管理部有一个负责人，叫“测试部经理”，由他/她与各项目组协商，向项目组派驻测试人员，组成项目内的测试组。项目内的测试经理主要向项目经理汇报，但在专业方向上向测试部经理汇报。测试部经理负责管理测试部，建设组织级测试体系，提升整个软件工程组织的测试能力和测试人员的能力。其结构图如图 2－2 所示。

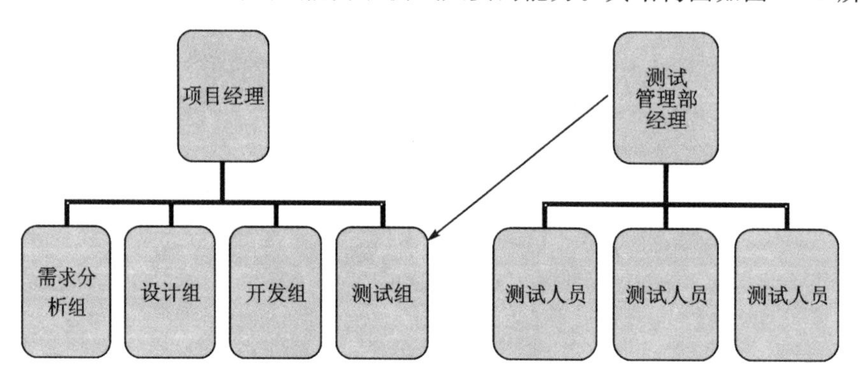

图 2－2 测试管理部组织形式

2. 特 点

1）测试组由测试部经理与项目经理协商后组建，测试人员相对固定。根据需要，开发人员、用户单位人员参与测试。

2）测试工作基本上包含在项目组内，由项目经理主要负责和掌控。测试计划纳入整个项目计划之内。

3）测试经理提出测试策略、方案、过程和计划等，主要由项目经理和技术经理决策，但决策时听取测试部经理的意见和指导。

4）测试人员的考核和激励由测试部经理负责，但会听取项目经理的意见。

5）测试人员在项目结束后回归测试管理部。

3. 优 势

1）项目整体质量主要由项目经理负责，责任比较明确。项目经理有机会从项目总体目标出发考虑和把握测试工作，提高项目整体绩效。

2）开发和测试结合比较紧密，开发对测试的支持力度比较大；开发和测试之间的冲突在项目内解决，又可得到测试部经理的协调和排解。

3）测试工作能够得到组织级的支持。项目组能够得到测试部派出的合格的测试骨干，能够得到测试部经理在测试专业等方面的帮助、指导和监控。

4）测试人员的归属感强，专业培训和能力提升得到组织级保障，有利于测试骨干的培养

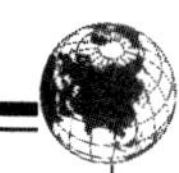

和保留。

4. 劣　势

1）测试做得好不好比较依赖于项目经理的意识（如对测试和质量的重视程度）和测试经理的能力。当项目经理测试意识不强或测试经理能力弱时，测试工作有可能做不好。

2）当项目测试比较繁忙时，整个组织的测试能力提升和经验积累会做得较少。

5. 测试效果和风险

1）在此形式之下，可以在组织级规范和测试部经理的监控和指导之下，将测试做得比较充分，测试质量较高，系统遗留 BUG 较少，测试周期适中。测试用例的积累也比较适中。

2）由于有统一的标准和规范，测试质量、软件质量比较稳定。

3）但如果项目工期紧张，测试监控和管理又不到位，则同样会出现第一种形式的测试不充分、测试质量不高的问题，也达不到第三种形式的测试用例积累和复用的好效果。

6. 成功关键点

1）对项目经理、技术经理、项目组人员等进行测试专业方面的培训，提高他们的测试意识和能力。

2）在项目的早期就有测试人员派入项目组，在项目组做需求分析时，就开始测试准备工作，包括测试策略、方案、计划制订和测试用例编写等，并帮助项目组尽早发现问题。

3）需要有能力比较强的测试经理。此测试经理能够在项目中独立、有效地开展工作，赢得项目组的信任和信服。

4）需要有专业的、能力强的测试部经理。此测试部经理能够为各项目提供专业的测试工作指导和监控，并与开发部门和项目组建立良好的合作关系。

5）每个项目结束之后，由测试部经理和测试经理主持，将与测试相关的资产拿回来提炼，纳入组织级测试体系，并将好的经验在其他项目中推广。

6）测试部经理制订，并实施组织级测试体系建设计划、测试人员培训计划等，加强测试人员之间的交流和相互学习，以提升测试人员素质和组织级测试能力。

2.1.3　测试中心形式

1. 定　义

在一个软件工程组织内设置两个中心：开发中心和测试中心。开发中心负责软件开发，测试中心负责软件测试。开发中心完成开发后，送到测试中心，由测试中心测试。测试中心对测试过程负责。其结构图如图 2－3 所示。

2. 特　点

1）测试组由测试中心组建。测试人员非常固定。

2）测试工作不包含在开发项目组内，由测试中心经理及测试经理负责和掌控。测试计划

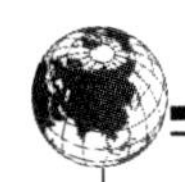

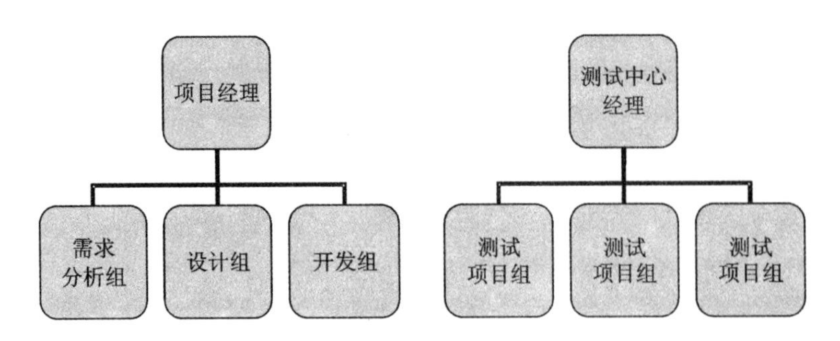

图 2-3　测试中心组织形式

跟开发计划相对独立,但还在项目整体计划之内。

3）测试经理提出测试策略、方案、过程和计划等,由测试中心经理审批。

4）测试经理的考核和激励由测试中心经理负责,但会听取开发项目经理的意见。

5）测试人员一直归属于测试中心。

3. 优 势

1）长期固定的测试中心建设,有利于打造能力强的专业测试中心,有利于组织级测试体系建设,有利于测试用例的积累和复用,有利于测试工具的采用和测试自动化的开展,有利于测试经验的总结和积累。

2）测试中心能够在各测试项目之间调配测试人员,保障重点项目的测试。

3）测试人员的归属感最强,能力提升得到组织级保障,有利于测试骨干的培养和保留。

4. 劣 势

1）项目开发和测试工作被分为两道工序,分别由开发中心的开发经理和测试中心的测试经理负责,谁对项目的整体质量负责？如何负责？责任比较难以分清。

2）开发和测试结合不是太紧密,开发对测试的支持力度比较小。开发和测试之间的冲突比较明显。例如,开发送过来的软件是否达到了测试的入口准则？测试的工期能否达到产品发布的要求？测试中心经理的管理难度高,测试过程最复杂。

3）测试组由于不与开发组一起工作,对开发组的情况、软件涉及的业务和技术的了解会少得多,在知识传递方面难度会大些。开发组不太合格的需求规格说明书会影响测试组的工作质量和进度,将测试工期拉长。

4）针对一个项目的开发人员和测试人员的总数可能会增多。

5. 测试效果和风险

1）在此形式之下,测试能够做得比较充分,不仅包括功能测试,还包括性能测试等非功能测试。测试质量较高,系统遗留 BUG 较少。

2）由于测试工具、测试用例积累较多,对未来的测试特别是同一个产品的测试有益。测试用例和自动化的测试脚本可以在新的软件版本中得到复用,回归测试也省力。

3）测试投入可能较高,测试工期可能较长。对于只测一次的软件,大量的自动化测试脚本和测试用例积累可能发挥不出复用的价值。

4）测试过程、知识传递过程和协作关系比较复杂，有时难以驾驭。但处理好了，会上一个台阶。

6. 成功关键点

1）有长期稳定的组织级资金投入，建设相对齐全的测试体系，包括测试环境，测试工具，测试用例库等。

2）制订并执行组织级的开发和测试协作过程，明确开发和测试之间的入口和出口准则，明确相关的责任。一般来说，整个项目（产品或应用系统）的整体质量还是应该由开发部门（开发项目经理）负责，因为，软件质量主要是设计出来的，不是测试出来的，要加强项目所有成员对产品质量的责任意识。

3）需要有专业的、能力强的测试中心经理。此测试中心经理能够与开发部门和项目组建立良好的合作关系，为各项目测试工作提供非常专业的测试工作指导和监控。由于开发和测试之间的协作问题比较复杂，需要测试中心经理乃至整个管理层高超而灵活的管理和驾驭能力。这与公司文化还有一定的关系。

4）开发中心要向测试中心提供比较详细的需求规格说明书，设计文档、送测说明文档等；在提交测试中心测试之前要做自测，如单元测试和集成测试；在测试中心作软件测试的过程中，开发中心要提供足够的技术支持，加强与测试之间的协作和互动，包括 BUG 的及时修复等。

5）测试中心经理制订，并实施组织级测试体系建设计划、测试人员培训计划等，加强测试人员之间的交流和相互学习，以提升测试人员素质和组织级测试能力。

2.2　测试组织形式选择

上述三种测试工作组织形式，从项目内测试组形式，到测试管理部形式，再到测试中心形式，专业化分工越来越明显，组织级关注和投入越来越多，测试过程越来越复杂，同时组织级的积累也越来越多。每一种测试工作组织形式各自都有很多成功的案例，但都有它的比较合适的应用场景和条件。我们需要根据不同组织和项目的情况，来选择一种比较合适的测试工作组织形式，这样才能扬长避短，达到好的效果。

影响测试工作组织形式选择的因素很多，例如：

1）软件工程组织所从事的业务领域的性质　是研发还是工程？是应用系统还是软件产品？是否专注于一个或少数几个方向？是长期做还是频繁切换？公司未来的战略转型方向？

2）所开发软件的用户对软件质量的要求　是关键核心应用，还是一般的应用？

3）组织目前的成熟度　各岗位对质量和测试工作的重视程度如何？软件过程的成熟度是 CMMI ML2，还是 CMMI ML3 或 CMMI ML4 等？

4）测试队伍情况　测试部门负责人、测试经理的能力和数量？

5）公司在测试体系建设方面是否能持续投入力？

表 2-1 测试组织形式的选择表是一种尝试，希望能用量化的方法为测试组织形式的选择

提供参考依据。

表 2-1　测试组织形式的选择表

方　面	因　素	打分 (5 分制,1 分最低,5 分最高)	小计
业务领域性质	从定制开发到产品研发		(取平均值)
	从应用到产品		
	从分散到专注		
	从短期到长期		
软件质量要求	从低到高		
组织成熟度	从 CMMI ML1 到 CMMI ML5		
测试负责人	从弱到强		
组织级投入	从少到多		
合　计			

举两个极端的例子。假设有一产品公司,只有一个产品,一做 10 年,对产品质量要求很高,组织成熟度达到 CMMI ML5 水平,测试队伍能力强,公司在测试方面也舍得投入,则它可以得满分:25 分。这个公司最好是采用测试中心的组织形式,能够达到最好的效果。与之相反,一个小的项目公司,相当于一个包工队,什么都做,今天做这个,明天做那个,组织成熟度是 CMMI ML1,测试人员少而弱,公司在测试方面不投入,则它的得分是:5 分。这个公司最好采用项目内测试组的形式。介于这两类极端情况的公司之间的组织,需要自己做一个客观的评估和打分,根据得分决定采用三类测试组织中的哪一种。但如何根据得分值的分数档来选用测试组织形式,还没有定论,需要在大量试用之后才能得出结论。

在这三种测试组织形式之外,还有一些复合的组织形式。例如微软公司的测试组织形式就是一个典型的例子。它采用 PM(程序经理)、DEV(开发人员)和 TEST(测试人员)三驾马车的形式,三条线采用专业的方式进行管理,如 Test Manager 由 Test Group Manager 管理。这有点像上面的第二种形式,即测试管理部的形式。但它又采用特性小组和开发测试一对一结队工作的方式将开发和测试紧密结合起来。这又是第一种形式即项目组内测试组形式。这种复杂的测试矩阵组织形式,需要较高的投入和较强的协作文化才能做到。

国外大型软件产品公司有采用测试中心的组织形式的,因为它们的一个拳头软件产品往往要做许多年,例如 IBM 公司的 DB2 数据库管理软件到 2008 年,整整做了 25 周年!这样的场景采用测试中心的模式最合适,最有利于测试用例的积累和复用。国内一些大型垂直型行业机构(如银行)也有采用测试中心形式的。它们针对乙方(软件开发承包商)开发的软件作验收测试。由于乙方已经做了大量的测试工作,所以这样的测试相对顺利一些。一些政府测试中心和测试外包公司也采用测试中心的组织形式。神州数码公司的金融软件产品测试采用的也是测试中心的形式。

对于中国目前一般有一定规模的公司或组织来讲,采用第二种测试组织形式即测试管理部形式比较合适,神州数码公司也大量采用这种形式。在此形式之下逐步形成了一套业界通

行的软件测试体系标准和规范，对软件测试和软件产品质量起到了促进作用。

2.3 小结

从本章的分析，可以得出这样的结论，即在一个正常的稍具规模的软件组织内，必须要有专门的测试人员，也必须要有专门的测试管理部门。由此测试管理部（或者叫其他名称）对这些测试人员进行管理和培养。它是测试人员的家，如果没有这样的家，则测试人员留不住，更谈不上能力提升和发展。而且，测试管理部还是负责组织级测试体系建设的机构，没有它，也谈不上测试体系建设。

另外，在考虑测试组织形式时，要兼顾当前和长远的关系。对于一个项目经理来说，他只要得到项目需要的测试人力资源就可以，所以他想得比较简单。但对于测试部负责人来说就没有那么简单，他要考虑如何招募、委派、保留和提升测试人员，如何建立测试体系和提升组织级测试能力。只有这样才能源源不断地为开发部门和项目提供高素质的测试人员，提高软件测试的质量和效率。这一点应该得到开发部门和项目经理的理解。

在讨论测试组织形式之后，再来谈测试人员成长和发展的专题，这正是下一章要探讨的内容。

第 3 章 测试人员成长之路

软件测试是一个关系软件开发全局的工作，在现代软件开发和工程项目实践中的作用越来越突出。随着软件产业的发展，从事各类软件测试的技术人员越来越多。软件测试工程师在工作环境、自身能力和价值创造等方面的改善和提升，不仅对于测试工程师自身，而且对于软件开发组织、用户单位乃至软件产业的发展，都有重要的意义。本章主要关注测试工程师的成长之路，涉及测试能力培养、测试心理调适、测试与开发协作等专题，提出测试人员要"过五关"，一步步地迈向成功之路，并给出自我评估和如何进阶的方法。希望这些内容对有志于在软件测试方面发展的人士，有志于打造高效测试团队的组织和人士有所启发。

3.1 测试人员要"过五关"

一个初入此道的测试工程师，如何通过组织的培养和自身的努力，逐步成长为中级测试经理，最后成长为测试专家，是需要迈过很多关口的。本书总结为"过五关"，包括"心理关"、"业务关"、"技术关"、"专业关"和"管理关"等。下面分别进行说明。

3.1.1 过心理关

在当前的软件行业，除了一些软件产品公司和以测试为主业的公司（如测试外包、测试咨询服务公司）之外，一般的软件公司（如软件开发、服务、系统集成公司等）受到各种主客观因素的影响，对测试工作的重视程度不高。在这里，软件测试一般不被认为是一个高级的工作，似乎只有不会做编程的人才转去做测试。

刚刚涉足专业测试工作的人士，在开始时，常常从心理上感到很不适应。这种不适感既与上面讲的测试工作、测试工程师不受重视有关，也与测试工作本身的性质有关。因为软件开发和软件测试是一对矛盾，软件设计和开发是对系统的构建过程，是矛盾的主要方面；而软件测试是发现软件中的 BUG 的过程，是对系统构建过程的验证，是矛盾的次要方面。软件设计和开发是支配的、主动的；软件测试是受支配的、被动的。为了做好软件测试，软件测试工程师必须接受这种地位。对于从开发转测试的人士来说，这种心理习惯的改变有时很痛苦，甚至发火，恨不能自己动手修改程序。但是测试人员是不能修改程序的，只有忍耐，做好测试职责范围的工作，或给开发人员以必要的提醒和帮助。在这样平凡而琐碎的工作中，不断地体现出测试的价值：尽早地发现需求和设计中的缺陷，更多地发现程序中的 BUG，通过高效率的测试工作驱动整个系统逐步地稳定，使之最终得到用户的认可，并上线运行。测试人员正是通过这些工作，逐渐赢得项目经理、开发人员和用户单位的尊重、重视，甚至是敬佩。到了这个时候，测

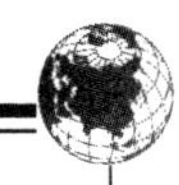

试人员基本可以与开发人员平起平坐，心态也平和了，“心理关”算是过了。

从组织层面来讲，各级领导和项目经理要帮助测试人员过“心理关”。一个有经验的测试人员的价值，一点不比开发人员的价值低，特别是到了项目的中后期，测试人员发挥的作用更大。而且，测试是一面镜子，通过测试人员的工作，能够检验开发人员的工作质量和真实进展情况。我们的经验是，在做得比较好的、最后顺利上线的项目中，总是能够看到好的测试人员的身影。高效的测试工作是项目能否成功的极其重要的一个因素。因此，领导们给予测试工程师以平等的待遇(包括物质待遇)、尊重和关怀是非常有必要的，这也是对测试工程师顺利通过“心理关”最好的帮助。

3.1.2　过业务关

软件测试主要是做功能测试，如果对被测软件系统本身要实现的业务功能都不熟悉，就根本做不了测试工作。所以，对于测试人员来说，掌握软件系统所涉及的业务知识最重要。测试工程师必须对用户的业务、需求和软件的功能非常敏感，还要能够快速地学习和掌握相关的业务知识，这样才能设计出有效的测试用例，并高效地执行测试。这是测试人员的基本功，测试工程师必须过“业务关”！

如果一个测试工程师长期从事某一个行业领域的测试工作，那么，他通过“业务关”的最有效途径是先学习和掌握“行业通用业务知识”。一般来说，一个软件产品或软件系统往往应用于一个行业领域。例如，银行核心业务系统应用于金融行业，电信计费系统应用于电信行业，而税收征管系统应用于税务行业；就算是通用的软件产品，如财务软件，也有一个应用领域。我们可以统一称之为“行业”。关于这个行业的理论知识和通用业务知识，统称为“行业业务知识”。而某个具体客户的业务需求只是行业业务知识的一个子集或者具体化(specialization)。通过学习“行业业务知识”，可以比较系统地、深入地掌握相关的概念、理论、模型和通行的组织结构、业务流程和操作实务。这些知识，通过阅读几本经典的书籍就可以掌握。现在的互联网那么发达，只要上网一查，就可以搜索出大量相关的行业业务知识，利用互联网学习业务知识是最便捷的。

有了行业业务知识的基础，了解某个用户的业务需求就容易得多。但是用户业务需求还是比较繁琐，细节内容太多。不过还是有规律可寻，一般来说，用户业务需求包括下列内容。

1) **组织和人**：软件开发和维护阶段中各方面的相关人员(stakeholder)，包括用户组织结构、软件的实际用户、软件所涉及的外部组织和个人(如银行系统中的外部关联交易银行)。只有将这些组织和人员区分开了，才能搞清楚相关的业务交易和业务流程的作用。

2) **业务交易**：在一般的业务处理系统(OLTP)中，业务功能以“业务交易”的形式体现，如银行系统中的“存款交易”。虽然一个系统的业务交易很多，但基本的模式是一样的，一般都有一个交易码，有相关的录入、处理和查询操作，以完成一个简单的业务处理。掌握了基本的模式，就可以抓住要害。

3) **业务流程**：有些业务涉及多个环节，需要多人配合完成，这就是业务流程。它是业务交易的顺序串或既有顺序，又有并行的偏序串。例如，电子政务系统和银行货款系统中的审批业务，都是典型的业务流程。在这里，需要学习“工作流”(workflow)或“业务流程管理”(BMP)

的一些理论、标准和知识①。

4) **业务对象**:即业务处理的或影响的对象,如账户、单据,及反映实际物质变化的各种数据项。一般,业务对象以"数据字典"的形式来描述。

这些内容与面向对象分析设计(OOAD)中的需求表达方法是一致的,如图 3-1 所示。

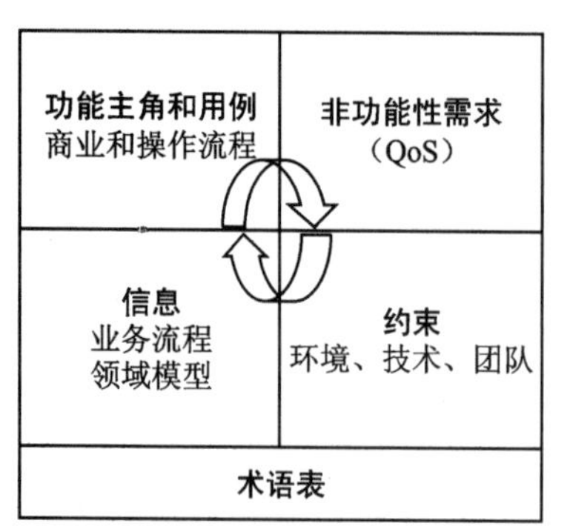

图 3-1 OOAD 中的需求表达方法

所有这些内容,都以业务语言的形式写在用户提出的《业务需求》文档里,然后又以需求建模语言(如 UML 语言或其他语言)的形式写在《软件需求规格说明书》中。作为一位测试工程师,不仅要能够读懂这些文档,还要像需求分析师那样具备需求分析的能力,还应该具备测试需求分析的能力。对行业业务知识和用户需求详细而准确的了解,是测试工程师相对开发工程师的一大优势,特别是在用户现场,在用户面前。

对业务知识的快速学习,不是一个范围明确的课堂学习的过程,而是一个范围不明确的,需要不断探索和钻研的过程,是一边学习,一边干活,逐步达到熟练状态的过程。对于测试工程师来说,必须掌握这种学习技巧,才能在不断变化的工作中得心应手,游刃有余。这也是过"业务关"最难的一个地方。

从组织层面来讲,不应随意地、频繁地变更一个测试工程师从事的行业领域,因为这样会增加个人和组织学习的成本,减少测试工程师成为这个领域的测试专家的机会。另外,要有系统的业务培训计划,以培养测试工程师快速掌握行业业务知识,帮助测试人员过业务关。业务能力强的测试经理不仅能够做好测试工作,还能帮助售前人员和项目组有效控制用户需求,减少因需求变更而带来的项目实施成本和风险。

3.1.3 过技术关

强调精通业务知识,不等于说测试工程师不用掌握技术。实际上,测试是一个技术性很强的工作。与开发工程师相比,测试工程师需要掌握的技术的范畴还要广阔一些,如需要掌握更多厂家的软件产品,只不过根据所从事的工作性质不同,需要掌握的技术深度有所不同。测试工程师还是要过"技术关"的。

一般来说,测试工程师主要是要掌握系统使用和系统管理方面的技术,包括下列几个方面:

1) 各种操作系统的安装、配置和系统管理;

2) 各种数据库管理系统的安装、配置和系统管理,数据库的使用(SQL);

3) 各种中间件的安装、配置和管理;

① 2005 年经原信息产业部和 2006 年经北京市科委分别组织的评审,都认为北航软件工程研究所和北京赛柏科技在周伯生教授领导下开发的"企事业过程建模系统 EPMS"是一个很好的流程描述和流程优化工具。《软件学报》1997 年第 6 期增刊,对这个系统的理论基础和工具有详细的介绍。

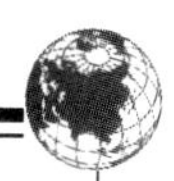

4）计算机网络的配置和系统管理；

5）上述系统的综合管理和应用，其中最高级别的技术是性能测试后的性能调优工作，那是高级性能测试专家的拿手好戏，是一般的测试工程师乃至开发工程师所难以企及的。

测试工程师需要掌握的技术层次结构图如图 3－2 所示。

测试工程师另一个需要掌握的是下面两类工具软件。不仅要会使用它们，而且还能从事其中的脚本程序的开发，以便自动化地完成一些测试任务。

1）配置库管理系统，问题（BUG）跟踪工具等；

2）各种测试工具软件：功能测试工具、性能测试工具、测试管理软件等。

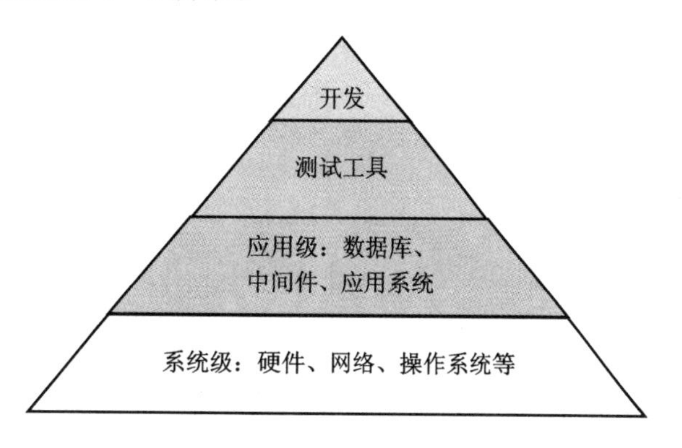

图 3－2　技术层次结构图

最后，测试工程师还需要会编程，编一些自动化的测试程序、测试脚本等，这是最难做到的一点。倒不是说编程是最难的事，只是测试工作一般比较紧张，测试人员编程的机会不多，长期不编程会手生。大的软件公司有一个岗位叫做“测试开发工程师”，就是专门干这个的。一般的公司没有这样的职位，就得自己上手了。

对于一个测试工程师来说，不可能全面掌握上面的每一项技术，而是要在实际工作中培养分析和解决技术问题的能力，遇到什么问题时，再加强相关知识的学习，开展一些技术攻关活动，这样的事做得多了，技术能力就自然会上去。这是真正的技术能力，是过“技术关”的真正内涵和关键所在。

从组织层面来讲，要培养测试工程师在系统管理方面及与测试相关的技术能力。至于编程能力，还是多借助开发工程师，让他们帮助测试人员编写相关的测试工具和驱动软件为好。

3.1.4　过专业关

对于测试工程师来说，过“心理关”、“业务关”和“技术关”都是为了过“专业关”而打基础的，毕竟“测试专业”才是测试工程师的看家法宝。下面具体说明测试专业的范畴，论述如何培养和拥有这些方面的工作能力。

1. 测试分析能力

测试分析就是根据软件的需求和设计，结合项目的目标和各方面的情况，得出软件测试需求和测试策略等结论。测试分析能力最考验测试人员的能力，是高级测试经理区别于一般测试人员的地方，也是测试人员能够影响、引导和驱动开发组的地方（否则就会被开发人员牵着鼻子走）。好的测试分析能够在项目的早期确立一些明智的测试策略，能够将测试的重点聚集在重要的、优先级高的功能上和风险高的系统和模块上。

测试分析能力不是一朝一夕得来的，需要长期的培养。测试人员在从事专业测试之前，最好做过软件开发和工程项目中的一些需求分析、设计和开发工作。通过这些工作可以积累系统分析的经验，增加对软件系统的敏感性，知道软件系统是如何一步步通过分析、设计和开发工作建造起来的，知道哪些模块是比较脆弱、容易出问题的地方。但只有这些还不够，还需要有软件测试的经历，需要在从事软件测试工作的过程中，不断总结经验和教训。

2. 测试计划能力

测试计划的制订与项目计划的制订基本上相似，因此测试计划能力实际上反映的是项目管理能力，也就是说，测试经理应该具备项目经理的一些能力，特别是计划的制订和执行监控。测试经理要学习一些项目管理的知识。

与制订项目计划需要掌握软件生命周期模型一样，制订测试计划，需要掌握软件测试过程模型（详见第5章“基于迭代的测试过程”），对软件测试的阶段划分有清楚的认识，知道如何分解和细化测试任务等。

与制订项目计划一样，制订测试计划也要对测试的规模和工作量进行估计，根据组织级和项目级软件生命周期资源模型、以前测试效率的数据以及现有人员的情况，得出每项任务需要的时间，并编排出测试计划，需要测试经理掌握测试度量和基于度量进行测试计划制订和跟踪的能力（详见第8章“测试度量与分析过程”）。这些都是测试专业方面的内容，需要测试经理掌握。

3. 测试设计能力

测试设计是根据测试需求进行测试方案设计和测试用例开发的过程。软件测试主要是根据测试方案和测试用例来执行的。由于测试是件不能穷举的事情，一套简洁高效的测试用例是做好测试的关键所在。所以，测试设计能力是测试人员最核心、最关键、最重要的能力，测试工程师要掌握测试方案设计的过程和方法，精通测试用例的设计方法。这些内容在后面的第7章中有介绍。但仅仅掌握一些理论知识还不够，还需要通过大量的测试实践，不断总结什么样的测试用例是好的，什么样的测试用例开发过程能达到好的效果，这并非一朝一夕之功。在本书第11章“行业核心业务系统测试实践”中，用实例详细介绍了测试用例的开发过程和方法，以供读者参考。

4. 测试执行能力

测试执行能力就是动手能力，是测试发现BUG的最重要环节。动手能力除了包括上述“技术关”中要求的系统安装、配置、维护等技术能力之外，还包括直接与测试相关的执行能力，如测试数据准备，具体测试执行，测试结果检查，缺陷发现、判断和记录，测试结果分析和测试报告编写等。这些工作都相当的繁琐而繁重，需要测试人员保持精力集中，思维敏捷。如何在其中找到一些相对高效的办法，对测试人员来说也是一个很大的挑战。

更高级的测试执行能力还包括随机测试和探索性测试的能力，即在测试用例之外，进行延伸性的探索性的测试，从而发现日常测试工作找不到的BUG。这里需要一点灵感。

测试工程师的四种专业能力如图3-3所示。

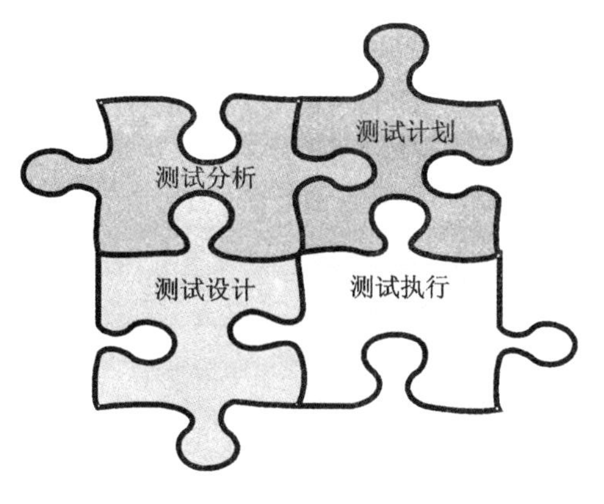

图3-3　测试的四种专业能力

从组织层面来讲，提高测试人员的专业能力是提高组织测试能力的关键，需要有专门的测试管理部门，通过各种方式对测试工程师进行测试专业的培训和培养；需要组织测试人员进行各种形式的交流活动，包括与其他公司和组织的交流。

3.1.5　过管理关

管理不是经理们的专利，管理方面的经验对于测试工程师来说也是必需的。初级管理能力包括团队协作(teamwork)和人员管理；中级管理能力主要是项目中的测试工作管理；高级管理能力包括带队伍、测试体系建设和测试咨询业务管理等。下面分别说明测试工程师、测试经理和测试部经理等角色如何过"管理关"。

1. 测试工程师的管理关

测试工程师的管理能力主要体现在两个方面：团队协作(teamwork)和个人管理。软件测试工作的特点包括受支配的、被动的，涉及面广的，需要和许多人打交道等。这些特点要求测试工程师有更强的团队协作精神和意识，测试工程师要更积极主动地开展工作，做更多的沟通和协作。

(1) 与项目成员的沟通与协作

从上面的论述可以看到，测试工程师需要学习和了解的东西很多，有些东西可以通过看资料、操作软件等方式了解，但更多的东西需要与项目组成员交流才能得到。所以，测试工程师应是一个热心肠的人，关心各方面的情况，敢于问问题，与项目组成员能打成一片。在与开发人员协作的过程中，要有自信，要比较"冲"，既坚持原则，又有灵活性。这些都是需要通过磨练才能做到。

(2) 与测试经理的沟通

与直接上级测试经理的主动沟通很重要。仔细领会测试经理交待的测试任务，不理解的要问，直到任务和要求明确；不折不扣地完成任务，并向测试经理报告完成情况；遇到问题时主动汇报，不让问题停滞在自己手上；自己决定不了的事，不要擅自作主，要通过汇报和协商的方式确定。这些都是最基本的工作方法和要求。如果有意识地坚持这样做下去，就会成为测试经理的得力骨干。顺便说，不仅是做测试工作，做所有工作都一样，与上级经理的沟通这一环节千万不可省掉。

(3) 个人工作管理

管理好自己的时间和任务，提高个人生产力。个人的时间和精力是有限的，而测试任务是并发和繁重的，如何提高个人生产力呢？下面是一些基本的方法：考虑并决定任务的优先级，按优先级制定个人计划；按计划工作，更新和调整计划；善于与他人协作，善于复用前人的成果；总结经验教训，改进和创新工作方法等。将这些原则坚持做下去，并形成习惯。只有个人

的工作管理好了，才有可能管理好一个团队，要通过个人工作管理有意识地培养管理能力，切不可错过。

总之，测试工程师的管理关其实不是一个难关，而是一个长期自我修炼的过程。通过自我修炼形成：负责任、积极进取的工作态度，耐心、细致、规范、主动的"测试性格"，沟通、计划、总结和改进的工作习惯等。修炼到一定程度，精神面貌会发生变化，到时自然会有人找上门来给他委以重任的！

2. 测试经理的管理关

项目中的测试经理带领一个测试小组，在项目经理的领导下工作。测试经理不仅要按"测试专业"的要求干一些高级的工作，而且要提高整个测试组乃至项目组的工作绩效，没有一定的管理能力是不行的。测试经理的管理能力体现在两个方面：一是与项目组的组织协调能力，一是带队伍（测试组）的能力。

（1）与项目组的组织协调能力

测试经理在项目中打交道最多的是项目经理、技术经理和开发组长，还有客户单位的业务负责人（如果用户参与测试）。为了将测试正常开展起来并达到好的效果，测试经理要想办法赢得这些人员的信任，与他们建立共同的目标和愿望，建立一个与他们协商和决策的机制，解决问题的机制。如何做到这些呢？这里提供三个办法。首先是在项目刚开始时，就要建立项目组的测试过程，形成书面的《项目测试过程》文档，并在项目组达成一致（通过评审会、例会等多种方式宣贯）。通过《项目测试过程》，明确项目各个岗位在测试过程中的职责，测试各个阶段的入口/出口准则、要求、规范和关键点，各方配合的机制，问题协调和解决的机制等。

其次是要对测试过程进行监督和控制，发现问题，与项目组讨论决定解决和改进的方案，并推动执行。这一点最难做到，是最考验测试经理协调智慧的时候。当测试经理发现《软件需求规格说明书》不详细，达不到测试用例开发要求时，当开发组发出的版本根本不可测时，当第一轮测试效果不好时，当发现的 BUG 数快速增长，迟迟不能收敛时，怎么办？这时测试经理要站出来，以自己的专业能力说服项目经理改进整个项目的过程、进程和方法，敦促工作质量和效率不高的组和人（非测试人员）做出改进。第三是要做阶段总结，最好是用量化的数字说明测试的效果，特别是由于开发没有按规范和要求做而出现不好的效果时。通过这些总结，帮助项目组认识测试的价值，并改进测试过程和方法。

（2）带队伍（测试组）的能力

为了提高带队伍意识和带队伍能力，测试经理可以参加一些基层经理培训课程，并在实际工作中锻炼。要善待员工，知人善任，认真听取他们的意见，放手他们工作，激发他们的热情和斗志；同时要严格要求他们，树立规范和典型，要求他们按规范做事，按时保质保量地完成任务；通过走动管理的方式发现问题，并帮助他们解决问题。这些都是很劳心的事，但却是测试经理的份内事。队伍带好了，会如虎添翼；带不好，会陷入孤军奋战的境地。

总之，测试经理具有基层经理的性质，要学习和实践基层经理管理理论和知识；测试经理要站在项目管理的角度考虑问题，要学习和实践项目管理理论和知识；测试经理还必须本身就是一个测试专家，这样才能影响项目组成员。

3. 测试部经理的管理关

测试部经理的管理职责超出了单个项目组测试管理的范畴，要同时管理多个项目的测试或多个测试项目，要提升整个组织的测试能力，还有可能独立开展对外的测试咨询和服务业务。测试部经理不光是与项目经理打交道，还要与公司管理层和其他各个部门经理打交道，其影响范围到达整个组织级。下面从多项目测试管理、组织级测试体系建设和能力提升、对外测试业务开拓等三个方面说明测试部经理需要过的管理关。

(1) 多项目测试管理

测试部经理一般管理一个测试部门。该部门里有一批测试经理和测试工程师。就像第 2 章“软件测试的组织形式”中所阐述的那样，测试工作有下面两种典型的组织形式：一种是将这些测试人员根据各项目组的需要分派到各项目中组成测试组，从事项目中的测试工作；另一种是开发项目组将软件交付给测试部（测试中心），设立专门的测试项目进行相对独立的测试。无论哪一种方式，测试部经理都要同时监控和管理多个项目中的测试或多个测试项目。这个时候，测试部经理需要从组织总体目标出发，与公司管理层和各级部门经理一起协商决定各个项目的测试优先级。根据测试优先级，与各项目经理确定各项目的测试策略和方法，在各项目中合理调配测试资源，监控和把握测试过程，得到综合性的（而非某一个项目的）最佳效果。这一点，没有大局观念和高超沟通技巧是很难做到的，特别是在测试资源严重不足的时候。

(2) 组织级测试体系建设和能力提升

整个组织的测试体系建设和能力提升是一个系统工程，包括测试过程建立、测试环境建设、测试工具采用、测试方法总结、测试用例积累、测试人员培养、开发人员测试培训等方面，还包括自动化测试、性能测试和系统调优等专项课题。这里有些是基础性的工作，有些是需要不断改进的工作。要做好这些工作，测试部经理要有一定的领导力，不仅是自己有追求卓越和创新的意识，还要影响整个组织、带领测试团队追求卓越和不断创新，进行集体性的学习、总结、提炼和提高。另一方面，需要在实践中积累体系建设的经验。测试体系建设的过程包括测试体系的制订、试用、制度化、推广实施、总结改进等。由于它是一个系统工程，需要作系统性的思考，再谨慎采取行动，而且这是一个长期的过程，考验整个组织的耐心，也考验测试部经理的韧性。

(3) 对外测试业务开拓

对外测试咨询和服务是将测试当作一个具有经济效益的业务来开展，包括测试人员出租、测试项目承包、为客户建立测试体系等业务模式。与一般的业务一样，这需要事业部总经理的能力，包括战略制订、客户经营、运营管理等。与组织内的测试不同，需要有影响客户的测试咨询和售前能力、合同谈判能力、用户需求管理能力、成本控制能力等。更要强调成本、质量、进度的平衡以及客户满意度和客户保持等。由于涉及通用管理范畴，不在此一一赘述。

总之，测试部经理从测试环节拓宽到整个软件生命周期，从项目层面提升到组织层面，因此需要站得更高，看得更远，有一定的领导力和号召力；需要更强的大局观和沟通协调技巧；有更多的经营管理意识等。其中的有些内容，已经超出了测试专业管理的范畴。

3.2 测试能力自评和发展

下面对各级测试工程师的特性进行了总结，如表 3－1 所列。

表 3－1 三级测试工程师的特性总结

特 性	初级——测试工程师	中级——测试经理	高级——测试专家
工作时间	2 年以内	2 年到 4 年	4 年以上
岗位职责	测试执行 部分测试设计	测试设计 测试管理	测试体系建设 测试咨询
测试理论	了解	掌握	精通
技术能力	软件安装	系统管理 软件开发	软件架构 性能调优
行业业务	了解	掌握	精通
管理能力	沟通，协作	计划，组织，项目级	全面管理，组织级
工具软件	掌握	精通	规划和自主开发
工作环境	有人带，有人管	独档一面， 有项目级的压力	有组织级的压力
素质要求	兴趣，细心	判断，决策	带队伍
影响力	项目内	项目组	组织级，外部，行业
价值贡献	高质量软件	高质量软件 软件过程改进	组织级测试能力提升 测试咨询

上面描述的是比较全面的情况，具体到每一位测试工程师，可能侧重点有所不同，不一定会面面俱到，但大的趋势是这样的。

测试现场

2008 年，神州数码成立了“神州数码工程院”，并在工程院下建立了自己的测试中心。测试人员来自各个业务领域（金融、税务、政府等）和各个地区（北京、西安等）。其中既有拥有多年测试经验的老员工，他们需要提高到一个新的层次；又有刚从大学毕业出来工作的大学生，他们迫切需要找到测试的感觉。如何管理好这支测试团队，使他们的能力得到快速提升，是摆在我们面前的一大问题。为此我（郝进）从自身经历出发，总结出了上述的测试专家长成要“过五关”的论断，同时通过现场员工调研、老员工座谈等方式，对测试人员的素质和能力要素进行了提炼，将能力大类分为五项：即测试心理、业务能力、技术能力、测试能力和管理能力等，还设计了相关的子类和问题，形成了表 3－2《测试能力自评表》，并安排测试中心所有人员填写。

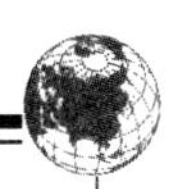

表 3-2　测试工程师的测试能力自评表

能力大类	小　类	问　题	自我说明	程度打分（1 到 5，最高 5）	均　值
测试心理	专业方向	1. 将软件测试作为自己长期的发展方向			
		2. 感觉自己适合做测试，对测试有兴趣，有耐心			
	责任进取	3. 按要求，高质量地完成工作任务			
		4. 不断寻求创新的办法，努力将工作做到最好			
	尊重需要	5. 提交的 BUG 得到了项目组的肯定，项目经理在决策时听取自己的意见			
		6. 项目经理和测试经理关注自己的成长，给必要的工作条件、辅导和帮助			
业务能力	业务知识	1. 掌握哪些行业的业务知识？掌握程度：了解 1～2，熟悉 2～3，精通 4～5，下同			
		2. 长期从事哪些行业的软件测试；多长时间			
		3. 能够与客户业务人员就业务问题作有效沟通			
	需求分析	4. 掌握哪些业务建模和需求分析方法			
		5. 能够阅读和评审软件需求规格说明书			
		6. 能够编写软件需求规格说明书			
技术能力	系统管理	1. 掌握哪些操作系统的安装、配置或系统管理			
		2. 掌握哪些数据库管理系统的安装、配置和系统管理，数据库的使用（SQL）			
		3. 掌握哪些中间件的安装、配置和管理			
	工具软件	4. 掌握哪些配置库管理系统，问题（BUG）跟踪工具的安装、配置和使用			
		5. 掌握持续集成系统的安装、配置和使用			
		6. 掌握哪些测试工具软件的安装、配置和使用			
	软件开发	7. 掌握哪些软件编程技术			
		8. 掌握哪些测试工具软件、测试自动化工具软件，测试脚本编写技术			
测试专业	测试分析	1. 具有测试需求分析的能力			
		2. 具有测试策略制订的能力			
	测试计划	3. 掌握哪些标准测试过程模型？标准测试方法			
		4. 具有制订测试计划的能力			
	测试设计	5. 具有设计测试方案的能力			
		6. 具有设计测试用例的能力			
	测试执行	7. 具有测试执行、编写测试报告的能力			
	性能测试	8. 具有性能测试分析、设计和执行的能力			
	方案规划	9. 具有为客户规划测试解决方案，对外开拓测试业务的能力			

续表 3-2

能力大类	小　类	问　题	自我说明	程度打分(1到5,最高5)	均　值
管理能力	沟通协作	1. 具有与测试经理作有效沟通的能力			
		2. 具有与项目经理、项目成员进行沟通与协作的能力			
		3. 具有管理和协调用户方测试人员的能力			
	团队管理	4. 具有测试组建立、测试组管理和带队伍(测试人员)的能力			
		5. 具有同时管理多个测试项目的能力			
	过程体系	6. 具有规划和制订组织级测试过程和体系文件的能力			
		7. 推进组织级测试体系得到实施的能力			
测试经历		1. 参加了哪些项目的测试,担任的角色,起止时间			
合计					

测试人员完成自评后,在更高一级人员的帮助下,制订个人的能力发展计划(IDP),如表3-3所列。然后组织核心骨干开会,通过对这些自评表和能力发展计划的分析,找出典型的共性的能力弱项,并制订了测试中心年度培训计划,开展培训和交流课题和各种形式的培养活动,使整个测试团队逐步变成了一个学习型组织,个人的测试能力得到了提高,大家感觉都很满意。

表3-3　能力发展计划(IDP)表

<table>
<tr><td colspan="4">能力发展计划</td></tr>
<tr><td colspan="4">个人基本信息(员工本人填写)</td></tr>
<tr><td>本人姓名</td><td></td><td>职位序列</td><td></td></tr>
<tr><td>上级姓名</td><td></td><td></td><td></td></tr>
<tr><td colspan="4">下表由员工本人填写,不超过三条</td></tr>
<tr><td>个人发展期望</td><td>达成时间</td><td></td><td></td></tr>
<tr><td></td><td></td><td></td><td></td></tr>
<tr><td colspan="4">下表在本人与上级沟通确认后,由员工本人填写</td></tr>
<tr><td>技能需求</td><td>当前技能状态</td><td>目标技能状态</td><td>计划达成时间</td></tr>
<tr><td></td><td></td><td></td><td></td></tr>
<tr><td colspan="4">下表在本人与上级沟通确认后,由员工本人填写</td></tr>
<tr><td>行动编号</td><td>具体改进行动计划</td><td>类型</td><td>计划完成时间</td></tr>
<tr><td></td><td></td><td></td><td></td></tr>
<tr><td colspan="4">下表按季度填写,由员工本人填写后再由上级评价</td></tr>
<tr><td>行动编号</td><td>达成情况自评</td><td>达成情况上级评语</td><td>上级评分</td></tr>
<tr><td></td><td></td><td></td><td></td></tr>
</table>

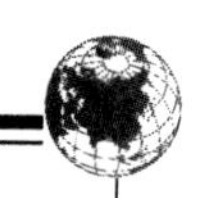

3.3 小　结

测试人员是组织级测试体系的主体和最重要财富。测试人员能力提升和测试团队打造是测试体系建设的最重要内容之一。本章的第一节：测试人员要“过五关”，对测试人员的能力和素质要求进行了细致的分解，共分为测试心理、测试业务、测试技术、测试专业和测试管理等五个方面的内容。本节详述了每一方面的内涵和要求，以及如何培养这方面能力的方法和技巧。除了通用的描述之外，本节还特别说明在这些方面，不同级别的测试人员要达到的程度，以及如何向更高级进阶等，为测试人员提升指明了方向。第二节：测试能力自评和发展，则属于组织级测试体系的一部分。按照上述测试人员“过五关”的思路，开发了《测试工程师的测试能力自评表》和《能力发展计划表》，方便测试人员进行能力自评，并与组织一起制订能力发展计划。这些措施对于创建学习型组织，打造高绩效团队都是很有益的。

通过这两章的内容关注测试人员的组织和成长，为测试体系建设准备了组织和人员保障。下一章将转入正题，进行组织级软件测试体系的总体设计。

第 4 章

组织级测试体系总体设计

组织级软件测试体系建设是一项庞杂而高难度的工作，对于软件工程组织以及负责测试体系建设的人来说，都具有极大的挑战性，一时不知道如何下手是很正常的。本章给出组织级软件测试体系的总体设计，包括组织级软件测试体系的内涵、内容、体系结构、各要素之间的关系、建设的过程和方法等。以后的体系建设就是对此总体设计的细化和实现。为了更好地理解测试体系，引入了测试成熟度模型。它定义了测试体系的不同等级及其内涵，指出了测试体系建设努力的方向。

4.1 测试体系的内容

4.1.1 组织级软件测试体系指的是什么？这是首先要回答的问题

“体系”是若干有关事物互相联系、互相制约而构成的一个有机整体。例如，质量管理体系是为实施质量管理的组织机构、程序、过程和资源所构成的有机整体。质量管理体系把影响质量的技术、管理、人员和资源等因素都综合在一起，使之为一个共同目的——在质量方针的指引下，为达到质量目标而互相配合和努力工作。

仿照质量体系，对软件测试体系作如下的定义：为实施软件测试和测试管理的组织机构、资源、过程、方法、技术等所构成的有机整体。软件测试体系把影响测试质量和效率的技术、管理、人员和资源等因素综合在一起，使之为一个共同目的——为达到测试目标而互相配合和努力工作。组织级软件测试体系是指在一个软件组织范围内，所建立的在此组织内通用的软件测试体系。它适用于组织内的大多数项目，并能促进软件组织整体测试能力的提升。

4.1.2 组织级软件测试体系建设的意义何在？这是要回答的第二个问题

建立组织级软件测试体系，可以帮助企业总结在各种软件测试实践（如项目测试、产品测试等）中的经验教训；提炼成企业内通用的标准测试过程和测试方法；打造支撑软件测试活动有效开展的基础设施和关键技术；培养高水平测试专家和测试团队；最终将所有这些复用到新的测试项目中，提高整体测试效率和测试质量，并因此提升产品质量或工程交付质量，帮助企业降低开发费用和维护费用，减少客户使用软件时由于质量问题带来的损失。

4.1.3　组织级软件测试体系包括哪些内容？这是要回答的第三个问题

组织级软件测试体系包括下列四大类的内容。

1. 测试原则

测试原则：组织关于测试工作总的目标、原则和要求。

2. 测试体系文件

测试过程：关于组织标准测试过程的定义文档，及相关的测试规范、测试文档模板、测试指南、测试检查表等系列文档。

3. 测试技术

1）测试基础设施：与测试相关的基础设施，如测试环境、测试工具库、持续集成环境等。

2）测试方法库：关于测试的方法论，如测试用例开发方法、测试过程控制方法、测试度量和分析方法等。

3）自动化测试体系：支撑自动化测试的相关设施、技术和方法，如自动化测试框架、自动化测试程序、自动化测试工具等。

4）性能测试体系：支撑性能测试的相关技术和方法，如性能测试方法、系统调优方法、性能测试工具等。

4. 测试资产

1）测试用例库：积累各个项目/产品做得好的测试用例，如功能测试用例、性能测试方案、自动化测试脚本等。

2）测试过程数据库：积累测试过程中的估计、度量和统计数据，如测试工作量分布、测试效率、测试缺陷分布等，形成组织级的测试过程性能基线。

3）测试文档样本库：积累做得好的测试过程文档，如测试计划、测试方案、测试报告、测试总结报告等。

在这里，提出了组织级测试体系的四个层次，如图 4－1 所示。

在这四个层次中，第一层次即测试原则是总的纲领性的文件，具有指导意义；第四层次即测试体系文件是基础，体现了基本的制度；第三层次即测试技术是基础之上的提升；第二层次即测试资产，体现了组织级的积淀。下面对组织级测试体系的这四个层次分别进行说明。

（1）第一层次：测试原则

测试原则是整个组织在测试方面应该遵循的总的原则和要求，组织在测试方面所作的投入、支持和承诺，组织在测试方面相应的负责机构和人员的职责、权力等。测试原则可以作为公司整体质量原则的一部分，也可以用单独的文档写出来，但要写得简洁。

（2）第二层次：组织级资产

第二层次是组织在测试方面形成的资产，如测试用例库、测试过程数据库、测试文档样本

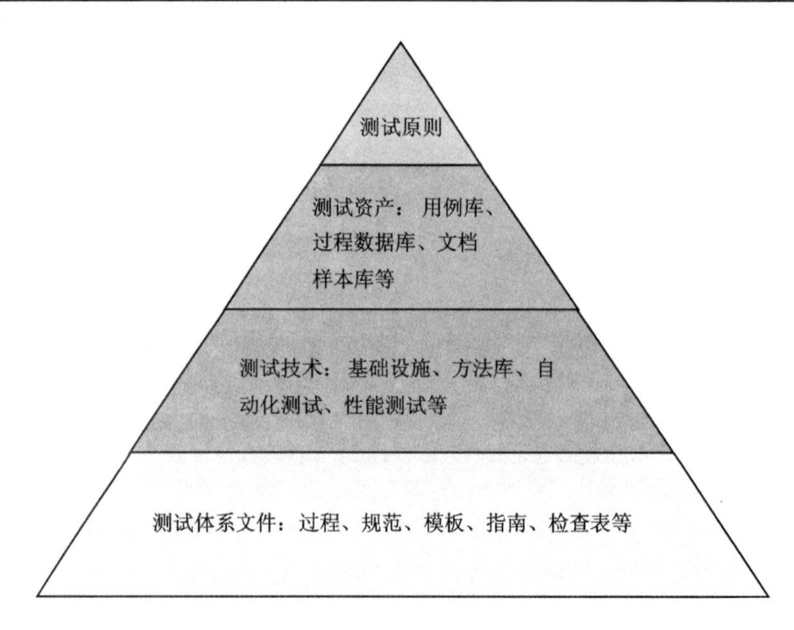

图 4-1　组织级测试体系的层次结构图

库等。测试用例库是通过收集各项目的测试用例，进行整理、提炼和优化而得；测试过程数据库是对测试过程中积累的度量数据进行分析得出的，反映组织测试过程能力的测试过程标杆数据(benchmark)；测试文档样本库是从各项目中提取的较好的测试产出物，开发和测试人员所写的与测试相关的经验总结报告，以及收集的业界最佳实践等。这些内容的积累不能仅靠技术人员的自觉，需要有专门的测试管理部门有目的、有计划、有组织地进行才能做好。

组织级资产(组织过程资产)的内容如图 4-2 所示。

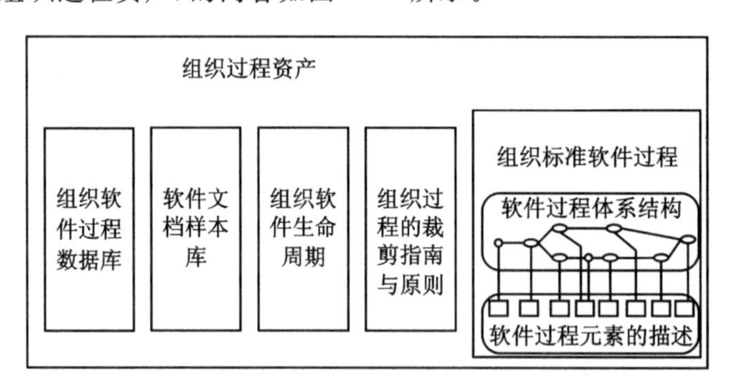

图 4-2　组织过程资产的结构

(3) 第三层次：测试技术

这一层次是与测试技术相关的内容，主要用于提高测试效率。1)包括测试基础设施，如测试环境、测试工具库、持续集成环境等。2)包括测试方法库，如测试用例开发方法、测试过程控制方法、测试度量和分析方法等。3)还包括两个相对独立的体系：自动化测试体系和性能测试体系，这两个体系技术性比较强。请注意，自动化测试体系和性能测试体系的结构跟总的测试体系的结构相似(参见第 9 章和第 10 章的内容)，可以将这两个体系的内容按总的结构与总的测试体系的内容放在一起进行管理，或合并在同类/同名文件中进行阐述，而只是将技术性比较强的独特的内容放在第三层次进行阐述。当然，对于专业化分工比较细的大型企业来说，将自动化

测试体系和性能测试体系分别进行管理也是可以的。现在通过一些网站技术，采用超链接组织的方式，可以将同一套内容根据用户的需要呈现多种视图，可分可合，那是最理想的了。

(4) 第四层次：测试体系文件

测试体系文件的编写目的是为了提高软件工程组织在测试工作方面的规范性和一致性，使得组织内的所有项目都采用一致的过程、方法、模板等，使得大家拥有同样的语言、统一的职责和权限，统一的过程环节，统一的产出物格式和标准。这样可以提高测试过程的稳定性，规范开发和测试人员的行为，使得不同的人所做的工作达到相近的质量；可以提高沟通和协作的效果，提高测试人员培训和培养的效率。

测试体系文件包括过程、规范、模板、指南、检查表等类型的文档。具体要制定哪些测试过程、规范、模板等，需要根据通用测试理论和技术的要求，结合公司的目标、现状和需要而定，既不能太简单，也不能太复杂。表 4－1 给出一个测试体系文件集合的实例。

表 4－1　实际案例——测试体系文件集

类　型	文件名
测试过程	单元测试过程、集成测试过程、系统测试过程、验收测试过程、测试度量过程、性能测试过程
测试规范	单元测试规范、集成测试规范、系统测试规范、测试用例规范
测试模板	测试计划模板、测试方案模板、测试用例模板、测试报告模板
测试指南	单元测试指南、集成测试指南、系统测试指南、验收测试指南、性能测试指南、自动化测试指南、测试度量和分析指南
测试检查表	单元测试检查表、集成测试检查表、系统测试检查表、验收测试检查表、测试用例检查表、测试计划检查表

4.2　测试体系建设过程

组织级软件测试体系的建设过程是什么样的呢？这是要回答的第四个问题。

4.2.1　组织级测试过程的改进过程

从系统工程的角度来看，组织级软件测试体系是一个软件工程组织的软件过程和质量体系的一个组成部分，而软件工程组织又是整个软件公司（或其他类似机构）的一个部分。组织级测试体系建设必须服从于软件工程组织的目标，乃至整个公司的总体目标，为其战略目的服务。每个组织的战略和目标是不一样的。举例来说，一个软件产品公司的目标是软件产品的市场占有率，为此它要求其软件产品是通用的、标准化的、高质量的；而一个软件项目公司的主要目标可能是为了做好一些大的工程项目，使客户满意。这样的两家公司对软件过程和软件测试的要求是不一样的。它们在软件开发组织形式、软件过程、质量体系、测试体系等方面的设计，都要针对各自不同的目标来设定。但也不能过分夸大这种差异，毕竟从事的都是软件开发、实施和维护工作，应该遵从软件工程的一般性规律。

所以组织级测试体系建设不能一味地照搬其他公司的体系，甚至是最优秀的软件公司的体系；也不能不加分析地盲目制订，让大家无所适从。在开始进行组织级测试体系建设之前，要先对组织的总体目标进行回顾，将相关的目标分解到测试方面来考虑；同时还要对组织的当前状况进行分析和诊断；在此基础上，吸收和引进业界先进的东西，这样做出来的体系才能适用、有效。

所以组织级测试体系的建设不是一个从新开始的建设，而是对现有做法的逐步改进。按照美国卡内基梅隆大学软件工程研究所 CMU/SEI 的建议，这种过程改进过程要遵循 IDEAL 模型①来进行。IDEAL 是以下五个单词的首字母组成的：

Initiating（初始）明确改进动机，确定改进范围，取得主管支持，建立改进机制，为成功地进行过程改进打好基础。

Diagnosing（诊断）找出当前“位置”与要达到的“位置”的差距，寻找过程改进机会，分析过程改进的突破口。

Establishing（建立）制订如何达到“目的地”的计划。

Acting（行动）按计划进行过程改进，并注意度量过程改进效果。

Learning（学习）总结经验和教训。

IDEAL 模型如图 4-3 所示。

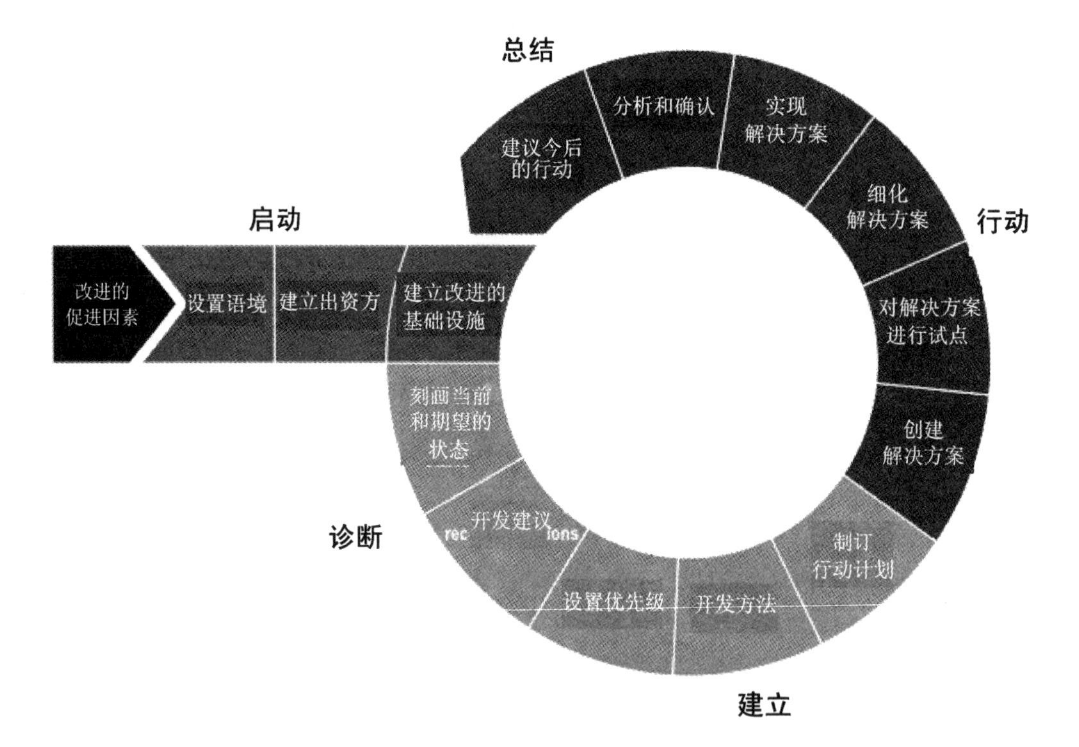

图 4-3 IDEAL 模型

① Dennis M. Ahern. CMMI 精粹——集成化过程改进实用导论[M]. 周伯生，译. 北京：中信出版社，2002.

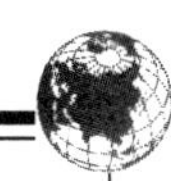

什么是“改进”？改进所涉及的几个步骤是：

1）把想要达到的状态与目前的状态作比较，找出其差距；
2）决定要改变哪一些(不一定是全部)差距，要改变到什么程度(可分阶段改)；
3）制订具体的行动计划；
4）执行计划，同时在执行过程中根据情况对行动计划进行调整；
5）总结这一轮改进的经验，开始下一轮改进。

4.2.2　组织级软件测试的结论

从系统工程的角度来看软件测试，得到的结论有：

1）软件测试是软件质量保证的最重要手段。

2）软件测试不仅是确认(项目后期的系统测试)，也包括项目各阶段产出物的验证(包括评审、测试等多种手段)，要贯穿项目生命周期的始终。

3）软件测试不仅是测试经理的职责和工作，而且也是项目组全体乃至整个组织的责任和工作。

但是人都是有惰性的，崇尚自由，重视构建而非检测，让软件测试这个既繁琐又繁重的紧箍咒套在头上，会很不情愿、很不舒服的，这时就需要整个组织的觉悟。对于负责组织级软件测试体系建设的人来说，最重要的是如何引导这样的一个觉悟过程，使得组织中的关键岗位和所有人员从无意识到有意识，从无意愿到积极参与，从“被迫”到“自觉”。另外，就是要在组织级软件测试体系的规划时，要有目的地设计一些强制性的、自动化的机制，使得重要的评审和测试工作自动地嵌入到开发过程中，项目组的全体人员从“被迫地”参与其中，最终达到“自觉”的状态。这应该是组织级测试体系建设比较有效的方法，应成为优先考虑的方案。

图 4－4 描述了在规划组织级测试体系时确定的第一年要建设的重点内容。

关于如何建设组织级软件测试体系，这里只介绍了两点最重要的思路。应该说，本书后面的内容基本上都是围绕这一主题而展开的，后面我们会在每 1 章重点阐述一个专题(如测试过程、测试度量分析、自动化测试、性能测试等)，在每一个专题中先介绍业界通行的和我们总结的相关原则、方法、技术和指南等，然后论述跟组织级测试体系建设相关的内容，例如如何建立测试过程，如何建立度量分析过程和方法，如何建立自动化测试体系和性能测试体系等。这些内容都是针对第四个问题的答案，请读者慢慢体会。

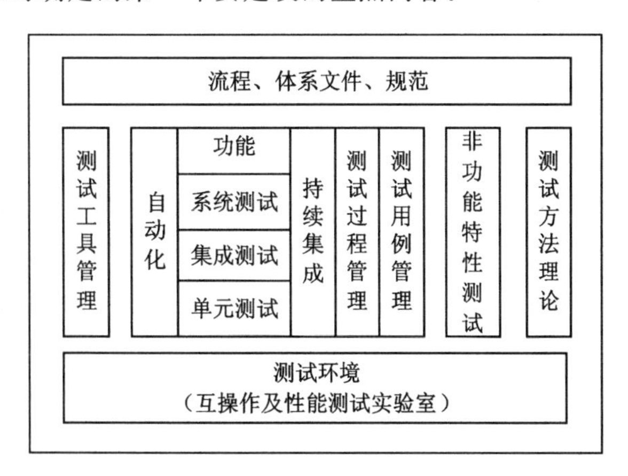

图 4－4　组织级测试体系建设初期任务实例

4.3 测试成熟度模型

说到组织级软件测试体系建设，有必要提到测试成熟度模型。本节简要介绍由 TMMi 基金会创建的测试成熟度模型集成(Test Maturity Model integration，以下简称 TMMi)①。作为 CMMI(能力成熟度模型集成)有益的补充和在测试专业上的发展，TMMi 可用于评估一个组织的测试成熟度，用于改进组织和项目的测试过程、方法和技术，并为测试及开发人员提供实践上的指导。TMMi 提供了一个非常好的结构化的框架，方便测试体系建设者们系统化地考虑如何建设组织级测试体系。

作为软件开发过程的工业标准，能力成熟度模型集成(CMMI)在提高软件开发过程进而提高产品质量方面发挥了重要的作用。虽然测试工作一般要占整个项目花费的 30%～40%，但是在 CMMI 中很少提及测试，只用 CMMI 来指导测试过程改进和测试实践会有很大的局限性。而由 TMMi 基金会创建的测试成熟度集成模型，正好解决了这个问题。TMMi 是测试过程改进的详细模型，是对 CMMI 模型的有益补充，也是在测试专业方向上的发展。

TMMi 由 TMMi 基金会(TMMi foundation)创建和维护。TMMi 的主要来源是美国伊利诺伊理工学院开发的 TMM 框架，其他来源包括 gelperin 和 hetzel 的测试模型、Beizer 的测试模型等，当然还借鉴了能力成熟度模型集成(CMMI)。可以说 TMMi 是几十年来国际上有关测试理论、过程、技术和方法的总结。TMMi 自诞生以来，就在产业界推广应用，积累了大量最佳实践并不断深化，目前已经发展到第三版即 TMMi V3.0，正好跟 CMMI V1.3 对应。

了解 CMMI 的人很容易掌握 TMMi，因为 TMMi 的结构与 CMMI 类似。它也定义了成熟度级别，在每一个成熟度级别下定义了若干过程域，在每个过程域中定义了若干目标及为达成每个目标必须执行的若干实践等。但其中的内容和侧重点有所不同，例如在 TMMi 中，很多过程域是重新定义的，所以对于测试专业人员来说，看 TMMi 会觉得很亲切，容易有所感悟，引起共鸣，是一个享受的过程。建议读一读原汁原味的英文原文(参见上页页下注①)。

TMMi 采用 CMMI 中的阶段表述，规定了各个阶段，组织必须顺序地执行它的阶段以提高其发展过程；通过实施 TMMi，可以使测试工作从一个无序混乱，缺乏资源、工具和训练有素的测试人员的弱定义过程，进化到成熟、可控且以缺陷预防为主要目标的过程。实践证明，TMMi 建立了一个更加高效的测试过程，它使测试成为专业职位并且被融入到开发过程中，开始将重点由缺陷检测转移到缺陷预防上来。

4.3.1 TMMi 成熟度级别

TMMi 是阶段架构的过程改进模型。它包含的阶段或级别是从一个无序的、不可管理的初始级，进化到已管理级、已定义级、已度量级和优化级。每个阶段要确保进行足够的改进，为

① Erik van Veenendaal，Test Maturity Model integration(TMMi) Version 3.0，TMMi Foundation2010，www.tmmi-foundation.org

下一阶段奠定基础。TMMi 中各个级别的说明及其所包含的关键过程域如表 4－2 所列。

表 4－2　TMMi 级别及其包含的关键过程域

级　别	内　涵	过程域
级别 1 初始级 Initial	测试是个混乱的，无定义的过程 组织没有提供稳定的环境，测试依靠个人的能力，测试常被当作调试的一部分，测试不充分就发布，危机时放弃测试，质量不可预料。测试缺少资源、工具和训练有素的人员	没有定义过程域
级别 2 已管理级 Managed	测试成为一个可管理的过程，并被清晰地从调试中分离出来 测试成为一个独立的阶段；在组织或项目范围里制订测试策略、测试计划；在测试计划中基于风险评估来定义测试方法，定义构件/集成/系统等测试类型、测试职责和进度计划；各项承诺得到管理；测试计划的执行得到了监督和控制，测试工作状态可见，而且一旦发生偏差会采取措施；采用测试设计技术开发测试用例 不过在级别 2 中测试开始得比较晚，往往在设计/开发阶段才启动，而且没有正规评审活动，因而可能会有很多需求和设计缺陷引入到代码中	2.1　测试方针和策略(test policy and strategy) 2.2　测试策划(test planning) 2.3　测试监督和控制(test monitoring and control) 2.4　测试设计和执行(test design and execution) 2.5　测试环境(Test Environment)
级别 3 已定义级 Defined	测试不再只是编码后的一个阶段，它被集成到整个开发生命周期和相关的里程碑中。在项目的初期(如在需求阶段)就开始进行测试策划，并制订出测试主计划文档 建立组织级的标准测试过程集，并不断改进；有专门的测试组织(部门)，有专门的测试培训程序，测试成为专门职业，测试过程改进活动成为测试部门的日常工作 在整个生命周期中执行正式评审过程，但还没有与测试过程有机结合；测试人员参与需求说明书的评审 测试扩展到非功能测试，例如可用性、可靠性测试等	3.1　测试组织(test organization) 3.2　测试培训程序(test training program) 3.3　测试生命周期和集成(test lifecycle and integration) 3.4　非功能测试 (non-functional testing) 3.5　同行评审 (peer reviews)
级别 4 已度量级 Measured	测试是一个完全可定义的，可管理的和可度量的过程。测试等同于评估，包含检查产品及其工作产品的所有生命周期活动 建立了组织级的测试度量程序，用于评估测试过程的质量、评价生产率、监控过程改进；测试度量成为组织度量库的一部分以支持决策和预测 度量程序还用于实施产品质量评估过程，通过定义质量需求、质量属性和质量指标，用质量属性的量化指标来评估产品和工作产品，用量化方法管理产品质量，以达到预定的目标	4.1　测试度量(test measurement) 4.2　产品质量评估(product quality evaluation) 4.3　高级同行评审(advanced peer reviews)

续表 4-2

级 别	内 涵	过程域
级别 4 已度量级 Measured	将同行评审(静态测试)和动态测试结合形成协调的测试方法,同行评审结果用于优化测试方法以提高测试有效性和测试效率	4.1 测试度量(test measurement) 4.2 产品质量评估(product quality evaluation) 4.3 高级同行评审(advanced peer reviews)
级别 5 优化级 Optimization	测试已经成为一个完全可定义的过程,并且能够控制发测试成本和测试有效性 组织对引起过程偏差的共性原因进行量化分析,通过渐进的创新的过程和技术改进来改进测试过程性能 进行缺陷预防和质量控制,利用统计采样、可信级别度量、可信度(trustworthiness)、可靠性等来驱动测试过程。测试成为以预防缺陷为目标的过程 尽可能地利用测试工具以支撑测试设计、测试执行和测试用例管理等;利用过程资产库来促进过程复用	5.1 缺陷预防(defect prevention) 5.2 质量控制(quality control) 5.3 测试过程优化(test process optimization)

从表 4-2 可以看出,TMMi 2 级基本上列出了日常在项目中所干的基本工作,覆盖了从测试计划、设计到执行的过程。这里特别强调测试方针和测试策略,它们在组织级和项目级之间搭起了一座桥梁,将组织级的要求注入到了项目中。

TMMi2 级和 3 级的本质区别是标准、过程等的范围。2 级是项目级的,即不同的项目有不同的标准和过程,而 3 级有组织级的标准的过程,各项目的过程从组织级剪裁而来,因而各项目的过程基本上还是一致的,只是稍有不同;另一个主要不同点在于 3 级的过程表述往往比 2 级的更严格,刚性更强,因为到了 3 级,需要对 2 级中的过程域进行修订。

与 CMMI 3 级一样,TMMi 3 级将测试过程提升到了组织级,要求有测试组织,有组织标准测试过程库,测试资产库,测试培训程序等,另外开始强调集成的概念,强调在生命周期内尽早开始测试,开发和测试的配合,各测试级别上的测试协调,各项目间过程的一致等,包括同行评审作为测试手段的融入,为的是提高测试的有效性。在 CMMI 3 级中,将最后一个日常工作即非功能测试过程域引入进来,这是测试中的高端专题。

在 TMMi 4 级中引入了更高端的专题:测试度量、产品质量评估和高级同行评审等,按照一般的理解,它们与测试好像无关,但由于它们的引入,测试的内涵更深入了,外延更扩大了,以测试度量为基础,产品质量评估(软件可信评估)、高级同行评审等极大地丰富了测试的手段,提升了测试的价值,使测试工作与产品质量和企业商业目标紧密联系起来,达到了前后贯通的境界,而且这一思路与本书的篇章结构是不谋而合的。

注意在 TMMi 5 级中引入了可信性(trustworthiness)的概念,软件可信评估成为 TMMi 级别 5 的目标和手段。

4.3.2 TMMi 关键过程域

下面简要介绍 TMMi 的关键过程域。在表 4－3、表 4－4、表 4－5 和表 4－6 中，只是列出了各个成熟度等级的每一个关键过程域及其特定目标和特定实践的名字，大家可以从中看出 TMMi 的奥秘，了解一些大的方针和原则，体会 TMMi 各级别、各过程域之间的联系和差别。这种概览式的阅读方式也是很有效的。

1. TMMi 2 级关键过程域

表 4－3　TMMi 2 级关键过程域

过程域	目　标	特定目标和实践
PA 2.1 测试方针和策略	开发和建立测试方针、策略和测试策略（组织级或项目级的） 在其中要明确定义测试级别 为了度量测试过程性能，还要定义一组测试性能指示器（TPI）	SG1 建立一个测试方针 SP 1.1 定义测试目标 SP 1.2 定义测试方针 SP 1.3 将测试方针发布给项目相关人员 SG2 建立一个测试策略 SP 2.1 开展共性的产品风险评估 SP 2.2 定义测试策略 SP 2.3 将测试策略发布给项目相关人员 SG3 建立测试性能指标 SP 3.1 定义测试性能指标 SP 3.2 部署测试性能指标
PA 2.2 测试策划	在已识别的风险和已定义的测试策略的基础上定义测试方法，并建立和维护以事实为根据的计划，以执行和管理测试活动	SG1 执行产品风险评估 SP 1.1 定义产品风险类别和参数 SP 1.2 标识产品风险 SP 1.3 分析产品风险 SG2 建立一套测试方法 SP 2.1 标识要测试的对象和特性 SP 2.2 定义测试方法 SP 2.3 定义入口准则 SP 2.4 定义出口准则 SP 2.5 定义挂起准则和解挂准则 SG3 建立测试估计 SP 3.1 建立一个高层工作分解结构 SP 3.2 定义测试生命周期 SP 3.3 建立关于测试工作量和成本的估计

续表 4-3

过程域	目　标	特定目标和实践
PA 2.2 测试策划	在已识别的风险和已定义的测试策略的基础上定义测试方法，并建立和维护以事实为根据的计划，以执行和管理测试活动	SG4　制订一个测试计划 SP 4.1　建立测试进度表 SP 4.2 制订关于测试人员的计划 SP 4.3 制订项目相关人员参与的计划 SP 4.4　识别测试项目风险 SP 4.5　建立测试计划 SG5　获得关于测试计划的承诺 SP 5.1　评审测试计划 SP 5.2 协调测试工作和资源级别的关系 SP 5.3　获得关于测试计划的承诺
SP 2.3 测试监督和控制	清晰地了解测试进展情况和产品质量状态，以便在测试进展严重偏离计划或产品质量严重偏离期望时采取必要的纠正行动	SG1 依据测试计划，监督测试进展 SP 1.1 监督测试计划参数 SP 1.2 监督提供和使用的测试环境资源 SP 1.3 监督关于测试的承诺 SP 1.4 监督测试项目风险 SP 1.5 监督项目相关人员的参与 SP 1.6 开展测试进展情况评审 SP 1.7 开展测试进展里程碑评审 SG2 依据计划和期望，监督产品质量 SP 2.1 检查是否达到入口准则 SP 2.2 监督缺陷情况 SP 2.3 监督产品风险 SP 2.4 监督出口准则 SP 2.5 监督挂起准则和解挂准则 SP 2.6 开展产品质量评审 SP 2.7 开展产品质量里程碑评审 SG3 管理纠正行动，直到问题关闭 SP 3.1 分析问题 SP 3.2 采取纠正行动 SP 3.3 管理纠正行动

续表 4-3

过程域	目 标	特定目标和实践
SP 2.4 测试设计和执行	提升测试设计和执行阶段的测试过程能力，具体的措施包括：建立测试设计规格说明，利用测试设计技术，实施结构化的测试执行过程，管理测试问题直到关闭	SG1 利用测试设计技术，进行测试分析和设计 SP 1.1 标识测试场景，并排优先级 SP 1.2 标识测试用例，并排优先级 SP 1.3 标识需要的特定的测试数据 SP 1.4 维护测试与需求之间的追踪关系 SG2 准备测试实施 SP 2.1 制订测试步骤，并排优先级 SP 2.2 生成特定的测试数据 SP 2.3 指定冒烟测试步骤 SP 2.4 制订测试执行进度表 SG3 开展测试执行 SP 3.1 执行冒烟测试 SP 3.2 执行测试用例 SP 3.3 报告测试缺陷 SP 3.4 编写测试日志 SG4 管理测试缺陷直到关闭 SP 4.1 在 CCB 层面决定测试缺陷处置办法 SP 4.2 执行恰当的行动以关闭测试缺陷 SP 4.3 跟踪测试缺陷的状态
SP 2.5 测试环境	建立和维护一套合适的环境（包括测试数据），以便使测试工作可管理，可重复	SG1 确定测试环境需求 SP 1.1 收集测试环境需求 SP 1.2 确定测试环境需求 SP 1.3 分析测试环境需求 SG2 执行测试环境实施 SP 2.1 实施测试环境 SP 2.2 生成通用测试数据 SP 2.3 标识测试环境冒烟测试步骤 SP 2.4 执行测试环境冒烟测试 SG3 管理和控制测试环境 SP 3.1 执行系统管理 SP 3.2 执行测试数据管理 SP 3.3 协调测试环境的可用性和使用 SP 3.4 报告和管理测试环境问题

2. TMMi 3 级关键过程域

表 4-4　TMMi 3 级关键过程域

过程域	目　标	特定目标和实践
PA 3.1 测试组织	指定和组建负责测试的高技能人员队伍 除了开展测试之外，测试团队还要管理对组织级测试过程和测试过程资产库的改进	SG1 建立一个测试组织 SP 1.1 定义一个测试组织 SP 1.2 获得各方面对测试组织的承诺 SP 1.3 实际运作测试组织 SG2 为测试专家建立测试职能 SP 2.1 识别测试职能 SP 2.2 编写职位说明 SP 2.3 将测试人员分配到测试职能上 SG3 建立测试职业通道 SP 3.1 建立测试职业通道 SP 3.2 制订个人的测试职业发展计划 SG4 决定、计划和实施测试过程改进 SP 4.1 评估组织的测试过程 SP 4.2 标识组织的测试过程改进机会 SP 4.3 策划测试过程改进 SP 4.4 实施测试过程改进 SG5 部署组织级测试过程和经验教训库 SP 5.1 部署标准测试过程和测试过程资产库 SP 5.2 监控实施 SP 5.3 将经验教训库嵌入组织测试过程
PA 3.2 测试培训程序	开发一个可以促进人们的知识和技能发展的培训程序，从而使测试任务和职能得到有效、高效的执行	SG1 建立一个组织级测试培训职能 SP 1.1 建立战略性的测试培训需求 SP 1.2 将组织级的和项目级的测试培训需求进行协调安排 SP 1.3 建立一个组织级的测试培训计划 SP 1.4 建立测试培训职能 SG2 开展需要的测试培训 SP 2.1 实施测试培训 SP 2.2 建立测试培训记录档案 SP 2.3 评估测试培训有效性

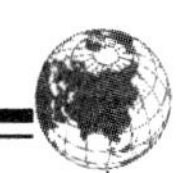

续表 4-4

过程域	目　标	特定目标和实践
PA 3.3 测试生命周期和集成	建立和维护一套有效的组织级测试过程资产库和工作环境标准，并且将测试生命周期与开发生命周期集成和同步起来。集成的生命周期可以保障测试尽早地参与到项目中 定义一套跨多个测试级别的一致的测试方法，并提供一个总测试计划	SG1 建立组织级测试过程资产 SP 1.1 建立标准测试过程 SP 1.2 建立涉及所有测试级别的测试生命周期过程描述 SP 1.3 建立剪裁准则和指南 SP 1.4 建立组织级测试过程数据库 SP 1.5 建立组织级测试过程资产库 SP 1.6 建立工作环境标准 SG2 将测试生命周期模型和开发模型进行集成 SP 2.1 建立集成的生命周期模型 SP 2.2 评审集成的生命周期模型 SP 2.3 获得关于在集成的生命周期模型中测试扮演的角色的承诺 SG3 建立一个主测试计划(master test plan) SP 3.1 执行产品风险分析 SP 3.2 建立测试方法 SP 3.3 建立测试估计 SP 3.4 定义测试的组织机构 SP 3.5 开发一个主测试计划 SP 3.6 获得对主测试计划的承诺
PA 3.4 非功能测试	改进针对非功能测试的测试过程能力，这种改进涉及测试计划、设计和执行阶段等 改进的方法在于：在非功能性产品风险分析的基础上定义测试方法，建立非功能测试的需求规格说明，执行针对非功能测试的结构化的测试执行过程等	SG1 执行非功能性的产品风险评估 SP 1.1 标识非功能性的产品风险 SP 1.2 分析非功能性的产品风险 SG2 建立非功能测试的测试方法 SP 2.1 标识要测试的特性 SP 2.2 定义非功能测试的测试方法 SP 2.3 定义非功能测试的测试退出准则 SG3 开展非功能测试分析和设计 SP 3.1 标识非功能性的测试场景，并排优先级 SP 3.2 标识非功能性的测试用例，并排优先级 SP 3.3 标识需要的特定的测试数据 SP 3.4 维护非功能测试与非功能性需求跟踪关系 SG4 准备非功能测试实施 SP 4.1 制订非功能测试步骤，并排优先级 SP 4.2 生成特定的测试数据 SG5 执行非功能测试 SP 5.1 执行非功能测试用例 SP 5.2 报告非功能测试缺陷 SP 5.3 编写测试日志

续表 4-4

过程域	目　标	特定目标和实践
PA 3.5 同行评审	验证工作产品满足了指定的需求，并且尽早地、高效地剔除工作产品中的缺陷 同行评审对缺陷预防有促进作用	SG 1 建立一个同行评审方法 SP 1.1 标识要评审的工作产品 SP 1.2 定义同行评审准则 SG2 执行同行评审 SP 2.1 开展同行评审 SP 2.2 测试者评审测试基础文档 SP 2.3 分析同行评审数据

3. TMMi 4 级关键过程域

表 4-5　TMMi 4 级关键过程域

过程域	目　标	特定目标和实践
PA 4.1 测试度量	标识、收集、分析、执行度量，以支持一个组织有意识地评估测试过程的有效性和效率，测试员工的生产率 产品质量，并支持评估测试改进的效果	SG1 协调测试度量和分析活动 SP 1.1 建立测试度量目标 SP 1.2 指定测试度量指标 SP 1.3 制订数据收集和存储步骤 SP 1.4 制订分析步骤 SG2 产生测试度量结果 SP 2.1 收集测试度量数据 SP 2.2 分析测试度量数据 SP 2.3 交流度量结果 SP 2.4 保存度量数据和结果
PA 4.2 产品质量 评估	定量地分析得出关于产品质量的结论，从而促进特定项目的产品质量目标的达成	SG1 建立关于产品质量的项目目标及其优先级 SP 1.1 标识产品质量需求 SP 1.2 定义项目定量的产品质量目标 SP 1.3 定义一个度量方法，以测量项目的产品质量目标的达成情况 SG2 定量化地跟踪和管理向项目的产品质量目标迈进的实际进展 SP 2.1 在生命周期的整个过程中定量地度量产品质量 SP 2.2 分析产品质量度量值，并将它们与产品的量化质量目标进行对比

续表 4-5

过程域	目　标	特定目标和实践
PA 4.3 高级同行评审	在 TMMi 3 级同行评审过程域的基础上在生命周期的早期度量产品质量，并通过协调同行评审（静态测试）和动态测试来增强测试策略和测试方法	SG1 协调同行评审方法和动态测试方法 SP 1.1 将工作产品跟测试的功能和特性联系起来 SP 1.2 定义一个协调的测试方法 SG2 利用同行评审方法，在生命周期的早期开始度量产品质量 SP 2.1 定义同行评审度量指南 SP 2.2 基于产品质量目标，定义同行评审准则 SP 2.3 利用同行评审，度量工作产品质量 SG3 在生命周期早期根据评审结果来调整测试方法 SP 3.1 分析同行评审结果 SP 3.2 必要时修订产品风险 SP 3.3 必要时修订测试方法

4. TMMi 5 级关键过程域

表 4-6　TMMi 5 级关键过程域

过程域	目　标	特定目标和实践
PA 5.1 缺陷预防	在整个开发生命周期中，标识和分析引起缺陷的共性原因，并定义必要的行动以避免未来出现类似的缺陷	SG1 系统化地确定引起缺陷的根源和共性原因 SG2 定义必要的行动，并确定行动的优先级，以系统化地消除引起缺陷的根源
PA 5.2 质量控制	用统计方法来管理和控制测试过程。测试过程性能在可接受的范围内是可预测的和稳定的。项目级的测试实施用基于代表样本的统计方法来执行项目级的测试，从而使得产品质量可预测、测试工作更有效	SG1 建立一个由统计方法控制的测试过程 SG2 用统计方法来执行测试
PA 5.3 测试过程优化	持续地改进组织中现有的测试过程，并且标识新的测试技术（例如，测试工具或测试方法），并以适合的方式纳入到组织体系中。促进组织的质量和过程性能目标符合组织的商业目标	SG1 选择测试过程改进点 SG2 对新的测试技术进行评估以确定它们对测试过程的影响 SG3 实施测试改进事项（新工具、新方法等） SG4 建立对高质量测试资产的复用机制

4.4 小　结

我们反复谈到要建设组织级软件测试体系，首先就要明白什么是组织级软件测试体系。

为此，本章给出了一个定义，并说明了建设组织级测试体系的意义；本章还说明了测试体系包含的内容，我们基本上采用了 ISO 9000 的四层结构来描述；本章第二节采用 CMM 的 IDEAL 模型来说明测试体系建设的过程和基本原则；本章第三节引入了测试成熟度模型，实际上是定义了测试体系建设的几个层次，指出了发展的方向。

总之，本章是关于组织级测试体系的总体设计。后面的章是一个分解和细化的过程。每一章重点阐述一个专题（如测试过程、测试方法、测试度量分析、自动化测试、性能测试等），在每一个专题中先介绍业界通行的和我们总结的相关原则、方法、技术和指南等，然后论述与组织级测试体系建设相关的内容。

第 5 章

基于迭代的测试过程

Watts S. Humphrey 说过：软件问题解决的重要一步是把整个软件工作当作一个过程来对待，使其能够得到控制、度量和改进。软件产品的质量很大程度上取决于软件过程的质量，同样的，软件测试过程对于软件测试来说意义重大。要建设软件测试体系，首先就要建立测试过程。本章从组织级软件测试体系建设的角度来谈软件测试过程的建立。通过分析不同测试过程模型的优缺点，结合目前的现实情况，在 5.2 节提出了基于迭代的软件测试过程的概念，说明了基于迭代的测试过程的两层内涵和五大特点。在基于迭代的软件测试过程的背景下，5.3 节说明如何监视和控制测试过程，分专题论述相关的策略和监控方法，以提高测试过程的有效性和效率。

5.1　测试过程模型

软件测试过程模型是软件工程专家在软件生命周期模型中加入测试过程而形成的对软件测试过程的定义。它形象地表达了测试与分析设计开发活动的关系。在建立测试过程之前，需要对此有深入的掌握和领会。下面介绍几种经典的软件测试过程模型。

5.1.1　V 模型

V 模型由 Paul E. Rook 于 20 世纪 80 年代提出①，旨在改进软件开发和测试效率和效果。V 模型说明测试活动与分析设计开发活动之间的关系。V 模型图从左至右描述了基本开发过程和测试活动，说明各测试活动和阶段与开发过程各阶段的对应关系，如图 5－1 所示。

V 模型非常明确地说明了下面三对对应关系：需求与系统测试、设计与集成测试、编码与单元测试；准确划分出了测试的三个主要级别，即系统测试、集成测试和单元测试；深刻地揭示了测试与开发之间的关系，即由系统测试来验证需求的正确性，由集成测试来验证设计的正确性，而由单元测试来验证编码的正确性。在 V 模型中，关于测试的规划和设计是从系统测试开始的，经过集成测试，再到单元测试，是自顶向下的过程；而关于测试的执行则是从单元测试，经过集成测试，再到系统测试，是自底向上的过程。这正好跟软件生命周期中的需求、设计和开发的过程顺序是相吻合的。可以说，V 模型是一个相当漂亮的数学模型。

在 V 模型中，蕴涵着第 1 章“测试技术引论”中论述的若干测试原则，特别是强调了

① Paul E. Rook. Controlling Software Projects. The IEEE Software Engineering Journal，1986.

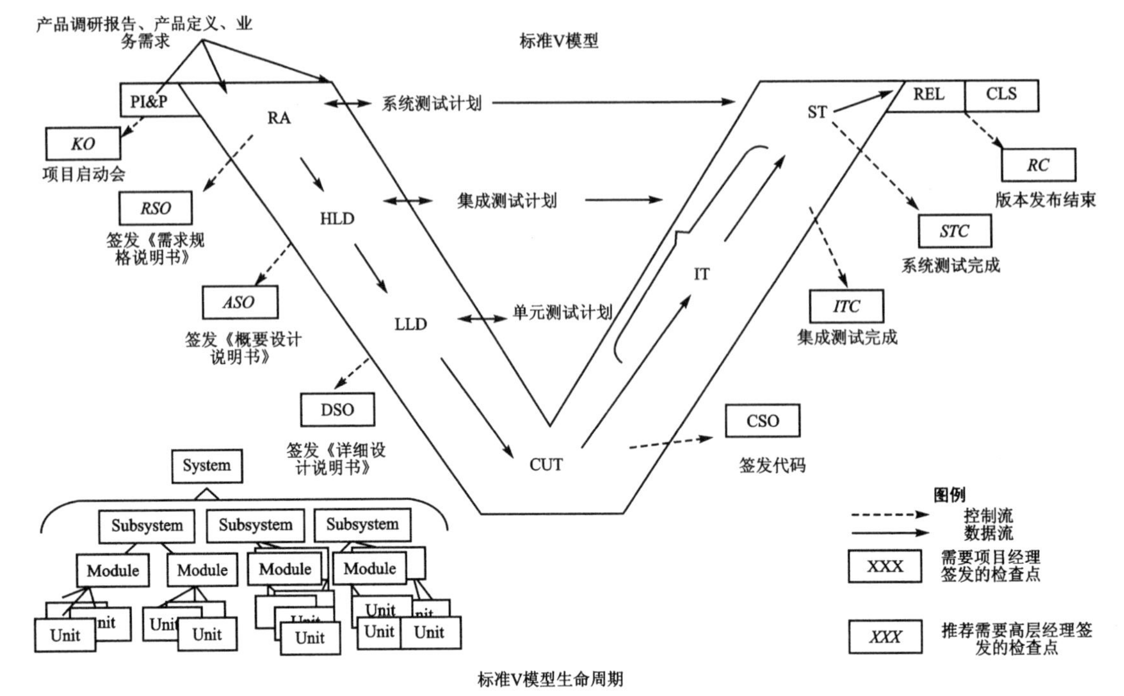

图 5－1　标准 V 模型生命周期模型

“WHEN 原则:尽早地、及时地开始测试”,即在需求分析阶段,测试就应该介入进行系统测试计划和方案的制订等;还强调了“HOW 原则:综合运用多项测试方法和技术”,在不同的阶段分别开展单元测试、集成测试和系统测试等。所以说,V 模型是关于软件测试的最经典模型,一定要深刻理会。

但 V 模型还是有局限性。随着软件工程理论的发展,后人在 V 模型基础上又提出了很多改进模型。四阶段 V 模型是在 V 模型基础上将概要设计和详细设计合并而成,因此将集成测试和系统测试合并成一个测试阶段,即系统测试,如图 5－2 所示。

四阶段 V 模型适合小型的项目,在这里,设计不太复杂,历时也比较短,只需要一个设计阶段就可以了。因而除了单元测试之外,测试也只设置了一个阶段,即系统测试,在系统测试时随便做一些集成测试。这里需要注意的是,虽然集成测试作为一个阶段省去了,但集成测试的工作并没有省去,集成测试作为一个测试级别还存在。例如,对于一些接口还是需要进行测试的,只不过文档编写的工作量减少了,如测试报告可以合起来写。总之,四阶段 V 模型对于小型的项目还是很适用的。

VP 模型(原型 V 模型)是在 V 模型基础上加入原型法而成。VP 模型强调对原型进行测试,直到原型确立后,转入正常的 V 模型,如图 5－3 所示。

VP 模型比较适合在一个领域或方向上做全新的项目的时候,新人做新事难免有一个学习和探索的过程,快速开发一个原型看看是自然的想法,这样可以规避很多技术风险。所以做第一个原型开发时,整个开发过程是不正规的,测试也不用太正式,主要是联调,联调通了就行;还有就是验证,例如验证性能是否达标。在整个项目组对原型进行评估时,会将测试结论作为决策的依据之一。原型法又分为抛弃型原型和增量型原型。原型也可能经过几次迭代,

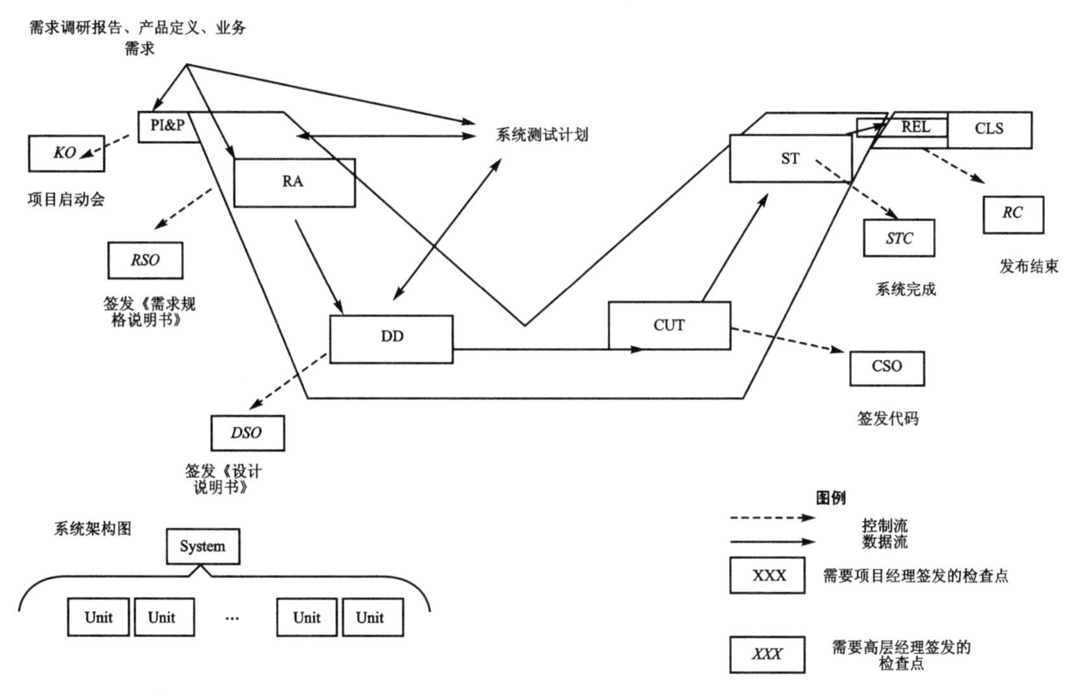

图 5-2　四阶段 V 模型生命周期模型

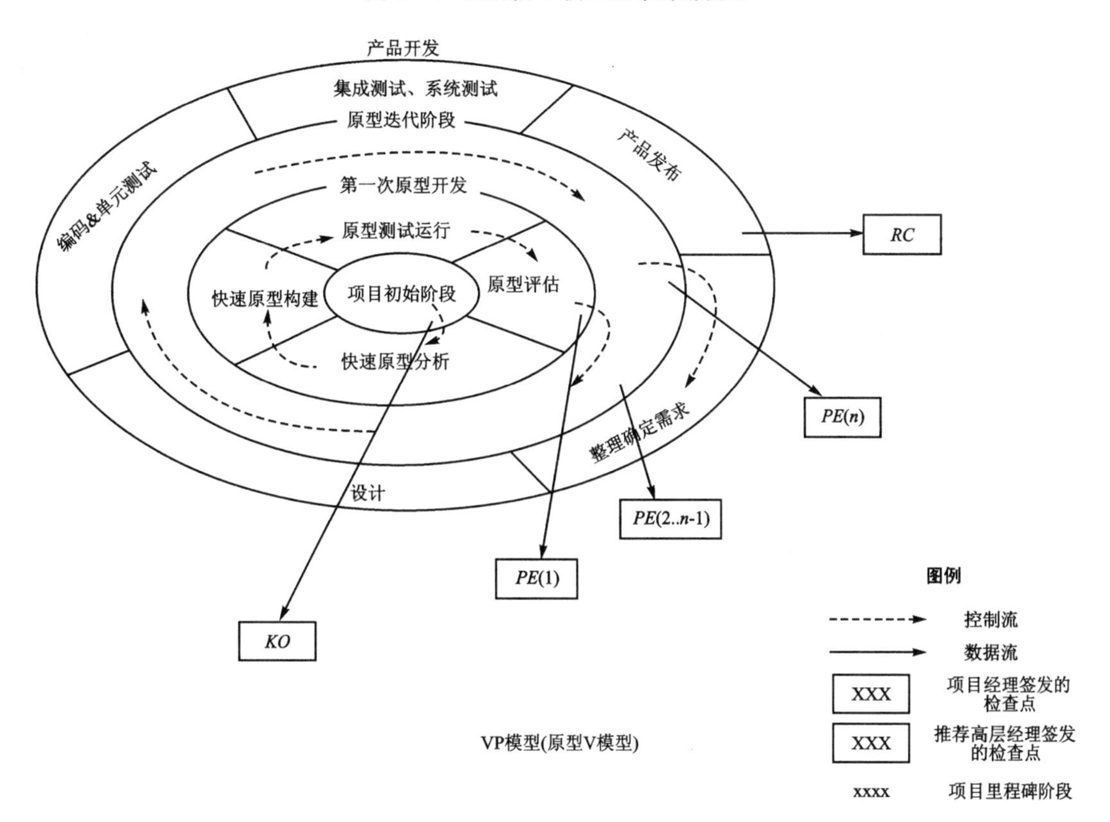

图 5-3　VP 模型(原型 V 模型)生命周期模型

逐步成型。通过原型法最终形成正式的需求和设计，从而步入正规的产品开发阶段，即按照V模型来做。总之，在VP模型中的原型阶段，测试可以灵活一些，不能太死板；但不能总停留在原型阶段，或以原型为借口，不进行正规的测试。

增量发布型模型是在V模型基础上加入多个增量发布结合而成。多个增量共用一套需求和设计，因而共用一套系统测试用例和概要设计用例。这种情况适合于需求和设计一旦确定，较少变更的项目。增量发布型模型如图5-4所示。

增量发布型模型可以产生下列好处：1)可以尽早地看到一个软件版本，以便在风险可控的情况下加快产品上市或系统上线；2)克服项目人员不足的情况，让同一批人员干完一批活再启动另一批活，也可以增强项目组的信心；3)让用户尽早看到软件版本，得到用户的确认，这有点像原型法。但对于测试人员来说，此模型可能会增加测试的工作量，需要测试的版本多，需要做更多的回归测试。所以需要对增量进行合理的规划，每一个增量不能太小太碎。

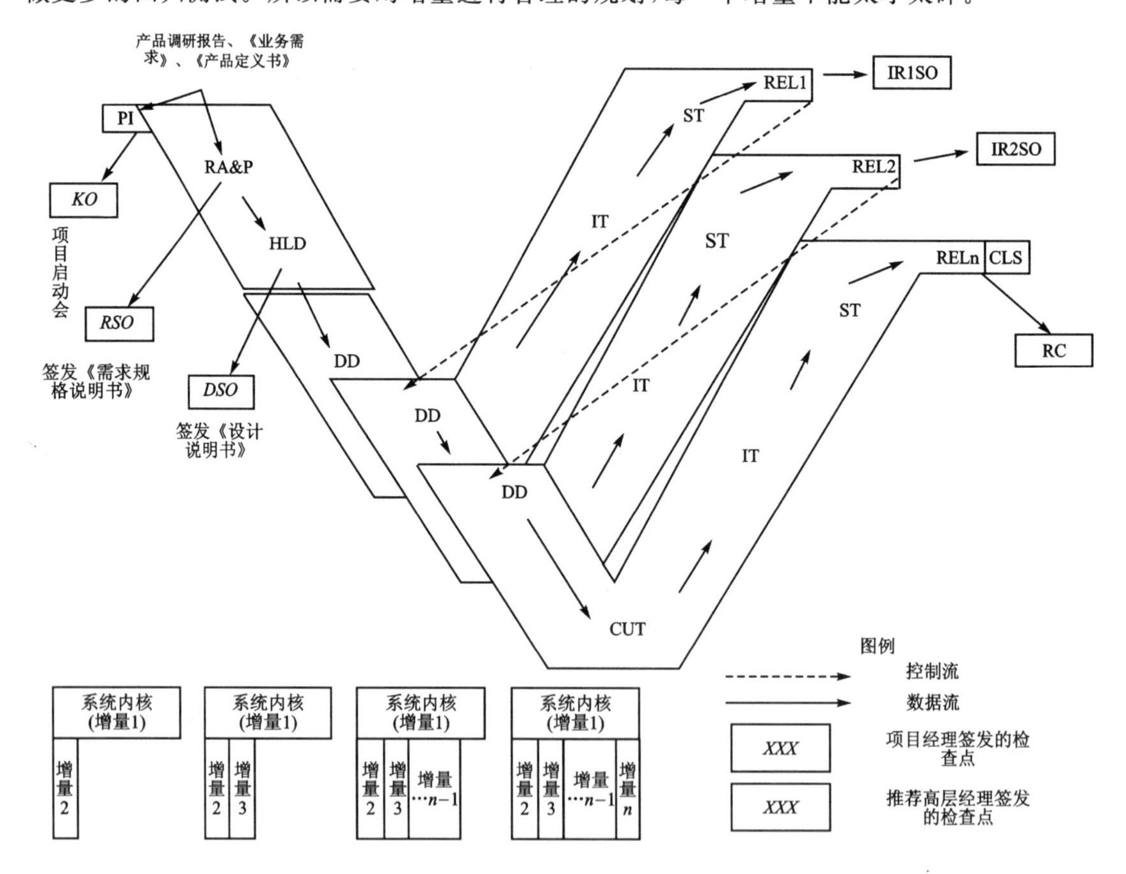

图5-4 增量发布型周期模型

进化开发模型是将多个V模型串行结合而成。进化模型与增量模型的区别在于：进化模型有多次需求和设计过程，而增量模型只有一次。这样，进化模型要做多套系统测试和集成测试用例。进化开发模型如图5-5所示。

进化模型更像俗称的“迭代”模型。关于进化模型需要注意的事项与上述的增量模型类似，只不过进化模型更灵活。增量模型强调将需求和设计一次性地做好，而进化模型强调系统

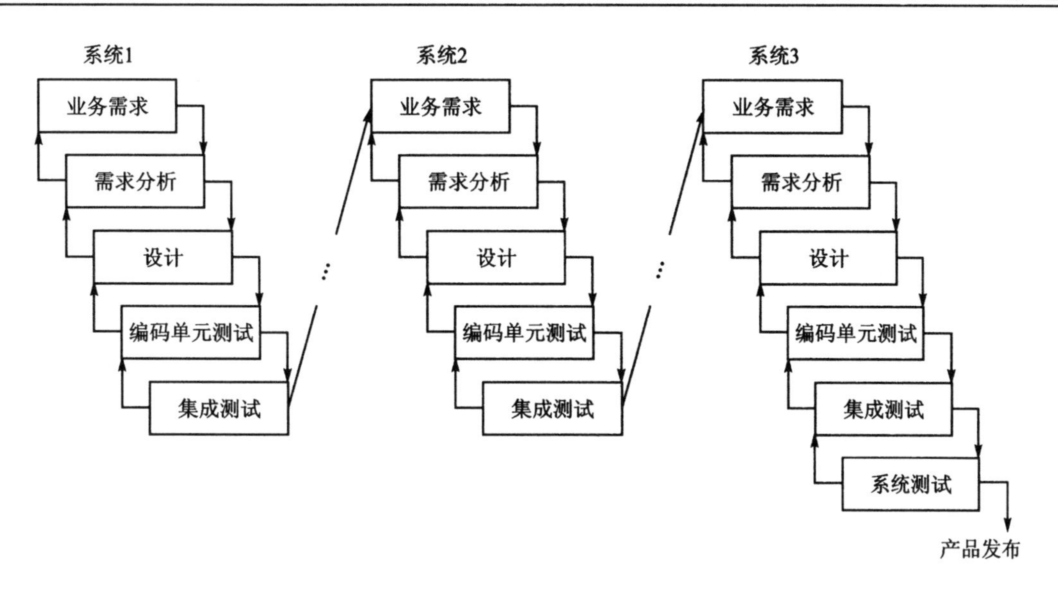

图 5－5　进化开发生命周期模型

划分，将系统划分成子系统，分批做需求和设计，但如何保持多次需求和设计之间的连贯性是进化模型要注意的问题。进化模型中的测试开始向下述的 H 模型中的状态靠扰。

总之，V 模型指出，单元和集成测试应检测程序的执行是否满足软件设计的要求；系统测试应检测系统功能是否符合系统的功能、性能等质量属性是否达到系统的要求；验收测试确定软件的实现是否满足用户需要或合同的要求。但 V 模型存在一定局限性，它把测试作为在编码之后的一个阶段，是针对程序进行的寻找错误的活动，而忽视了测试活动对需求分析、系统设计等活动的验证和确认的功能。

5.1.2　W 模型

W 模型由 Paul Herzlich 提出①。W 模型增加了软件各开发阶段中应同步进行的验证和确认活动。W 模型由两个 V 型模型组成，分别代表测试与开发过程，明确表示出测试与开发的并行关系。W 模型强调测试贯穿在整个软件开发周期，而且测试的对象不仅是程序，需求、设计等同样要测试。W 模型有利于尽早、全面地发现问题。例如，需求分析完成后，测试人员就应该参与到对需求的验证和确认活动中，以尽早地找出缺陷所在。同时，对需求的测试也有利于及时了解项目难度和测试风险，及早制定应对措施，这将显著减少总体测试时间，加快项目进度。W 模型如图 5－6 所示。

W 模型也存在局限性。在 W 模型中，将需求、设计、编码等活动视为串行的，测试和开发活动也保持着前后关系，上一阶段完全结束，才可正式开始下一个阶段工作。这样就无法支持迭代的开发模型。

① Paul Herzlich. The Politics of Testing. The first EuroSTAR conference in London. 1993.

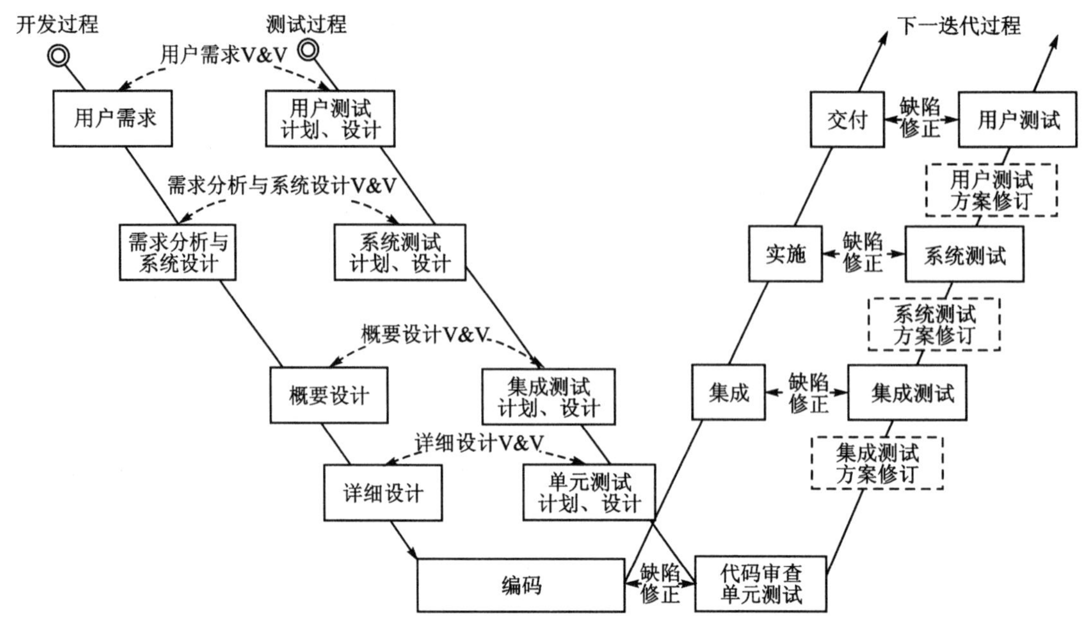

图 5-6　软件测试 W 模型

5.1.3　H 模型

V 模型和 W 模型都把软件的开发看作需求、设计、编码等一系列串行的活动，而事实上，这些活动在大部分时间内是可以交叉进行的。所以，相应的测试之间也不存在严格的次序关系。同时，各层次的测试也存在反复触发、迭代的关系。为了解决此问题，H 模型将测试活动完全独立出来，形成了一个完全独立的流程，将测试准备活动和测试执行活动清晰地体现出来。H 模型如图 5-7 所示。

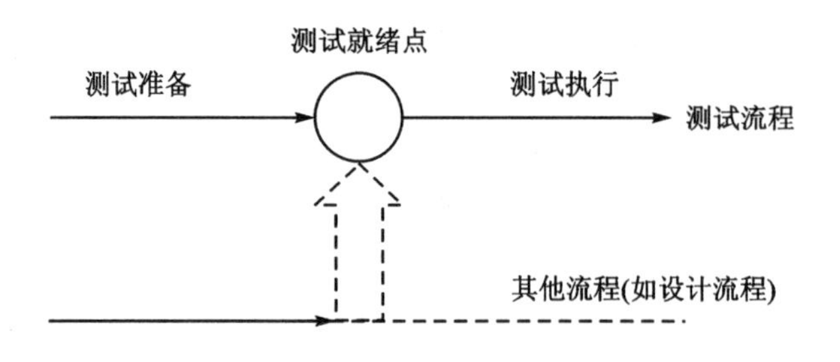

图 5-7　软件测试 H 模型

H 模型图仅仅演示了在整个生产周期中某个层次上的一次测试“微循环”。图 5-7 中标注的其他流程可以是任意的开发流程，例如设计流程或编码流程。也就是说，只要测试条件成熟，测试准备活动完成了，测试执行活动就可以进行了。H 模型说明软件测试是一个独立的流程，贯穿产品整个生命周期，与其他流程并发地进行。H 模型还指出软件测试要尽早准备，尽早执行。不同的测试活动可以是按照某个次序先后进行的，但也可能是反复的，只要某个测试达到准备就绪点，测试执行活动就可以开展。

5.1.4 测试过程模型选择策略

前面介绍了几个测试过程模型。V 模型强调了在整个项目开发中需要经历不同的测试级别，但忽视了测试的对象不应该仅仅是程序。W 模型对这一点进行了纠正，指出应该对需求、设计进行测试。但 V 模型、W 模型都没有将一个完整的测试过程抽象出来，成为一个独立的流程，这并不适合当前软件开发中广泛应用的迭代模型。H 模型则明确指出测试的独立性，也就是说，只要测试条件成熟了，就可以开展测试。但 H 模型只是一个简单的测试微循环过程，不能反映完整的测试过程。为此，有必要将各模型的优势结合起来使用。下面提出的“基于迭代的测试过程”就是针对这些问题的一个改进。

测试过程模型的选择，与整个项目的软件生命周期模型选择密切相关。当前的软件开发项目更多地采用基于迭代的过程，因此，测试过程也应该能支持迭代开发。下面结合测试实践，提出基于迭代的测试过程的概念、内涵及其基本原则。

5.2 基于迭代的测试过程

根据上面的测试过程模型，主要的测试类型是系统测试、集成测试和单元测试。每一类型测试都可以分为下列几个大的环节。

1）**测试分析**　确定测试范围、测试需求和测试策略等；

2）**测试设计**　确定测试方案和测试计划等；

3）**测试开发**　开发测试用例，开发测试脚本，准备测试环境、数据等；

4）**测试执行**　执行测试用例；

5）**测试报告**　分析测试结果，出具测试报告。

例如，对于系统测试，有系统测试分析、系统测试设计、系统测试开发、系统测试执行、系统测试报告。

对于集成测试和单元测试也同样如此，甚至于对某一特别类型的测试，如性能测试也同样如此。只不过在不同类型的测试中，对不同环节的重点和要求不一样，甚至有些环节可以合并或裁剪。

对于整个项目来说，如果按照 V 模型或 W 模型来做，则要求系统测试过程嵌套着集成测试过程，即系统测试过程中的系统测试分析设计先做，而系统测试执行则等到集成测试过程全部完成之后再做。同样的，集成测试过程嵌套着单元测试过程。但现在的项目都是基于迭代的过程或敏捷开发，不同类型（需求、设计、开发等）的工作并行来做，不同的功能模块并行设计开发，所以不太可能严格按此嵌套顺序来做测试。所以更多地采用上述的 H 模型，即准备好一块就测试一块，但在测试之前需要做测试准备，就是上述测试分析、测试设计和测试开发的工作。什么时候开始测试准备，什么时候开始测试执行，如何控制测试执行的过程，这是项目中的测试经理最需要把握的事情。同时由于是共性的问题，也需要在组织级测试体系中体现这样的原则。

根据我们的经验，认为针对某一类型或模块的测试，很难一次性地完成从测试分析设计到测试执行的完整过程；也就是说做完测试分析，进行严格的评审，通过后再做测试设计、测试用例开发，通过严格的评审，通过后再做测试执行。这样一步步地做，在很多时候难以达到好的效果。特别是需求不太明确、需求变化快或需求规格质量不高，或测试人员对测软件领域不太熟悉或第一次进行测试时，更难做好每一个环节，最后导致测试周期拉长，测试效率不高。

为此，我们提出了“基于迭代的测试过程”，它有两层涵义：

1）基于迭代的测试过程与基于迭代的开发过程的对应关系，每一个测试迭代对应一个开发迭代，有其精细的规划和实施，但又在项目总体测试目标、策略和计划的指导之下。

2）测试过程本身也是迭代的，包括测试分析、设计、开发和执行等环节之间及各环节内部都可以是迭代的。

为了基于迭代来做好测试工作，确立了五项基本原则，即：

1）尽早地开始测试准备；
2）简明的测试用例；
3）测试用例设计和测试执行同步进行；
4）人员培养与测试同步；
5）测试与开发紧密协作。

下面分别来说明这两层涵义。

第一层涵义与基于迭代的开发过程相对应，既然开发过程是迭代的，每个迭代阶段发布一个软件版本，则测试过程也应该是迭代的，在每个迭代阶段进行测试并发布此软件版本。下面来具体分析一下，图 5-8 描述了标准 V 模型中软件开发主过程和软件测试主过程之间的关系，包括它们的各阶段产出物之间的对应关系。

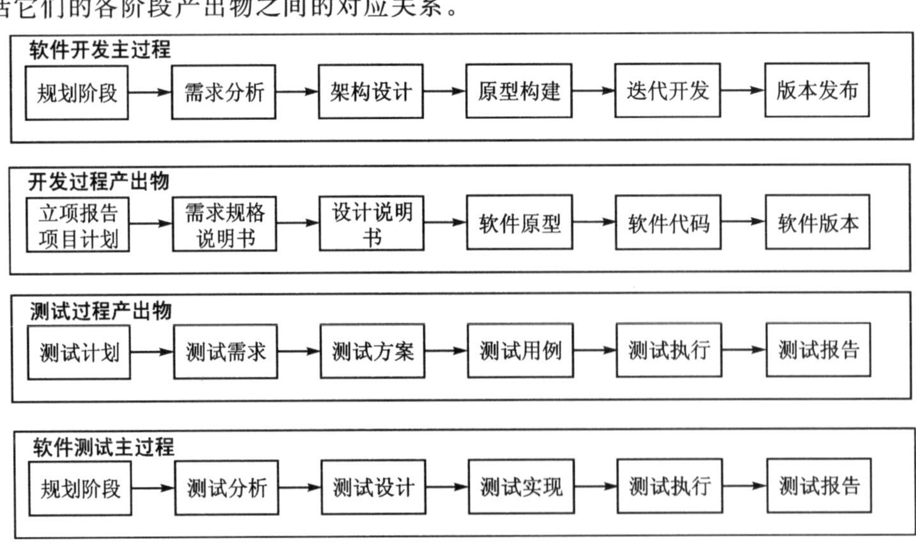

图 5-8　软件开发主过程与软件测试主过程

如果将一个软件项目分为几个迭代阶段，则开发或测试就分别分为几个迭代阶段，每个迭代开发过程对应一个迭代测试过程。它们通过《版本计划》协调起来。基于迭代的测试过程的全视图如图 5-9 所示。

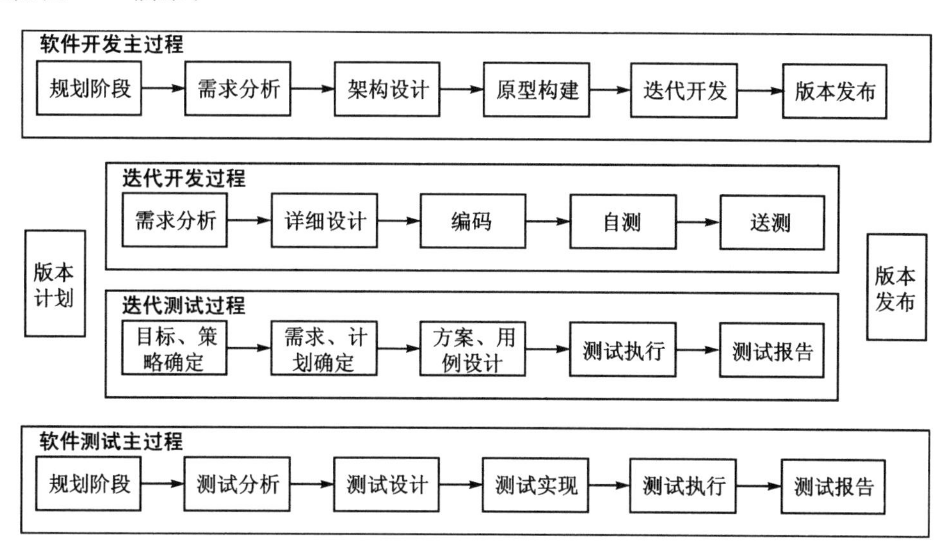

图 5-9　基于迭代的测试过程的全视图

图 5-10 是图 5-9 的中间部分的细化图，是基于迭代的测试过程的迭代视图。从此图可以看出，虽然整个项目有一个总的测试目标和测试策略，但需要根据每个迭代的不同情况，适当地调整测试目标和测试策略，进而确定测试的范围、重点、优先级，测试的程度/深度，投入的人力/工作量，测试的方法和技术等，以便从整体上达到好的效果。这就是基于迭代的测试过程的内涵。

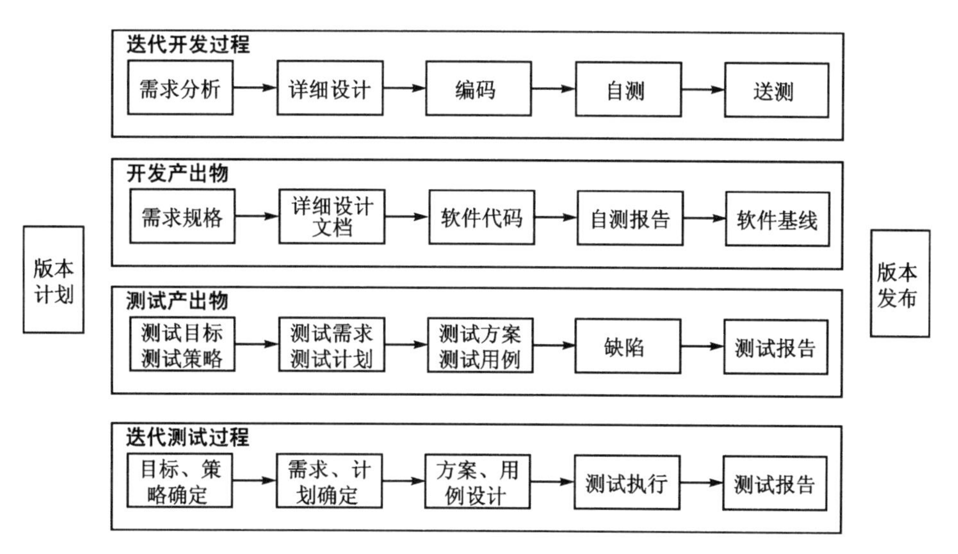

图 5-10　基于迭代的测试过程的迭代视图

第二层涵义是要说明测试过程本身也是迭代的。所谓迭代就是不是一次性地将事情做完，而是分多次做，跟其他事并行起来做，以便快速找到正确的方向或达到精准的状态。在这里，即不一定是完全按照从测试分析、测试设计、测试用例开发到测试执行和测试报告等环节顺序执行，而是可以并行执行，可以迭代执行，通过从测试设计到测试执行再到测试设计的几轮迭代，以达到测试效率高、质量高的效果。

基于迭代的测试过程的基本原则，与前面叙述的 5 项原则一样。

这些原则类似“敏捷方法”（Agile Method）①中的原则。如敏捷方法有两个最主要的特征：轻量和简单。敏捷方法强调“增量地”发布小版本；加强客户和开发人员之间的紧密沟通和“协作”；把刚刚发生的改变考虑进来，以“适应”新变化。对于测试来说，增量地设计和发布测试用例，是应对需求不明确、快速变化的好办法。

下面通过与传统的测试过程的对比分析，来说明基于迭代的测试过程的基本原则，以及所带来的好处。

原则一　尽早地开始测试准备

尽早地开始测试准备，这一点还是要坚持的。在需求分析阶段，测试经理就进入项目，启动测试准备工作，包括测试分析、测试设计、测试用例开发、测试环境准备等，而不是等到项目组提交一个待测的软件版本时（通常叫做“送测”）再启动测试准备工作。在送测时才开始测试准备工作，这样做有两个问题：一是“送测”软件的 BUG 已经驻留（即 build in）在其中了，丧失了提前发现 BUG 的机会；另一个问题是，将开发和测试串行执行，拉长了项目的整体周期。

原则二　简明的测试用例

测试用例尽量写得简洁、易用、可扩展，而不是尽量详细。特别是在项目或软件产品（或模块）的早期，需求不太明确，而且变化大，这时如果测试用例写得太详细，会增加因需求逐步明确或需求发生变化后对测试用例修改的工作量，增加了测试用例的维护成本。

不要试图将测试用例写成让初学者一看就懂，一看就会操作和执行。如果能够做到这样当然很好，但这样会极大地增加测试用例编写者（往往是测试经理）的工作量。所以，测试用例的主要内容是关于一个个测试场景的设计，描述一些影响关键执行路径的参数的不同取值、不同取值的组合及其预期结果。在测试用例中，不要详细描述软件需求规格说明以及软件操作步骤，否则会使测试用例写得繁琐冗长，不容易看出测试用例之间的逻辑关系，从而也难于扩展。当然测试用例写得不够详细，要通过培训测试人员的业务能力和操作能力，才能顺畅地执行测试用例。

关于测试用例的设计和描述方法，在第 11 章“行业核心业务系统测试实践”中论述。

原则三　测试用例设计和测试执行同步进行

测试用例设计要与测试执行同步进行，特别是当需求不明确、需求经常变化或测试人员对

---

① Thomas Stober，Uwe Hansmann，Agile Software Development，Springer，2010.

需求掌握不深时。一边设计测试用例，一边执行测试用例，通过执行，提高测试人员对软件和需求的理解，并反馈测试用例设计中的问题，从而提高测试用例设计的质量、测试用例的实用性和有效性，减少返工量。同时，由于尽早启动了测试执行，可以尽早地发现和报告 BUG。

测试用例的开发顺序应该是“自顶向下”、“由粗到细”。例如，在需求分析阶段，开发的测试用例应该基于“业务流程”。因为在需求阶段，需求还不是很明确、很细致、很固定，所以只设计大粒度的关于“业务流程”的测试用例，而不是设计一个一个具体交易的测试用例。在详细设计和编码阶段，需求已经明确，设计也较详细，界面上的每一个字段已经定义，就应该基于“业务交易”开发具体交易的测试用例。

测试执行的顺序要根据事先制订的自顶向下、自底向上、两头逼近或核心任务展开的集成测试策略来进行。如果开发组提交的软件版本是整个软件，可以考虑先测试业务流程，检测模块的接口是否正确，然后再一个一个测试模块或交易。

原则四　人员培养与测试同步

在基于迭代的测试过程中，要将测试人员培养和测试工作同步起来。在项目的早期，由测试经理或少量的测试人员介入项目，随着项目和测试准备工作的进展，再逐步加入其他的测试人员。此时需要将测试人员培养与测试工作同步起来，使得他们熟悉业务、项目、软件或产品，熟悉测试方案、测试用例等产出物。通过操作软件和运行测试用例，使后加入的测试人员具有独立操作和执行测试用例的能力。这样，既培养了测试人员，也减少了测试用例编写的工作量。

原则五　测试与开发共享目标和紧密协作

在基于迭代的测试过程中，测试与开发共享一个共同的目标(按时按质地交付软件)，两者应该紧密协作。但是，开发人员的首要目标往往是按照进度要求交付软件；而测试人员的首要目标则是按照质量交付软件。两者有时会发生冲突，特别是对于项目工期紧或上线时间固定的项目，更是如此。此时就需要所有人员都站在整个项目的角度，来认同和确定项目的整体目标，并在此目标的指引下，进行紧密的协作。具体的协作包括：双方互相参与对方的重要产出物的评审，出现需求或设计变化时及时告知，互相提供对方需要的培训和各种帮助，大家遵循制订的各种过程和规则，如送测过程、测试过程、BUG 处理过程等。出现问题和冲突时，以项目目标这个大局为重，互相谅解，并及时协商解决有关问题。

我们按照这些原则，在公司里建立了基于迭代的测试过程，并在实际项目中推行，达到了较好的效果。例如我们在银行核心系统测试中，原来的测试准备时间至少需要 3 个月，测试执行时间至少需要 3 个月，而且是串行的，这样完成一个大版本的测试至少需要半年的时间，在采用基于迭代的测试过程后，在相同的人员投入情况下，测试准备时间只需要 1.5 个月，测试执行时间只需要 2 个月，而且可以并行进行，完成一个大版本的测试只需要 3 个月左右的时间，而且发现的 BUG 的质量都提高了。

5.3 测试过程监控策略

基于迭代的测试过程对于软件测试过程控制提出了更高的要求，即要求将过程的严格性和运作的灵活性结合起来，以增加测试工作的效率，实现项目的整体目标。所谓过程的严格性指的是要遵守测试过程的先后顺序：上一个环节先做，达到出口准则之后，再启动下一个环节。所谓运作的灵活性指的是客观地分析达不到入口准则或出口准则的原因，如果是在当前项目条件之下确实做不到或暂时做不到，则与相关方一起找出相应的对策，或临时调整相关的过程环节或做法，以便测试工作得以进展，整个项目得到推进。

在推行基于迭代的测试过程两年以后，我们总结了各个项目测试的经验教训，提出了下列基于迭代的测试过程的过程控制策略。

5.3.1 测试目标/策略和计划监控

在基于迭代的测试过程中，测试目标、策略和计划的制订过程如图 5－11 所示。在图 5－11中，黑色方框表示活动节点，而蓝色方框表示产出物，以下类似的过程图也是这样的。

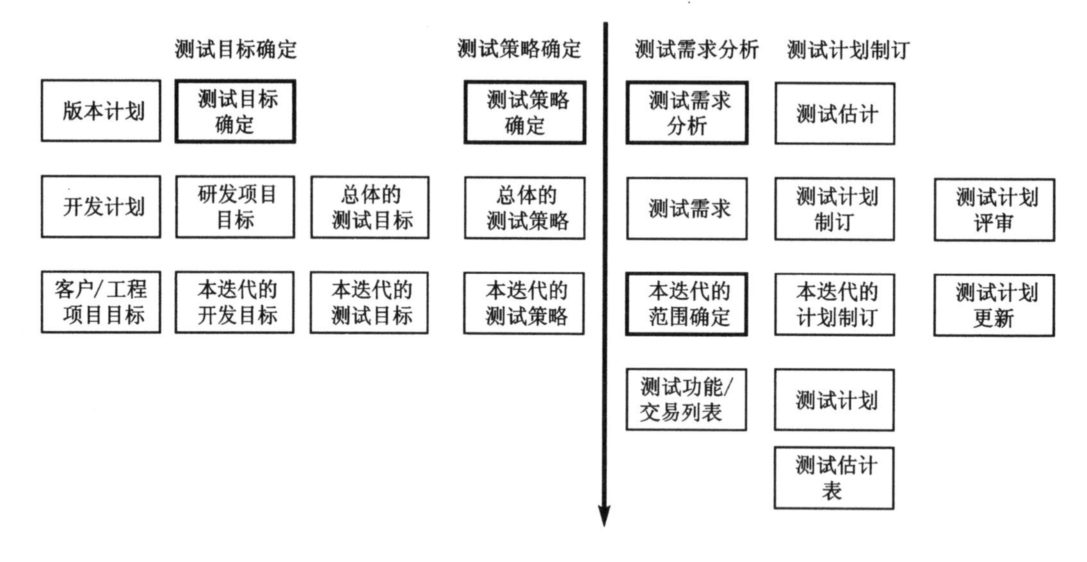

图 5－11 基于迭代测试过程中的测试目标、策略和计划制订过程

从图 5－11 中可以看出，在基于迭代的测试过程中，测试目标/策略分为两层，即项目总的测试目标/策略和本次迭代的测试目标/策略；同样的，测试计划制订也分两层，即总的项目测试计划和本次迭代的测试范围、测试计划。下面分别论述测试目标、测试策略和测试计划的制订和控制策略。

在制订测试目标时，要站在项目组的角度考虑问题，根据项目组的目标确定测试目标，例如，确定在当前阶段是进度优先还是质量优先，适当权衡测试范围、进度和质量三者之间的关系。这里的一个典型误区是：测试目标完全由测试人员确定，没有与项目组、开发组协商，不太

关注项目经理和开发组的满意度。

在这里，明智的策略是，应随着项目进展，灵活调整测试目标、测试范围、测试进度和测试质量/程度等。例如，在项目前期，由于项目需求不明确，变化大，被测软件基本上是个原型系统，可以测得粗些，而更重视测试进度；到项目后期，项目需求/设计比较明确，软件也更加成型了，就要测得比较细致，更重视测试质量。我们应融入项目组，深刻理解项目，对项目的理解越深，对测试目标的把握就会越好；换位思考，与开发组建立信任，达成共识，提高服务意识，建立和谐的开发/测试关系。

测试策略的内容包括：1）不同测试类型/不同系统模块的测试目标、测试程度、完成标准等；2）采用的测试方法、工具、技术等；3）与开发组的配合策略，测试人员部署等。在制订项目的测试策略时，要参考组织级的测试策略和项目的测试目标。

测试策略调整的内容包括：1）测试目标、测试程度、完成标准等的调整；2）测试方法、工具、技术等的调整；3）测试人员部署的调整、与开发配合方式的调整等。应该随着测试目标的调整，灵活调整测试策略。

显然，对项目和系统的理解越深，对测试策略的把握越好。在这里，明智的策略是：深刻理解项目，知道将力量重点投在哪里，何时发力；平时做到规范化，紧急时进行适当权衡和调度。

在做测试计划前，先做测试需求分析，通过测试需求分析来明确测试的范围，列出被测软件的功能或交易列表。在这里，经常会碰到项目需求不明确，需求变化快，需求文档不详细，不知道找谁了解和澄清需求等一系列问题。此时只能通过迭代、参与项目组的需求分析活动、敦促项目组编写需求分析文档、了解和掌握需求等方式缓解这种状况。另外，不要一次地写完《测试需求》，而要迭代式地编写《测试需求》。

在做测试计划之前，还要先做测试估计。通过上述的测试需求分析过程，对被测软件有了细致的了解，在此基础上，对被测软件的规模做估计，通过建立测试任务的 WBS，对测试工作量、进度和人力资源等进行估计，最终排出测试进度计划（相关内容详见第 8 章“测试度量与分析过程”）。

在这里要注意：测试计划要通过项目组的评审，要与项目计划一致，特别是《版本计划》，还要纳入到项目总体计划中。尤其在项目的中后期，要根据测试和开发（BUG 修复）的多轮迭代计划来确定项目的工期，而且要根据各子系统的准备就绪情况调整测试计划；根据缺陷的收敛情况调整测试轮数。测试计划还要长短结合，滚动推进。这里有一些典型的误区在于，认为计划赶不上变化，做计划没用；或项目组变化太快，做不出计划；或做估计没有用，因为不准；或计划一成不变。这些都是不对的，明智的策略是：做估计，做计划，按计划执行，根据情况调整计划。

5.3.2 项目产出物质量监控

大家都知道，需求规格说明书是系统测试的基准，也是整个项目的基准；设计规格说明书是集成测试的基准，也是开发的基准。如果没有良好的需求规格说明书和设计规格说明书，则很难开展测试工作。所以在需求规格说明书和设计规格说明书没有达到质量要求时，测试经理有权拒绝启动相关的测试工作。

很多时候，项目不是没有需求和设计，而是留在需求设计人员的脑子中，但由于各种原因，没有写成文档或写得不够详细。这个时候测试经理要具体分析原因（相关人员不太会写文档、不重视写文档或不想做等原因），向项目经理或高层经理反映，指出可能造成的危害性，敦促问题的解决。

如果需求和设计文档不足是由于需求或设计方案不明确或经常变动，或由于工期极其紧张，则测试经理就要采用变通的措施，通过下列各种办法以弥补文档的不足：

1）测试人员加强对需求和设计方案的评审和理解，减少对文档的依赖。对需求和设计方案等项目的重要产出物（如需求规格说明书、设计规格说明书、关键源程序等）进行质量保证是整个项目组的责任。测试人员积极参与评审和理解，既是测试人员在履行这样的责任，也是测试人员熟悉和理解它们的过程；测试人员对需求和设计产出物的理解越深，则对它们的依赖程度越低。

2）加强对测试人员的培训。开发人员加强对测试人员的培训、指导、答疑和技术上的帮助，通过各种口头的交互，使测试人员尽快地熟悉和赶上来；测试人员加强对软件的试用，通过试用熟悉软件的功能和操作；对于技术水平较高的测试人员，可以安排他们读源程序。

3）编写简明的技术文档，例如，如果没有详细设计文档，则敦促开发组明确并给出前后台之间的、不同功能模块之间的接口说明。这样做首先对开发人员有好处，可以加快联调的速度，其次才是提高集成测试的效率。

4）尝试开展随机测试。随机测试主要是根据测试者的经验对软件进行功能抽查，是根据测试用例测试的重要补充手段，是保证测试覆盖完整性的有效方式。随机测试尤其适合需求不是很明确的测试任务，或者刚刚接手的测试任务，通过探索性的测试，掌握正在测试的软件，了解软件会失败的各种情形，在学习的同时，找到最佳的测试方法。

5）需求和设计文档不完整有时带来的一个更大的问题是即使能够顺利地执行测试，也没法判断测试结果数据是否正确和准确。这个时候就需要发挥测试人员熟悉业务的优势，有时让用户适当地参与测试也是有益的。

5.3.3 测试执行顺序监控

没有或不充分的单元测试后，开始模块测试；模块测试没有达到结束标准，就开始集成测试；集成测试没有达到结束标准，就开始系统测试。各级测试做得都不充分，这是测试过程中经常出现的现象。这将使大量 BUG 遗留到后面，使测试轮数增加，测试周期拉长，开发人员修改 BUG 的工作量加大，返工率高。所以有必要尽可能地按照测试流程进行测试，遵循测试过程的入口准则和出口准则，将每一步的测试工作做好。下面的实际案例从一个侧面说明了如何部分地解决这一问题。

测试现场

在基于迭代的测试过程里，我们比较强调开发人员自测和互测这一环节。在一个产品研

发项目中，我们发现一个长期没有解决的问题，即测试组拿到的版本会因各种原因不可测，经常是刚测一点就测不下去。分析了其中的原因，主要是因为急需将该产品提交给一个又一个客户工程项目进行实施和使用，项目组为了保进度不断赶工，不断地向软件里加入新的功能和特性，而且一个功能或特性还是由多个人一起开发的，每个开发人员在开发完自己负责的模块后，只是简单地试通了他自己的功能，没有经过联调或更多的测试就仓促提交版本。结果造成提交的版本不可测，而且没有在稳定的基础之上进行产品迭代，积累的问题不断增多，产品需要不断重构，结果欲速则不达。

最后我们与开发人员沟通，决定加强开发人员自测和互测环节。图 5－12 是测试经理在沟通后新画的测试过程图。其中自测变成了一个重要的环节，开发人员在独立的开发测试环境中选取重点功能进行自测，自测通过方能进入下个流程。我们还鼓励开发人员在自测过程中填写自测记录表，还通过下面的开发测试任务跟踪表（表 5—1）来统一协调开发和测试之间的工作节奏（每做完一个环节标上“OK”）。这些措施执行一段时间之后，整个项目开始走顺了，开发人员之间、开发与测试之间的协作也顺了，时间进度也赶上来了，同时软件版本逐步进入深度测试，产品质量得到了提高。

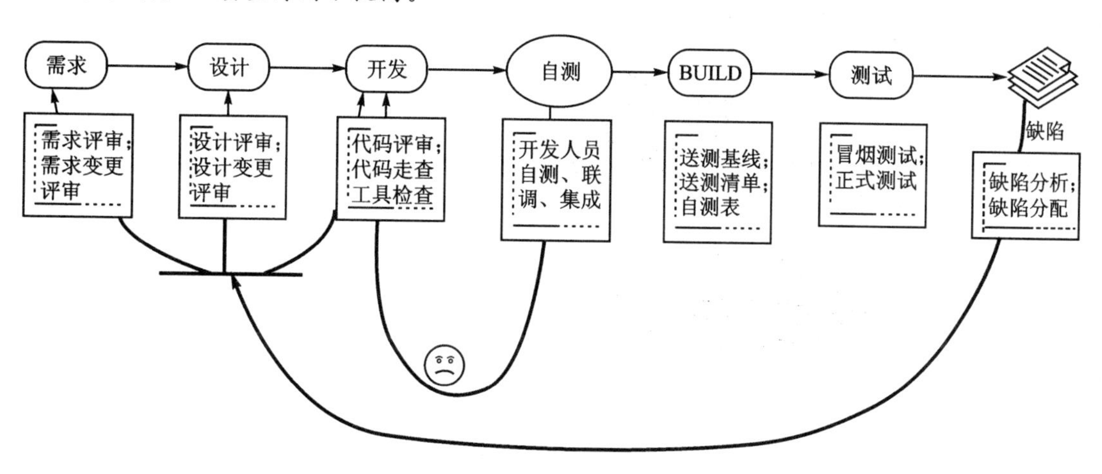

图 5－12　项目质量保障流程

表 5－1　开发测试任务跟踪表

研发项目开发测试任务跟踪表										
优先级	任务类型	工作内容	完成时间	负责人	执行人	需求/设计	开发	联调	自测	测试
高	新增	模块 XX				OK	OK	OK	OK	OK
高	修改	功能 YY				OK	OK	OK	OK	
中	新增	模块 ZZ				OK	OK	OK		
低	修改	特性 FF				OK	OK			

通过上面的案例可以看到，关于测试过程的先后顺序控制策略，要针对具体情况进行具体分析，找到影响测试进展的最关键点，进行解决或改进，突破一点，逐步达到循序渐进的状态。关于测试过程的先后顺序控制策略还跟下述的几个策略有关，会结合下面的内容进行阐述。

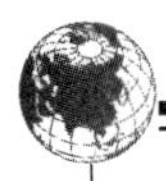

5.3.4 软件版本监控

在基于迭代的开发过程中，软件是按版本来开发的；在基于迭代的测试过程中，软件也是按版本来测试的。因此软件版本控制在过程控制中占有重要的地位。版本计划是推动项目进展、协调开发和测试活动的关键，必须小心谨慎地制订和维护版本计划。提前做出版本计划，内容包括发布时间和发布内容（新功能或者修改哪些 BUG），并且应该提前公布给开发和测试人员，尤其有新功能发布的时候。

组织或项目组要制定版本管理过程规范，包括版本构建过程、版本送测过程、版本最终发布过程等（在第 11 章“行业核心业务系统测试实践”中也会介绍这方面的内容）。

在一个项目中要指定一个唯一的版本管理员，一般由项目配置管理员担任或其他人员兼任。版本管理员根据 BUILD 过程来构建版本，测试组只能接收由版本管理员发出的版本并进行测试。要求更高的是由测试人员自已独立地根据 BUILD 过程来构建版本，这样可以规避由开发人员随意通过发布补丁的方式发布和提交版本所造成的问题。总之，通过整个项目组遵循版本管理过程，使整个项目的版本出口唯一，这一点很关键，一定要坚持。

软件测试是按版本来进行的。最理想的情况是对一个软件版本完整地进行一轮测试，发现并报告 BUG；开发人员不增加新的功能，对发现的所有 BUG 进行修复，再提交一个新的版本；测试组对此新版本进行回归测试或第二轮测试，如此这般顺利地完成测试过程，最后出具测试报告。

但在很多时候，版本在刚刚测试时就出现了导致测试进行不下去的严重问题，没能通过冒烟测试，不得不打回去修复，则这个版本就会被废弃掉；或者开发人员在新的版本中又加入了新功能模块或新特性，此时新功能和老 BUG 会交织在一起，互相影响，增加了版本管理的复杂性和测试控制的难度。如果一味地抱着老版本测，则可能影响新功能的增加；但如果在新版本中加入新的功能太急了，也会使每次迭代版本的质量和稳定性基础不牢固，测试起来更不顺利，或原来解决的 BUG 又重复出现。如何应对这个两难局面呢？这个时候，测试经理要与项目经理、技术经理协商如何控制新功能加入新版本的节奏；或者创造一些技术手段，生成一些局部的版本，用于对一些新功能/特性或局部功能进行验证和测试，等到了一定的阶段点，再通过代码归并，创建一个较完整的大版本，进行一次全面的测试或回归测试。总之一句话，就是要按版本测试，同时要想办法把握好版本发布的节奏。

5.3.5 冒烟测试监控

冒烟测试（smoke testing）是对一个新送测的软件版本在进入正式测试前所做的小规模的测试，目的是为了检查软件的基本功能是否正常，是否可以进入正式测试工作。冒烟测试进行确认的基本功能可能包括：软件是否可以正确安装/卸载，主要功能是否实现，是否存在严重死机或数据严重丢失等 BUG。如果通过了该测试，就可以根据正式测试用例进行正式测试；否则，就需要开发人员解决这些问题，重新生成版本，再次执行冒烟测试，直到冒烟测试成功。

冒烟测试具有较强的刚性，可以保障软件主要功能/流程在每次迭代版本中保持稳定性和

较高的质量，可以保障正式测试能够顺利进行，可以强化开发人员的自测意识。但正因为刚性强，所以开始推行起来不太容易，一是测试人员要做大量的准备工作，二是开发人员不易接受，因此需要掌握一定的灵活性，例如开始时冒烟测试用例可以少一些，再逐步增加。另外，冒烟测试控制策略与上述的“测试过程的先后顺序控制策略”和“软件版本控制策略”是密切相关的，应该配合起来使用。下面是我们在推进冒烟测试时所制订的冒烟测试原则。

测试现场

实际案例——冒烟测试原则

一、对测试组的基本要求

1. 开发一套冒烟测试用例。针对主要的功能(交易，功能或流程)。
2. 正式测试之前先做冒烟测试。
3. 冒烟测试用例执行通过率达不到70%，不再进入正式测试，打回开发组重新修改。

二、对测试组的高级要求

4. 冒烟测试自动化

三、对项目组的基本要求

5. 在提交测试组前在独立的测试环境中自测通过。
6. 提供符合要求的送测清单和安装操作手册。
7. 对冒烟测试不通过的软件版本进行检查、修改和自测，再提交测试组测试。
8. 不在冒烟测试不通过的软件版本上添加新的功能模块。

四、对项目组的高级要求

9. 针对冒烟测试中发现的典型BUG，开展原因分析活动。

五、对测试部的基本要求

10. 建立冒烟测试规则，并在项目中推行。

六、对测试部的高级要求

11. 建立冒烟测试自动化机制。
12. 对各项目测试过程进行监控，就严重问题发起纠正协调活动。

5.3.6　回归测试监控

回归测试是在修改完BUG并发布新的版本之后对此新版本做一次测试，以验证这些BUG是否真的得到解决，或是否衍生出了新的BUG。由于软件之间的耦合性和人为的错误，BUG修复后衍生出新BUG的可能性很高，所以执行回归测试很有必要。

测试经理要掌握好回归测试执行的程度，即测试用例执行的比例。一般来说，测试用例覆盖率越高，风险越低，但是测试成本越高。所以，如果时间不允许，就需要在效率和覆盖率之间权衡，选择部分测试用例作回归测试。一般测试过程是后期快速迭代的，测试周期越来越短，频率越来越高，可能一两天测一个新版本，甚至一天一个新版本，这时就要求测试人员能快速执行回归测试。

下面列出一些需要重点回归的测试用例或需要做回归测试的地方：

- 上一次发现 BUG 的测试用例。通过执行这些测试用例，来验证 BUG 是否得到修复。
- 本次 BUG 修复可能影响到的功能或模块，所以影响分析很重要。
- 软件的业务主流程，用户常用的功能。任何 BUG 的修复都不能影响业务主流程和用户常用功能的正常运行。
- 出错后会引起严重后果的功能，例如银行核心系统中关于利息计算的模块。

提高回归测试效率的办法是实现回归测试自动化，建立针对软件主要功能和主要流程的自动化测试用例，通过自动化手段自动地执行这些测试用例。请参见第 9 章“自动化测试体系建设”中的内容。

测试经理在做测试计划时要将回归测试的时间考虑进去，在两轮测试之间留出一定的时间给回归测试。做得好的话，可以统计一下回归测试时间占正常测试时间的比例，当此比例出现严重异常时，要报告给项目组，以敦促开发组提高 BUG 修复的质量，这就达到了基于测试度量与分析来进行测试过程控制的程度，参见第 8 章“测试度量与分析过程”的内容。

5.3.7 BUG 处理监控

软件测试的首要目标是发现 BUG，而 BUG 处理则是整个项目组的职责。它贯穿整个项目组。测试组、开发组、质量人员乃至用户，都很关心 BUG 的处理过程，可以说项目后期是围绕 BUG 处理来开展的。BUG 处理过程定义了 BUG 从发现一直到处理完的生命周期，包括 BUG 处理流程、BUG 状态变换图及各岗位在 BUG 处理中的职责等。通过驱动 BUG 处理过程，可以提高 BUG 处理的效率，使发现后的 BUG 能够及时得到确认、分派、修复或形成其他处理决定。下面结合具体案例分几个方面来论述 BUG 处理过程中面临的问题和可能的解决方案。

1. BUG 确认和分派

所谓 BUG 确认就是要确定发现的问题是否是一个 BUG、BUG 的严重级别如何、BUG 可能是哪类问题或属于哪个模块的问题。测试人员在提交 BUG 时，会对这些问题先给出初步意见，然后提交到项目的技术经理（或相关岗位人员）进行 BUG 确认，由他们分析 BUG 形成的原因，并分派给合适的开发人员进行 BUG 修复。这里面有几个经常碰到的问题：1）项目里负责 BUG 确认和分派的人是谁，有没有唯一的接口人与测试组接口？2）当测试组与开发组在是否是 BUG 及其严重级别上意见有分歧时，由谁作出最后决定？3）当 BUG 原因不明或与多个开发组（或开发人员）相关时，分派给谁解决？下面根据实际案例对这些问题给出了一些答案，可供借鉴。

2. BUG 修复

BUG 修复不是一件简单、随意的事情。有的时候，发现一个 BUG 被修复后，软件不能运

行了，或引出很多新的 BUG；或者以前修复的 BUG 在以后的版本中反复出现。解决的办法是，针对复杂的、影响面大的、需要修改多个地方的 BUG，要先提出修改方案，由开发和测试组评估后，再进行修改，以提高修复率，避免引发新的 BUG。另外就是为每个开发人员建立一个相对独立的测试环境，开发人员修改 BUG 后，先在自己的环境下验证后再提交测试。

3. BUG 处理

关于 BUG 处理，测试人员和开发人员也经常发生分歧，这个时候就要制订相关的规则，决定在什么情况下，谁有什么样的权利决定如何处理 BUG，使 BUG 从一个状态到另一个状态，如将 BUG 挂起或关闭等。下面我们的实际案例也给出了一些规则，可供借鉴。

4. BUG 总结和预防

BUG 总结和预防是 BUG 处理过程中的高级课题，做得好会达到意想不到的效果。可以定期地分析已经修改的 BUG，形成 BUG 分析简报，并针对典型的 BUG 找出相应的 BUG 预防措施，以减少类似问题再次发生的概率。这方面的工作可以由测试经理组织，也可以由质量经理或项目经理发起。

测试现场

下面是我们在一个研发项目中根据遇到的问题，在测试组和开发组之间商定的 BUG 处理约定。通过执行这样的约定，提高了 BUG 处理的效率。

项目产品缺陷处理约定

为了提高项目的缺陷(BUG)确认和处理的效率，优化测试组与开发组的协作，质量、测试和开发三方经过讨论，明确了下面的产品缺陷处理约定。要求以后项目全体人员按此约定执行。

缺陷流程如图 5－13 所示。

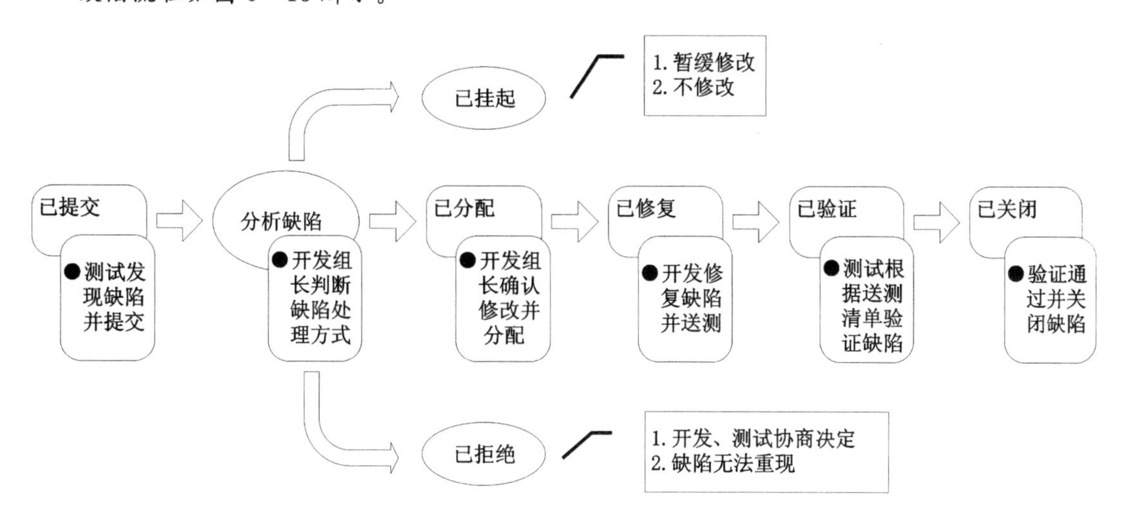

图 5－13　缺陷处理流程

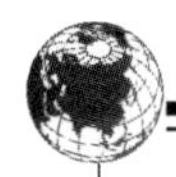

具体的处理流程说明如下：

1. 测试人员提交 BUG。

2. 开发组长受理 BUG。

3. 如果开发组长接受，则分配→修复→验证→关闭。

4. 如果开发组长认为不是 BUG，要拒绝，则：

1) 如果 BUG 不能复现，则直接挂起，但需要注明是由于不能复现而挂起的，以便将来查询。

2) 如果经核查，发现确实是个 BUG，则要修改。

3) 如果认为不是 BUG，跟需求和设计是相符的，则：

1. 如果测试人员经过了解也觉得不是 BUG，则开发组长可拒绝。

2. 开发组长需要对需求或设计文档进行更新或作出书面说明。

3. 如果测试人员仍有不同意见，则开发组长可坚持拒绝，但要在拒绝意见上说明拒绝理由。

4. 如果开发组长也决定不了，则提交缺陷会议或 BUG 决策小组商定。

5. 如果开发组长认为是问题，要挂起，则：

1) 开发组长决定暂缓修改(可能的原因：修改花费开销太大，缺陷定位不清楚)。

2) 架构师决定不修改(可能的原因：缺陷影响面太大)。

3) 但对于如果不修改，产品就测不下去的缺陷，必须修改。

通过产品缺陷处理约定的执行，总结了测试经理的几条经验，可供读者参考：

1. 测试经理抓大放小，不强势，相信开发人员也是讲理的；

2. 解放思想，推倒部门墙和条条框框；

3. 将更多的时间花在找 BUG 上，而不是在推动解 BUG 上；

4. 做典型缺陷分析，召开缺陷预防会议；

5. 关键是由技术经理负责 BUG 的定位和解决策略。

5.4 小结

从本章的内容可以看出，基于迭代的测试过程既遵循了第 1 章提出的测试“6W 原则”，又体现了一定的灵活性，就是为了适应当前软件开发的发展趋势，特别是当今中国各行业软件开发和测试资源不足的情况，和互联网时代软件开发和运营的新趋势。任何的过程体系都是严肃性和灵活性的对立统一，需要结合具体情况进行把握，这是最考验软件开发团队和测试经理的地方。他需要将过程、方法、技术和人员等结合起来，找出相对轻量的、敏捷的方法来应对快速的变化，提高工作的有效性和效率。

下两章转入测试方法专题，第 6 章论述同行评审过程和方法，第 7 章论述测试用例设计方法。前者涉及静态测试，后者涉及动态测试，将两者结合起来，才可以称得上是全面的测试方法。

第 6 章 同行评审过程和方法

软件测试一般被理解为动态测试，即通过运行程序来发现缺陷；但测试还应该包括静态测试。所谓静态测试是指不通过执行程序来发现缺陷，主要采用同行评审的手段，如需求评审、设计评审、代码评审等。静态测试很重要，主要原因在于：1）静态测试一般在动态测试之前进行，通过静态测试可以尽早地发现缺陷；2）动态测试花费的代价（人力、工作量等）很大，一般需要专职测试人员多遍运行程序。所以好的软件组织不仅要认真进行动态测试，还要重视以同行评审为核心的静态测试，特别要重视需求同行评审和设计同行评审。

为此，6.1 节先对同行评审进行概述；接着 6.2 节详细讨论了各种代码评审、代码走查和桌面检查；6.3 节讨论了需求评审和设计评审；6.4 节讨论开发人员自测；6.5 节概要说明 PSP、TSP 和 CMMI 的关系，说明实施 CMMI 和 TSP、PSP 相结合的软件过程改进框架，可以帮助组织和技术人员改进这些环节的工作质量；6.6 节确立了同行评审的度量原则和精确的度量方法。

6.1 同行评审概述

同行评审（peer review）是比较正规的评审方式，是指由软件工作产品生产者的同行遵循已定义的规程对产品做的评审，目的在于识别出缺陷和需要改进之处。同行评审按评审的正规和严格程度从高到低可以划分为：

1）正规审查（formal inspection）；

2）评审（review）；

3. 走查（walkthrough）；

4）桌面检查（desk checking）等。

正规审查首先是由 IBM 公司的 Michael Fagan 提出的①。他在正规审查的基础上提出了 Fagan 零缺陷过程。该过程包含 3 个部分：正规过程定义、审查过程、持续过程改进。在这三部分中，审查过程是核心，其余两个部分为更好地进行正规审查提供帮助。通过实施 Fagan 零缺陷过程，Michael Fagan 的不少客户实现了：

1）减少 50％的开发周期；

2）客户报告的问题减少了 80％；

① Michael Fagan，Advances in Software Inspections，July 1986，IEEE Transactions on Software Engineering，Vol. SE－12，No. 7

3）会议时间和维护预算增加50%；

4）生产率提高2倍；

5）客户满意度增加到40%～60%。

同行评审按照评审对象分类，又可分为需求评审、设计评审、代码评审、测试方案和测试用例评审等。下面分别介绍各类评审的过程和方法。这里既有标准过程和方法的介绍，也有我们的实践总结，还有从测试人员的角度来看得出的体会。由于同行评审是整个项目的质量保证活动，对开发人员提出了质量要求，所以又引出了开发人员自测这个重要专题（在6.4节中论述）。

众所周知，在全世界庆祝50年计算史时，认为同行评审是50年来的重大成就之一。美国CMU/SEI前任所长（Paul D. Nielsen）曾经说过，CMU/SEI成立20多年来最重要的成果是强调了需求评审、设计评审和代码评审。1998年12月，Watts S. Humphrey提出了评价软件质量五边形准则，如图6-1所示，即软件质量可以用五边形的内积来度量。该五边形五个顶点的定义如下：

1）取详细设计阶段所花费的工作量与编码阶段所花费的工作量的比值。如详细设计阶段所花费的工作量≥编码阶段所花费的工作量，则取其值为1。

2）要求设计评审所花费的工作量≥设计阶段所花费的总工作量的1/3以上。如该比值≥1/3，取其值为1；如该比值<1/3，则取其值为该比值除以1/3。

3）编码评审所花费的工作量≥实现阶段所花费的总工作量的1/3以上。如该比值≥1/3，取其值为1；如该比值<1/3，则取其值为该比值除以1/3。

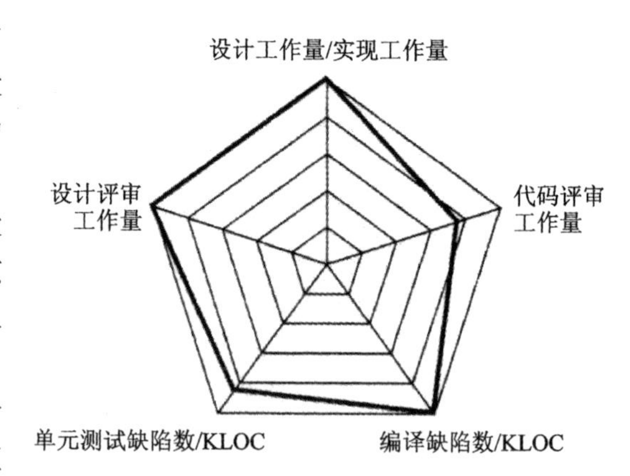

图6-1 软件质量的评价准则

4）编译时发现的缺陷<10缺陷/KLOC。如发现的缺陷<10缺陷/KLOC，取其值为1；如发现的缺陷≥10缺陷/KLOC，则取其值为10/该缺陷数。

5）单元测试时发现的缺陷<5缺陷/KLOC。如发现的缺陷<5缺陷/KLOC，取其值为1；如发现的缺陷≥5缺陷/KLOC，则取其值为5/该缺陷数。

由上分析可见，如果按照这个评价准则，设计同行评审的投入和质量以及代码同行评审的投入和质量，与软件质量有密切的关系。

6.2 代码评审和走查

早在1976年，IBM的Michael Fagan就阐述了代码评审的作用及重要性。但直到今天，很多人仍然认为软件测试的唯一方法就是在计算机上执行它。研读和检查程序代码的活动在实际项目中开展得还不是很普遍。在这里，要强调检查代码的重要性，希望能引起大家的

重视。

检查代码的主要方法有代码评审、代码走查、桌面检查等。这些方法在查找错误方面非常有效，通常能准确定位代码中的错误，从而降低修正错误的成本。应该在编码之后、测试执行之前使用这些方法，对新开发的程序和更改的程序进行代码检查。代码评审与走查都要求人们组成一个小组来检查特定的程序，参加者在会上的目标是找出错误，而不是找出改正错误的方法。换句话说，是测试，而不是调试。

代码评审和走查发现缺陷的有效性和效率非常高，根据 IBM 公司的统计，在 IBM Huston 项目（一个 200 万行代码的航天飞机软件）中，通过评审发现了 85% 的错误，通过测试发现了另外 15% 缺陷。在 IBM North Harbor 项目中，通过评审发现了 93% 的缺陷，生产力提高了 9%。

6.2.1　代码评审

代码审查（code inspections）通常是指在软件开发过程中，以 2～3 人组成的组为单位阅读代码，对源代码进行系统性检查以发现缺陷，对系统的关键结构或关键算法进行评审，或对关键问题进行诊断；也可组织规模较大的审查组，例如 4～6 人。代码审查需要检查程序的功能及处理逻辑是否正确，是否符合编码规范，程序中是否存在常见错误列表中的缺陷等。在审查过程中除了参照需求、设计文档等之外，还可以利用编码规范和常见错误列表等来提高代码评审的有效性和效率。下面介绍代码评审的过程和方法①。

1. 代码审查小组组成

一个代码审查小组由 4 人组成时，通常如表 6-1 所列。除了代码作者之外的 3 人都担任评审人员。

表 6-1　代码评审小组人员组成

编　号	角　色	人员技能要求	人　数	职　责
1	协调人（评审主持人）	经验丰富的程序员	1	1）为代码评审分发材料、安排进程 2）在代码评审中起主导作用 3）记录发现的所有错误 4）确保所有错误随后得到改正
2	代码作者	被评审程序的开发人员	1	讲解代码
3	开发人员	有一定经验的开发人员	1	参与评审
4	测试专家	有测试经验，熟悉需求	1	参与评审

2. 代码评审过程

1）**评审前**　在代码评审的前几天，协调人将需求文档、设计文档、源程序、编码规范、常见

① Ian Sommerville，软件工程（英文版 第 8 版）[M]. 北京：机械工业出版社，2006.

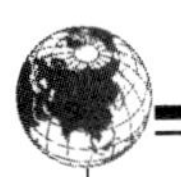

程序错误列表等发给其他评审成员。所有成员应在审查会之前充分阅读这些材料。

2）**评审中** 在评审过程中，首先由代码作者（程序编写人员）逐条语句讲述程序的逻辑结构。在讲述的过程中，小组的其他成员提问题，判断是否存在错误。代码作者在讲的过程中，也会自己发现很多错误。然后，由评审人员对照编码规范、常见错误列表等来分析程序。协调人负责确保评审会议的效率，每个评审人员都应将注意力集中于查找错误而不是修正错误。

3）**评审后** 会议结束之后，协调人将发现错误清单交给代码作者。如果发现的错误太多，或者某个错误会引起程序重大的改动，协调人应在错误修正后安排对程序进行再次检查。协调人还应安排评审人员对这份错误清单进行分析，归纳、提炼错误列表，加入常见程序错误列表中，以便提高以后代码评审的效率。

3. 代码评审注意事项

1）评审会前的准备很重要，评审人员要在会前阅读相关的文档和源程序代码。

2）评审地点尽量安排在安静的、外部干扰少的地方，与会者要关掉手机。

3）代码评审会议的理想时间应在 90～120 min 之间，相当于一场考试的时间，一般人可以保持注意力集中。

4）代码评审会不是茶话会，也不是批判会，评审人员要认真提意见，代码作者要虚心听，与会者对结果要保密。

5）记住，要赞扬他人。

6）确保参照良好的编码规范。

4. 与其他方法的区别

代码评审与走查的区别在于，代码评审主要是阅读代码，对其进行静态分析。而代码走查会让与会者集体充当“计算机”的角色，使用输入数据沿程序逻辑走一遍，随时记录程序轨迹和处理结果，供分析和讨论用。

5. 代码评审实践

下面介绍关于代码评审的策略和实践情况。

1）**评审程度** 进行一次整体的地毯式的代码评审成本很高，工作量大，需要其他人的参与多。因此在项目中主要是对重点模块和功能中的代码，或者新人开发的代码进行评审。

2）**测试人员参与** 测试人员也积极地参与代码评审活动。测试人员通常熟悉业务需求，在评审时可以检查功能是否按需求实现。测试人员可以根据代码的复杂程度、错误率等来制定后续动态测试时的策略，还可以从白盒测试的角度进行测试用例设计。当然，为了做好代码评审，测试人员需要提高阅读代码的能力。

3）**利用工具** 我们在持续集成系统中嵌入了各种代码检查工具，如代码样式检查工具 CheckStyle、静态分析工具 FindBugs 等，以自动检查代码是否符合编程规范，是否存在逻辑错误等，取得了较好的效果。

4）**实际效果** 我们在某项目中，重点对核心代码进行了全面的代码评审，有效地查找出了程序中 30%～50%的逻辑设计和编码错误。在实践过程中，我们体会到代码评审起到到下面的作用。

1）提早发现程序错误，并能确定具体位置，提高修改效率；

2）经常可以发现成批的错误，这样错误就可以一起得到修正；

3）程序员通常会得到编程风格、算法选择及编程技术等方面的反馈信息；

4）参与者可以通过接触其他程序员的错误和编程风格而同样受益匪浅；

5）发现程序中最易出错的地方，以便在后续测试中将更多注意力集中在此；

6）一个团队建立的开发规范和错误列表还可以被其他项目复用，以便共同提高效率。

6.2.2　代码走查

代码走查(walkthrough)与代码评审很相似，都是以小组为单位进行代码阅读，对源代码进行系统性检查以发现缺陷的过程。代码走查也会在过程中检查代码是否符合规范等。代码走查过程与代码检查大体相同，但是规程稍微有所不同，采用的错误检查技术也不一样。代码走查适合于算法比较复杂、状态较多的程序。

就像代码评审一样，代码走查也是采用持续一至两个小时的会议的形式。代码走查小组由 3 至 5 人组成，其中一个人扮演“协调人”，一个人担任秘书(负责记录错误)，还有一个人担任测试人员。其他人员包括：有经验的程序员、设计人员、新手、其他项目的人员等。

代码走查的准备过程也是一样的，参与者要先研读程序，然而走查会议的规程则不相同。不同于仅阅读程序或使用错误检查列表，代码走查的参与者“使用了计算机”。被指定为测试人员的那个人会带着一些书面的测试用例(程序中典型的输入集及预期的输出集)来参加会议。在会议期间，每个测试用例都在人们脑中进行推演。也就是说，把测试数据沿程序的逻辑结构走一遍。将程序的状态(如变量的值)记录下来以供检查。当然，这些测试用例必须结构简单、数量较少，因为人脑执行程序的速度比计算机慢得多。因此，这些测试用例本身并不起到关键的作用；相反，它们的作用是提供了启动代码走查和质疑程序员逻辑思路及其设想的手段。在大多数的代码走查中，很多缺陷是在向程序员提问的过程中发现的，而不是由测试用例本身直接发现的。

6.2.3　桌面检查

人工查找错误的第三种过程是古老的桌面检查方法。桌面检查(desk checking)可视为由单人进行的代码评审或代码走查：由一个人阅读程序，检查其正确性，并对照错误列表检查程序，使用测试数据跟踪程序。

对于大多数人而言，桌面检查的效率是比较低的。其中的一个原因是，它在执行过程中完全没有约束。另一个重要的原因是它违反了一个测试原则，就是人们一般不能有效地测试自己编写的程序。因此桌面检查最好由其他开发人员来完成(例如，两个程序员可以相互交换各自的程序，而不是桌面检查自己的程序)。即使这样，其效果仍然逊色于代码走查或代码评审。原因在于代码评审和代码走查小组中存在着互相促进的效果。小组会议培养了良性竞争的气氛，人们喜欢通过发现缺陷来展示自己的能力。但是，桌面检查胜过没有检查。

但是，有一些很有经验的软件开发人员，主张对自己编写的程序进行桌面检查，认为要真正检查出程序是否存在问题的前提，首先要比较透彻了解程序的业务逻辑。一般来说，程序编写者对自己所编程序的业务逻辑比较清楚，而他人要了解他所编写的程序的业务逻辑，总需要花费一定的时间。因此，对自己编写的程序进行桌面检查往往效果较好，效率较高。

这些专家甚至还强调每一个编程人员要加强自我训练，使自己所编写的程序的编译前效益达到70%以上。此处编译前效益是指在编译前发现的差错占总缺陷数的比例。他们认为，要使自己编写的程序通过单元测试，首先要在编写程序时非常精心，并对自己所编写的程序好好检查。这种主张与“非自我程序设计”的理念并不矛盾，就像重大工程项目所提倡的“精心设计、精心施工”与“客观监理、严格把关”并不矛盾一样。

6.3 需求评审和设计评审

与代码评审不一样，需求评审和设计评审的评审对象主要是文档，如需求规格说明书、概要设计说明书、详细设计说明书等。由于需求评审和设计评审的过程和方法类似。下面合并介绍，统称为同行评审。

6.3.1 同行评审小组组成

需求评审和设计评审小组的人数，通常比代码评审小组的人数要多，通常由4到7人组成，对参与评审小组人员的角色和职责如表6-2所列。

表6-2 同行评审小组人员组成

编 号	角 色	人员技能要求	人 数	职 责
1	评审组织者	具有技术技能	1	负责引导一次高效的同行评审；保证同行评审符合过程 确认评审专家；确认进入与完成准则； 验证缺陷的修改
2	记录员	对评审对象相关的术语等有了解	1	记录评审会议中发现的所有缺陷，和评审组织者一起确定缺陷
3	作者		1	及时提交正确的工作产品 根据评审发现，修改工作产品
4	评审专家	受过评审过程培训	4～5	检查评审对象，发现缺陷

6.3.2 同行评审过程

1）评审前，由评审组织者检查文档是否达到评审的条件，问题太多的文档会浪费大家的

时间。制订评审计划非常重要，评审组织者要确定评审专家，准备检查表，为评审专家分配角色，确定准备时间与会议时间。

2）介绍会议是可选的。在介绍会议上，评审组织者介绍评审会议的日程安排，评审专家角色的分配，评审要达到的目的，评审对象内容的介绍，并期望大家在评审会前，对分配给自己负责评审的材料，对照检查表进行认真准备。

3）正式评审会议之前的准备工作非常重要。评审专家们要充分阅读评审对象，对照评审检查表，发现缺陷并填写缺陷纪录表。这一步最重要！如果评审专家在会前没有做好认真准备，只带着两个耳朵去开会，显然会使评审会的效率会大打折扣。如前所述，评审准备时间（指评审准备工作量）应该大于或等于评审会时间（也是指评审会议花费的工作量），这是检查同行评审质量的一个度量指示器。

4）同行评审会议既是确认评审会前发现的缺陷是否有效的过程，又是在同行启发下进一步发现缺陷的过程。在评审会议上，评审组织者负责确保评审会议的有序进行。可以按照评审对象的自然顺序，也可按照评审专家的顺序，首先由所有的评审专家提交自己发现的缺陷，作者可以对每个缺陷做出简短的回答，会议的主要目的是记录缺陷、确认缺陷、合并重复提出的缺陷。然后，作者解释软件工作产品内容，评审专家提问，作者解释，由评审专家商定是否是缺陷。在评审和沟通的过程中，可能会发现新的缺陷。记录员负责做好记录。

5）如前所述，评审准备期间发现的有效缺陷数等于各个评审专家评审准备期间发现的缺陷数之和，减去评审会上评审专家没有确认的缺陷数以及发现的重复缺陷数之和。评审会议上发现的缺陷数是指评审会议上新发现的缺陷数。根据不少项目进行需求同行评审和设计同行评审的成功经验，评审准备期间发现的有效缺陷数与评审会议上发现的缺陷数之比应该大于 2，这是检查同行评审质量的又一个度量指示器。

6）作者按照评审会议缺陷清单修改缺陷，更新清单上缺陷的状态。评审组织者或者其他评审人员负责检查缺陷修改情况。评审会后，还要分析缺陷数据，列出导致缺陷的原因，针对这些原因为项目组提出改进措施。最后，评审组织者检查同行评审的各个方面，确保同行评审所有的内容已经完成，最后编写评审报告。

6.3.3　评审注意事项

1）要召开有准备的同行评审会。要尽量避免开这样的同行评审会，即由作者讲 1 个半小时左右，再由专家提问半个小时左右。专家在会前没有任何准备，只通过作者当场的介绍来提问题，这样的评审会效率不高。

2）同行评审会应该是发现和确认缺陷的会议。同行评审会既不是方案讨论会，也就是说要把重点放在解决方案是否正确，而不是是否最佳；同行评审会也不是研究如何解决所发现的缺陷，这个问题应该在会下讨论。

3）要做好评审计划。在项目早期制订整个项目的评审计划，列出一共要开几次评审会，什么时候召开，哪些人参加，解决什么问题。再针对每一次评审会制订详细的评审计划。

4）每次评审会议一般不要超过2小时。要使评审会效率高，要求参加人员高度集中注意力，评审会议持续时间过长，很难做到集中精力。如果评审对象太大，可以分为比较小的部分进行几次评审。否则，精力不易集中，影响评审效率。

5）评审专家要有互补性。评审参与人员应该新老搭配，应该包含需求、设计、开发、测试等不同角色，其经验也应该有长有短。这样评审专家的知识和经验可以取长补短、互通有无，可以从不同角度发现缺陷。

6）使用评审检查表。评审检查表应包括跟评审类型相关的大多数常见问题，方便评审专家对照检查以发现缺陷。检查表应该在使用的过程中不断更新，并按照各个检查项所发现的缺陷数的逆序排序，以提高评审效率。

6.3.4 同行评审实践

跟软件测试相比，同行评审有很多优点。同行评审不仅成本低，而且发现缺陷的效率高，同行评审可以定位缺陷发生的原因，而测试首先关注于现象。但是人们往往愿意在测试中花费三周的时间，而不愿意在同行评审中花费三天的时间，要努力纠正这种做法。

我们提倡测试人员积极参与需求评审和设计评审活动，从测试和业务的角度发现需求和设计等的缺陷，评价软件的可测性。同时，测试人员参加评审有利于熟悉需求和设计，为以后的测试需求分析、测试风险分析、测试方案和测试用例设计等做准备。

另外，对测试人员提交的测试用例等产出物也要进行同行评审，在此评审中，测试人员是作者。显然，需求同行评审与设计同行评审对业务逻辑和程序结构有不同的要求。需求同行评审对业务逻辑有较高的要求。例如从业务流程来看，除了要审查所审查的需求规格说明书是否满足客户需求之外，还要分析现行的业务逻辑是否有孤点、不可达节点、活锁（死循环）或死锁（互相等待资源而不可得）等异常现象。

而设计同行评审除了要审查所审查的设计规格说明书是否满足需求规格说明之外，还要分析所设计的程序结构的形态，例如程序的扇入扇出数、调用宽度、调用深度、耦合度、内聚度等。

在基于迭代的开发和测试过程中，每一次迭代都包含需求评审和设计评审，要灵活运用不同的评审方式，如对重要产出物进行正规审查，而对一般产出物进行评审或走查等。不论使用何种评审方式，都要重视缺陷的及时反馈和修正。

在迭代过程中，某一次迭代中的同行评审和最终测试结果为下一次迭代积累了经验和教训。例如，在评审本期需求时，可以参考上一期测试时发现的需求缺陷。要将通过同行评审发现的缺陷和通过测试发现的缺陷进行对照分析，以发现规律，给下一次迭代做评审和测试时参考。

6.4 开发人员自测

除了同行评审，我们认为开发人员的自测也是十分重要的。如果每个开发人员都重视检查及测试自己的代码，那么许多缺陷就能尽早发现并修复，可以降低开发成本，提高开发效率。

开发人员在编码前应考虑清楚几件事情，首先对业务场景一定要清楚，有哪些场景会调用将要编写的这段代码；其次对哪些业务场景没有把握，后面自测时要作为重点；最后需要从代码上考虑各种分支、异常情况。

开发人员自测分为三步。首先，在程序初步编完后，开发人员自己先要进行联调和自测，要保证自己的代码正确实现要求的功能，并符合设计。如前所说。如果开发人员对自己编写的程序进行了严格的桌面检查，以致使自己所编写的程序的编译前效益能够达到 70%以上，则开发人员在开发环境中运行正常流程和需要重点自测的场景进行自测时(这一步相当于单元测试)就会相当顺利。

然后，开发人员将自己的代码与其他开发人员的相关程序，按照原先规定的集成策略和集成顺序进行联调、测试，并测试接口等的正确性。这些工作要在开发集成测试环境中进行。这项工作有时很难做，很容易出错，因为需要将不同员工开发的代码合并起来，有时需要建立新版本或分支版本，所以要仔细做好。这一步相当于集成测试。

最后，开发组或整个项目进行联调和自测，测试子系统、系统的集成是否正确。也要在开发集成测试环境中进行测试。开发集成测试环境要与测试环境保持一致，尽量模拟真实上线的环境。这一步相当于更大规模的集成测试。

开发人员往往会因为开发任务重、时间紧而不愿意做自测。项目组需要制定相关的制度来要求自测，并进行相关的检查。测试经理要根据冒烟测试通过率、测试缺陷情况等，分析每个开发人员的自测情况，提醒自测不充分的开发人员务必要加强自测工作。

根据我们近三年以来在 30 多个项目(项目规模平均在 20 人左右，项目骨干人员相对稳定)中的统计，代码评审、开发人员自测(单元测试和集成测试)和软件测试(即系统测试)发现缺陷的效率呈递减的趋势，如表 6-3 所列。这就是我们重视代码评审和开发人员自测的原因。

表 6-3　评审、自测和测试效率比较表

测试类型	发现缺陷情况
代码评审	每小时发现 6～10 个缺陷 有经验的评审能在编译和测试之前发现 70%或更多的缺陷
单元测试	每小时一般 2～4 个缺陷
集成测试	每小时一般 0.6～1 个缺陷，能够发现多到 50%的缺陷
系统测试	每小时一般 0.3～0.6 个缺陷

"软件质量是做出来的，不是测出来的"。一个软件的产出要经过多个人、多个阶段和环节，只有每个人每个环节的工作做好了，才能保证最终产品的质量。因此，软件质量的保证和提高，不仅仅需要测试人员的细致工作，更需要开发人员的自测，还需要其他人员的通力合作。总之，软件产品质量保证是一个体系的问题，涉及个人质量意识、团队协作、项目管理、组织级制度等多个方面①。

6.5 从CMM到PSP/TSP

Watts S. Humphrey 在美国 Carnegie Mellon 大学软件工程研究所(CMU/SEI)辛勤耕耘了 20 多年，有许多建树，硕果累累。在软件过程改进方面，创造性地提出了三个著名的软件过程改进框架，即能力成熟度模型 CMM(Capability Maturity Model)、个体软件工程 PSP(Personal Software Process)和团队软件工程 TSP(Team Software Process)。这三个框架是分别对应组织级、个人级和团队级的过程改进框架。要使过程改进工作做好(测试工作也不例外)，许多实践已经证明，如果科学地遵循这三个框架，就能事半功倍地完成任务。虽然目前 CMU/SEI 正在推行能力成熟度模型集成 CMMI(Capability Maturity Model Integration)的 1.3 版本，但在四年前就已经建立了专门的团队来研究如何应用 PSP/TSP 来加速实现 CMMI 的各项要求，称之为 AIM 模型(Accelerated Improvement Method)。

开发人员自测属于个体软件过程 PSP 的范畴，也或多或少涉及到一些团队软件过程 TSP 的问题。整个软件测试则属于 PSP、TSP、CMMI 的综合范畴。这里不准备用更长的篇幅来详细论述 PSP/TSP/CMMI 及其如何应用，仅仅为了进一步认识这一问题，概略地看看这三个框架之间的关系，如图 6-2 所示。从此图可以看出 PSP 包含在 TSP 之中，意味着 PSP 是做好 TSP 的基础；TSP 又包含在 CMMI 之中，意味着 PSP 和 TSP 两者都是做好 CMMI 的基础。

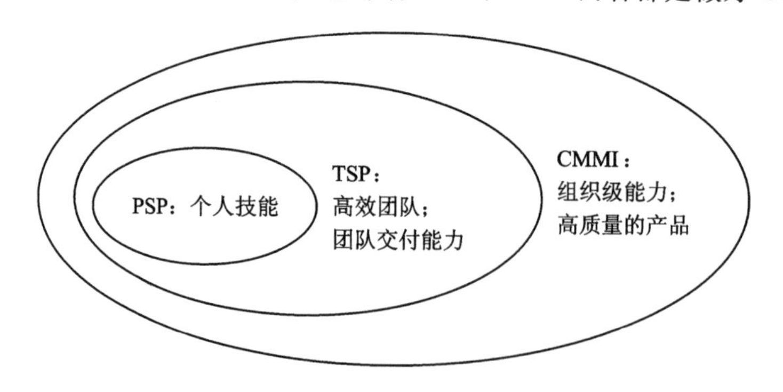

图 6-2 PSP,TSP 和 CMMI 的关系

PSP 个体软件过程是 Watts 在总结 CMM 实践的基础上于 1994 年提出来的，是一种可用于控制、管理和改进个人工作方式的自我持续改进过程。PSP 注重于个人的技能，能够指导软件工程师如何保证自己的工作质量，估计和规划自身的工作，度量和追踪个人的表现，管理

① 有兴趣的读者，可以参阅 Watts S. Humphrey：Managing the Software Process. Addison-Wesley Publishing Company, 1989.

自身的软件过程和产品质量。所以 PSP 可以指导开发人员自测，提高个人所编写的代码质量。有兴趣的读者可以参阅 Watts 的《软件工程规范》一书①。

TSP 团队软件过程是 Watts 在总结 CMM 和 PSP 实践的基础上于 2000 年提出来的，对团队软件过程的定义、度量和改进提出了一整套原则、策略和方法。TSP 以 PSP 为基础和先决条件，注重团队的高效工作和产品交付能力。在测试领域，TSP 可以指导同行评审、开发集成测试等活动，对提高个人和项目组所编写的代码质量很有帮助。有兴趣的读者可以参阅 Watts 的《团队软件过程引论》一书②。

CMMI 即能力成熟度模型集成，是在 CMM 的基础上逐步进化而成的，CMU/SEI 目前正在推行 CMMI 的 1.3 版本。适用于全公司以致整个集团范围内进行的过程定义、度量和改进。CMMI 注重于组织能力和高质量的产品，它提供了评价组织的能力、识别优先改善需求和追踪改善进展的管理方式。CMMI 能对产出高质量的产品提供支撑。有兴趣的读者可以参阅 Mary，Mike 和 Sandy 的《CMMI for Development》一书③。

如上所述，PSP，TSP 和 CMMI 为软件产业提供了一个集成化的、三维的软件过程改进框架。三者互相配合，各有侧重。如果一个组织正在按照 CMMI 改进过程，则 PSP 和 TSP 不仅与 CMMI 模型完全相容，而且是加速实现 CMMI 模型的催化剂。如果一个组织还没有按照 CMMI 模型改进过程，则进行有关 PSP 和 TSP 的训练，可以为未来的 CMMI 模型的实践奠定良好的基础。

通过以上分析，看出个人技能、团队能力、组织级能力三者的关系和对于提升软件质量的影响。一个人的能力强且负责任，完成的产品质量才会好，人人都如此，团队才能开发出高质量的软件，再加上组织级完善的软件开发过程控制，整个组织开发的软件产品就能达到好的质量。这就是强调同行评审，强调开发人员自测的原因。

6.6 同行评审度量

同行评审在软件工程领域占有重要地位，务必予以重视。本节将根据业界的实践经验，描述了在度量模型中要统一规定同行评审的度量要求和度量元。在进行同行评审时，这些度量要求和度量元可以用以检查同行评审的质量，供读者参考使用。

1）首先要规定参与同行评审的成员必须是合格的同行，以提高评审效率。有的公司设有专门负责同行评审的岗位，一般由经验丰富的资深人员担任。由合格的同行参与评审，是做好同行评审的前提。

2）第二要规定评审工作量要到位，根据业界实践的经验：

① Watts S. Humphrey. The Discipline for Software Engineering. Addison-Wesley Publishing Company, 1994.

② Watts S. Humphrey. Introduction to Team Software Process. Addison-Wesley Publishing Company, 2000.

③ Mary B. Chrissis, Mike Konrad, Sandy Shrum. CMMI for Development. Third Edition. Addison-Wesley Publishing Company, 2011.

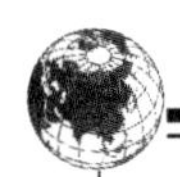

① 要规定设计评审工作量与设计阶段总工作量之比≥1个值。根据我国当前的实际情况，我们建议设置该值为15%～30%。

② 要规定代码评审工作量与实现阶段总工作量之比≥1个值。根据我国当前的实际情况，我们建议设置该值也为15%～30%。

3）第三，要认真度量同行评审的实施情况，从中找出规律，作为指导同行评审的准则。根据业界经验，如下的1∶2∶3规则很有指导意义：

① 要分别度量评审准备工作量和评审会工作量，并规定评审准备工作量与评审会工作量之比≥1。

② 如前所述，要分别度量评审会前发现的有效缺陷数和评审会发现的缺陷数，并规定评审会前发现的有效缺陷数与评审会发现的缺陷数之比≥2。

③ 根据业界很多公司的实践经验，要度量评审效率，并规定评审效率与测试效率之比≥3，此处评审效率是指单位时间内发现的缺陷数，测试效率也是指单位时间内发现的缺陷数。

4）要度量评审覆盖率，例如要规定需求文档的评审覆盖率＝100%，设计文档的评审覆盖率＝100%；还要规定，如果有单元测试，代码评审覆盖率≈1/3（应包含关键结构和关键功能；如果没有单元测试，代码评审覆盖率应＝100%。

5）认真做好总结，对同行评审参与者的情况，同行评审投入的工作量是否到位，同行评审活动是否符合1∶2∶3规则，以及同行评审覆盖率是否满足要求等进行归纳，并寻找这些参数与同行评审质量的关系，从中找出规律，以指导今后的实践。

6.7 小　结

软件测试一般被理解为动态测试，即通过运行程序来发现缺陷，但测试还应该包括静态测试。所谓静态测试是指不通过执行程序来发现缺陷，主要采用同行评审的手段，如需求评审、设计评审、代码评审等。静态测试很重要，主要原因在于：1）静态测试一般在动态测试之前进行，通过静态测试可以尽早地发现缺陷；2）动态测试花费的代价（人力、工作量等）很大，一般需要专职测试人员多遍运行程序。所以好的软件组织不仅要认真进行动态测试，还要重视以同行评审为核心的静态测试，特别要重视需求同行评审和设计同行评审。

为此，6.1节先对同行评审进行概述；接着在6.2节详细讨论了各种代码评审、代码走查和桌面检查；6.3节讨论了需求评审和设计评审；6.4节讨论开发人员自测；6.5节概要说明PSP，TSP和CMMI的关系，说明实施CMMI和TSP，PSP相结合的软件过程改进框架，可以帮助组织和技术人员改进这些环节的工作质量；6.6节确立了同行评审的度量原则和精确的度量方法。

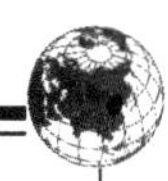

第 7 章 测试用例设计方法

测试用例(test case)的设计是软件测试工作的重点和难点，是软件开发人员和软件测试人员的共同职责。现在业界仍然有相当数量的开发人员认为，测试及测试用例的设计只是测试人员的工作，其实这种观点是错误的。首先软件开发团队应该要求开发人员自己进行单元测试，并要求保证一定的测试覆盖率，软件代码只有通过单元测试后才能提交配置库。单元测试就是白盒测试中的一种。因此学习和掌握测试用例的设计方法，不但对测试人员很重要，对开发人员也很有必要。

测试用例通常是指对一项特定的软件产品进行测试任务的描述或编码，体现测试方案、方法、技术和策略。内容包括测试目标、测试环境、输入数据、测试步骤、预期结果等，并形成文档或程序代码。

简单地说，测试用例就是设计一个场景，使软件程序在这种场景下，必须能够正常运行，并且达到程序所设计的执行结果。因此测试用例是执行的最小实体，是为特定的目的而设计的一组测试输入、执行条件和预期的结果。

由于软件测试方法分白盒测试和黑盒测试，因此测试用例的设计也分成白盒测试用例设计和黑盒测试用例设计两种。本章采用实际案例解析的方式讨论了白盒测试用例设计和黑盒测试用例设计中的几种常用方法，希望读者能理解、掌握常用的测试用例设计方法，并应用到实践中去。7.3 节还列出了一些测试用例设计方法选择的策略供读者参考。

7.1 白盒测试用例设计

7.1.1 逻辑覆盖测试

理想的白盒测试方式是覆盖程序中的每一条路径。但是由于程序中含有逻辑分支及循环，要确保执行每一条路径通常是不切实际的。为了平衡测试的覆盖程度及测试成本，人们在测试实践中逐渐积累了一些逻辑覆盖测试的准则。目前常用的覆盖准则有：

1) 语句覆盖；
2) 分支覆盖；
3) 条件覆盖；
4) 分支/条件覆盖；

5）条件组合覆盖；

6）路径覆盖。

案例 7-1 某机构对销售人员奖励办法规定：机构的正式销售人员按当月销售额的1%提取奖金，非正式销售人员没有奖金。如果销售人员当月销售额低于10 000元或接洽客户数少于5个，则对该销售人员罚款50元。

为该机构开发一个计算奖金及罚款合计金额的程序，其java实现代码如下。

参数变量a：某销售人员当月销售额；

参数变量b：0代表非正式销售人员，1代表正式销售人员；

参数变量c：接洽客户数；

```
1.  public double money(double a, int b, double c)
2.  {
3.      double p = 0;
4.     if ( a>0 && b==1 )
5.       {
6.              p = a * 0.01;
7.         }
8.      if ( a<10000 || c<5 )
9.         {
10.            p = p - 50;
11.        }
12.      return p;
13. }
```

1. 语句覆盖

语句覆盖就是编写测试用例，使被测程序中每一条可执行语句至少被执行一次。

对案例7-1的被测代码稍作分析就不难发现，只要设计一个测试用例：正式销售人员，当月销售额10000元，当月接洽客户数1个［a=10000，b=1，c=1］，即可使程序执行时遍历所有代码行。从程序执行过程来看，语句覆盖方法似乎能够比较全面地检验每一个可执行语句。但如果在程序中第4行代码“if (a>0 && b=1)”误写成“if (a>0 || b=1)”，或第8行代码“if (a<10000 || c<5)”误写成“if (a<10000 || c<3)”，用上述的测试用例仍可覆盖所有可执行语句，而且能得出所谓的“正确答案”。这说明虽然做到了语句覆盖，但很可能发现不了程序逻辑中出现的错误。因此这种覆盖实际是一个最弱的覆盖标准。

2. 分支覆盖

分支覆盖首先肯定是做到了语句覆盖，并使程序中的每个分支都至少执行一次。一般方法是写出的测试用例保证被测程序中的每个条件判断至少出现一次“是”和一次“否”。

现将案例7-1的被测程序逻辑用流程图例的方式表示，如图7-1所示。

从图 7-1 中可以很明显看出程序通过覆盖分支路径 ACEF 和 ABDF 即可实现分支覆盖，当然也可以通过覆盖分支路径 ACDF 和 ABEF 实现分支覆盖。之前语句覆盖中做的测试用例：正式销售人员，当月销售额 10000 元，当月接洽客户数 1 个 [a=10000，b=1，c=1]，只能覆盖 ACEF 的路径分支。为在语句覆盖的基础上达到分支覆盖标准，要使程序流程能经过全部分支路径，为此只须增加一个测试用例：非正式销售人员，销售额 20 000 元，当月接洽客户数 6 个 [a=20 000，b=0，c=6]，覆盖 ABDF 路径。

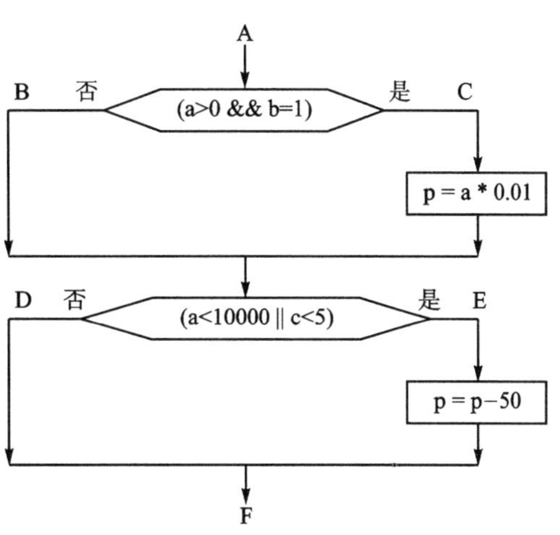

图 7-1　案例 7-1 流程图

分支覆盖显然要比语句覆盖测试更加充分，因为它使得每一个分支都执行到了，从而使每个语句都执行了。但分支覆盖仍然存在很大的不足，例如程序中将第二个判断“(a＜10 000 || c＜5)”误写成“(a＜10 000 || c=5)”，用上述的测试用例仍能得到所谓正确的结果。

3. 条件覆盖

条件覆盖是指编写若干个测试用例，确保被测程序中每个判断中每个条件的所有可能情况均至少执行一次。

案例 7-1 的被测程序中共有 4 个判断条件：a＞0、b=1、a＜10 000、c＜5。

为达到条件覆盖标准，需要有足够的测试用例以形成：在第一个判断语句处实现 a＞0、a≤0、b=1、b≠1 的 4 种情况；在第二个判断语句处实现 a＜10 000、a≥10 000、c＜5、c≥5 的 4 种情况。但实际上只须设计 2 个测试用例就可以满足这一标准：

1) 正式销售人员，当月销售额 0 元，当月接洽客户数 6 个 [a=0，b=1，c=6]，覆盖 ABEF 路径；

2) 非正式销售人员，销售额 20 000 元，当月接洽客户数 1 个 [a=20 000，b=0，c=1]，覆盖 ABEF 路径。

按条件覆盖准则设计出的测试用例满足条件覆盖标准，却不满足分支覆盖。显然条件覆盖准则设计出的测试用例无法全面地测试被测程序的所有路径。

由于分支覆盖和条件覆盖都存在一定的覆盖缺陷，为此人们提出新的解决方法，即将分支覆盖和条件覆盖结合形成分支/条件覆盖。

4. 分支/条件覆盖

分支/条件覆盖就是设计出足够的测试用例，使每个判断条件的所有可能结果至少出现一次，同时使所有分支至少执行一次。

案例 7－1 的被测程序中总共有 a＞0、a≤0、b＝1、b≠1、a＜10 000、a≥10 000、c＜5、c≥5 的 8 种条件出现。

可以设计 2 个测试用例满足分支/条件覆盖准则。

1）正式销售人员，当月销售额 20 000 元，当月接洽客户数 6 个［a＝20 000，b＝1，c＝6］，覆盖 ACDF 路径；

2）非正式销售人员，当月销售额 0 元，当月接洽客户数 1 个［a＝0，b＝0，c＝1］，覆盖 ABEF 路径。

分支/条件覆盖原则好像将所有条件及结果都考虑到了；但由于条件表达式中存在多个条件"与"、"或"的关系，很可能将一些条件屏蔽。例如程序中将第二个判断的"(a＜10 000 || c＜5)"误写成"(a＜10 000 || c＜6)"，由于 a＜10000 为真时程序不会再考虑 c 值的判断结果，因此有些逻辑表达式的错误很可能无法测出。为了解决此问题人们又设计出了条件组合覆盖。

5. 条件组合覆盖

条件组合覆盖就是设计一定数量的测试用例，使得每个判断的所有可能的条件取值组合至少执行一次。

对于案例 7－1 按照条件组合覆盖标准，必须使测试情况覆盖 8 种组合结果：

① a＞0，b＝1；
② a＞0，b≠1；
③ a≤0，b＝1；
④ a≤0，b≠1；
⑤ a＜10000，c＜5；
⑥ a＜10000，c≥5；
⑦ a≥10000，c＜5；
⑧ a≥10000，c≥5。

其中测试情况①、②、③、④是第一个条件语句的条件组合，⑤、⑥、⑦、⑧是第二个条件语句的条件组合。

要覆盖这 8 种条件组合，并不一定需要设计 8 个测试用例，可以设计 6 个测试用例就可以满足要求。下面就是测试用例的输入及其覆盖路径及条件：

1）正式销售人员，当月销售额 1 000 元，当月接洽客户数 1 个［a＝1 000，b＝1，c＝1］，覆盖 ACEF 路径，满足①和⑤条件；

2）非正式销售人员，当月销售额 1 000 元，当月接洽客户数 6 个［a＝1 000，b＝0，c＝6］，覆盖 ABEF 路径，满足②和⑥条件。

3）正式销售人员，当月销售额 0 元，当月接洽客户数 1 个［a＝0，b＝1，c＝1］，覆盖 ABEF 路径，满足③条件；

4）非正式销售人员，当月销售额0元，当月接洽客户数0个［a=0，b=0，c=0］，覆盖ABEF路径，满足④条件；

5）正式销售人员，当月销售额20 000元，当月接洽客户数1个［a=20 000，b=1，c=1］，覆盖ACEF路径，满足⑦条件；

6）非正式销售人员，当月销售额20 000元，当月接洽客户数6个［a=20 000，b=0，c=6］，覆盖ABDF路径，满足⑧条件。

上述测试用例覆盖了所有条件的可能取值的组合，覆盖了所有判断的可取分支，同时满足了分支覆盖准则和条件覆盖准则。在实际的逻辑覆盖测试中，一般以条件组合覆盖为主设计测试用例；然后再考虑通过路径覆盖准则补充部分用例，以达到路径覆盖测试标准。

6. 路径覆盖

路径覆盖就是设计足够多的测试用例确保覆盖程序中所有可能的路径。路径覆盖是最理想化的覆盖准则；但如果被测路径数目很大，要做到完全路径覆盖就需要大量的测试用例。所以目前用得比较多的是基本路径覆盖法。

基本路径覆盖法是在程序控制流图的基础上，通过分析控制构造的环路复杂性，导出基本可执行路径集合，从而设计测试用例的方法。设计出的测试用例要保证在测试中程序的每个可执行语句至少执行一次。

基本路径覆盖法设计测试用例一般包括以下4个步骤。

（1）画控制流图

在流图中，每一个圆，称为流图的节点，代表一个或多个语句。流图中的带箭头连线，称为边或连接，代表控制流，类似于流程图中的箭头。一条边必须终止于一个节点，即使该节点并不代表任何语句（例如：if-else-then结构）。由边和节点限定的范围称为区域。计算区域时应包括图外部的范围。控制流图的各种图形符号如图7－2所示。

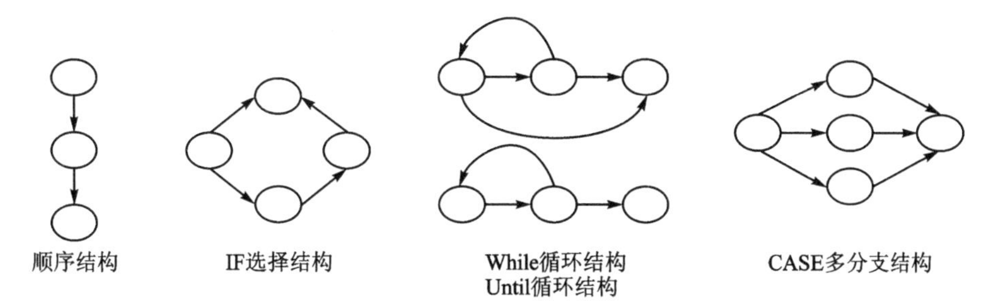

图7－2　控制流图的各种图形符号

如果判定中的条件表达式是复合条件，即条件表达式是由一个或多个逻辑运算符（OR，AND，NOT）连接的逻辑表达式，则需要改复合条件的判定为一系列只有单个条件的嵌套的判定。逻辑或表达式控制流图如图7－3所示。

画出代码对应的控制流图，如图7－4所示。图7－5显示了案例7－1控制流图中的区域划分。

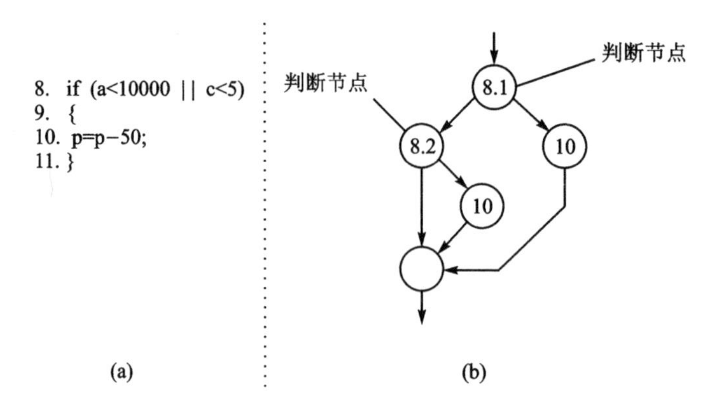

图 7-3 逻辑或表达式控制流图

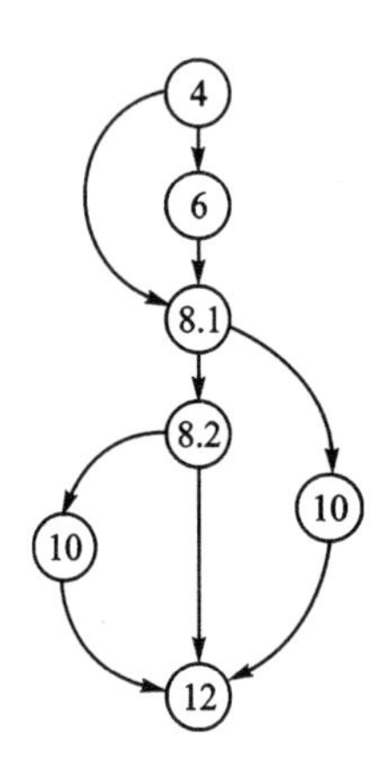

图 7-4 案例 7-1 控制流图

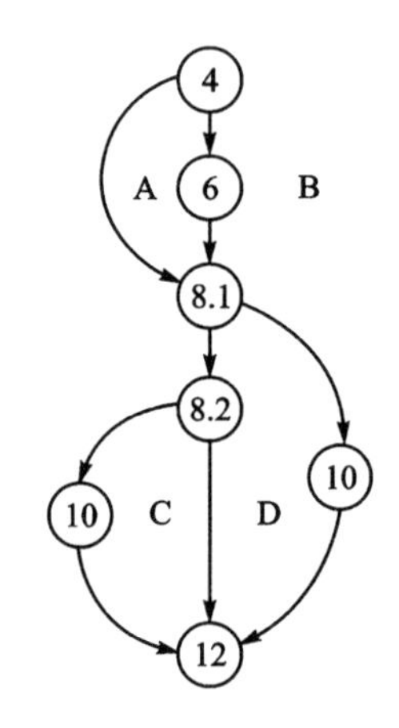

图 7-5 案例 7-1 控制流图区域划分

(2) 计算圈复杂度

圈复杂度是一种为程序逻辑复杂性提供定量测度的软件度量。该度量用于计算程序的基本的独立路径数目，为确保所有语句至少执行一次的测试数量值。

一般有以下三种方法计算圈复杂度：

1) 以流图中区域的数量确定于圈复杂度。流图中所有封闭区域数加一个外部区域即为圈复杂度。从图 7-5 中可以看出上面例子中流图里有 4 个区域（A，B，C，D），圈复杂度即为 4。

2) 流图 G 的圈复杂度 V(G)，定义为 V(G)＝E－N＋2，E 是流图中边的数量，N 是流图中节点的数量。图 7-5 控制流图中有 9 条边，7 个节点，由此计算出 V(G)＝ 9－ 7 ＋ 2 ＝ 4。

3) 流图 G 的圈复杂度 V(G)，定义为 V(G)＝P＋1，P 是流图 G 中分支节点的数量。图 7-5控制流图中 4，8.1，8.2 为分支节点，由此计算出 V(G)＝ 3 ＋ 1 ＝ 4。

(3) 设计测试路径

通过计算圈复杂度可以得出该代码最多有 4 条独立路径，如：

路径 1　4→8.1→8.2→12

路径 2　4→8.1→8.2→10→12

路径 3　4→6→8.1→8.2→12

路径 4　4→6→8.1→10→12

满足基本路径覆盖法的独立路径的集合不是唯一的，但任何一个路径集合中的独立路径数都不会大于圈复杂度。

(4) 编写测试用例

根据上面分析出的独立路径，可以设计出合适的测试用例数据，确保每条独立路径都被执行。

路径 1：非正式销售人员，当月销售额 20 000 元，当月接洽客户数 6 个 [a=20 000, b=0, c=6]。

路径 2：非正式销售人员，当月销售额 0 元，当月接洽客户数 0 个 [a=0, b=0, c=0]。

路径 3：正式销售人员，当月销售额 20 000 元，当月接洽客户数 6 个 [a=20 000, b=1, c=6]。

路径 4：正式销售人员，当月销售额 1 000 元，当月接洽客户数 1 个 [a=1 000, b=1, c=1]。

7.2　黑盒测试用例设计

黑盒测试注重于测试软件的功能性需求。通常黑盒测试发现以下类型的错误：功能不正确或遗漏、接口错误、性能错误等等。黑盒测试用例设计方法通常分为等价类划分、边界值分析、因果图等。下面分别介绍。

7.2.1　等价类划分

等价类划分的基本思想是将程序的输入条件划分为一定数量的等价类。这样就可以合理地假设测试的每个等价类的代表性数据等同于测试该程序的其他数据。也就是说，如果某个等价类中的一个输入数据作为测试用例查出了错误，那么使用这一等价类中的其他用例进行测试也会查出同样的错误；反之，若使用某个等价类中的一个输入数据作为测试用例未查出错误，则使用这一等价类中的其他输入数据进行测试也同样查不出错误。这样就可以用少量有代表性的测试用例来代替大量内容相似的测试用例，以提高测试的效率，并取得良好的测试效果。

使用等价划分法设计测试用例分两个步骤：划分等价类和编写测试用例。

1. 划分等价类

通常把等价类划分为两类：

1）**有效等价类**　是指对程序来说合法的输入数据。它可以检验是否实现了程序预先规定的功能和性能。

2）**无效等价类**　是指对程序来说非法的输入数据。它可以检验程序中的功能和性能是否不符合程序要求。

确定等价类有以下几条原则：

1）如果一个输入条件规定了输入值的范围，则可确定一个有效等价类和两个无效等价类。例如，在程序的规格说明中，对某一个输入条件规定：X 值的范围是 2 000～2 010，则可以确定有效等价类为“2 000≤X≤2 010”，无效等价类为“X＜2000”及“X＞2010”。

2）如果一个输入条件规定了取值的个数，则可确定一个有效等价类和两个无效等价类。例如，在程序的规格说明中，规定每个旅游团人数不超过 30 人，则可以确定有效等价类为“1≤旅游团人数≤30”，无效等价类为“旅游团人数＝0”及“旅游团人数＞30”。

3）如果一个输入条件规定了值的集合，而且程序对每个输入数据都分别进行处理，则可以为每个输入值确定一个有效等价类及一个无效等价类。

4）如果一个输入条件规定了“是”或“否”的条件，则可以确定一个有效等价类及一个无效等价类。例如，输入条件规定“是数字类型”，则可以确定“数字类型”为有效等价类，“非数字类型”为无效等价类。

5）如果某一个已划分的等价类中各元素在程序中处理方式不同，则应将此等价类划分成更小的等价类。

等价类划分好后，可按下面的形式列出等价类表，如表 7－1 所列。

表 7－1　一种列表形式

输入条件	有效等价类	无效等价类

2. 编写测试用例

编写测试用例的步骤：

1）给每个等价类规定一个唯一的编号。

2）设计新的测试用例，使它覆盖尽可能多的尚未被覆盖的有效等价类，直到所有有效等价类都被覆盖为止。

3）设计新的测试用例，使它覆盖一个，且仅一个未被覆盖的无效等价类，直到所有无效等价类都被覆盖为止。

注意：单个测试用例只能覆盖一个无效等价类，这是因为程序中的某些错误检测往往会屏蔽其他的错误检查。

3. 等价类划分法实例

案例 7－2　学校图书馆论文检索系统目前只能提供 2000 年至 2010 年间发表的所有论文检索服务。论文检索系统具有自动检测输入年份的功能。若输入年份不在此范围内，无需查

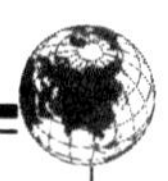

询直接提示年份不符的信息。如何用等价类划分法为该程序设计测试用例?

(1) 利用等价类表划分有效等价类和无效等价类,如表7-2所列。

表7-2 利用等价类划分

输入条件	有效等价类	无效等价类
年份	① 4位数字字符	③ 有非数字字符 ④ 少于4位数字字符 ⑤ 多于4位数字字符
年份数值/年	② 在2000~2010之间	⑥ <2000 ⑦ >2 010

(2) 设计有效等价类需要的测试用例。为覆盖①、②两个有效等价类,可以设计一个共用的测试用例,如表7-3所列。

表7-3 一个共用的测试用例

测试数据	类型	测试范围
2002	有效等价类	①、②
二零零二	无效等价类	③
200	无效等价类	④
20001	无效等价类	⑤
1999	无效等价类	⑥
2011	无效等价类	⑦

等价类划分法比随机地选择测试用例要优越得多,但它的不足是会忽略了某些效率较高的测试情况。

7.2.2 边界值分析

实践证明,程序往往在处理输入条件和输出条件的边界情况时更容易发生错误。边界值分析法就是对被测程序执行输入或输出的边界值进行测试的一种黑盒测试方法。边界值分析具有很高的测试回报率,是对等价类划分法的很好补充。

边界值分析法与等价类划分法的主要区别:

1) 边界值分析法不是从等价类中随便选取一个数据作为测试用例,而是选出一个或多个数据,使得等价类的每个边界值都要作为测试数据参与测试。

2) 边界值分析法不仅要考虑被测程序的输入条件,而且要根据输出条件来设计测试用例。

用边界值分析法设计测试用例时,有以下几条原则:

1) 如果输入条件规定了输入值的范围,则取该输入值范围的边界值和刚刚超出范围的无

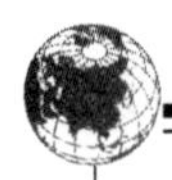

效输入值设计测试用例。例如输入值的范围为2000～2010，则可以选取2000，2010，1999，2011作为测试数据。

2）如果输入条件规定了输入值的个数，则用最大个数、最小个数、比最大个数多1、比最小个数少1的数作为测试用例。例如，“文档附件可包括1至255个记录…”，则测试数据可选1和255及0和256等值。

3）对每个输出条件使用第1)条原则。如程序计算出结果最小值是0，最大值100，那么就应设计出输出值为0和100的测试数据。另外还应考虑是否可设计使程序输出值为＜0或＞100的测试数据。

4）对每个输出条件使用第2)条原则。如一个论文检索系统根据输入请求，显示有关论文的信息，但每页不能多于10篇论文，那么就可以设计一些测试用例，使得程序分别显示10篇、1篇或0篇论文。同时设计有可能使程序错误地显示11篇论文的测试用例。

5）如果程序的输入域或输出域是个有序集合或内部数据结构(如数组)，则应考虑选取其边界值作为测试用例。

6）分析需求，找出自己认为的边界条件，并将其设计成测试用例。

用边界值分析法为案例7－2设计测试用例。

设计方法：利用等价类划分法设计了2个输入等价类：年份、年份数值。采用边界值分析法可为这2个输入等价类设计10个边界值测试用例，如表7－4所列。

表7－4 利用等价类划分法和利边界值分析法设计测试用例

输入等价类	测试用例说明	测试数据	期望结果	选取理由
年份	0个数字字符		输入无效	年份为空
	3个数字字符	200		比有效长度恰少1个字符
	5个数字字符	20001		比有效长度恰多1个字符
	有1个非数字字符	Y200		非法字符最少
	全是非数字字符	二零零二		非法字符最多
	4个数字字符	2001	输入有效	有效的输入
年份数值	2000	2000	合格年份	最小合格年份
	2010	2010		最大合格年份
	＜2000	1999	不合格年份	小于合格年份的最小值
	＞2010	2011		大于合格年份的最大值

7.2.3 因果图

等价类划分法和边界值分析法的缺陷是没有考虑各种输入条件的组合。这样虽然各种单独输入条件可以发现程序的错误，但多个输入条件组合起来可能出现的错误却被忽略了。但是如考虑所输入条件之间的相互组合，会因为条件组合复杂而需要大量的测试用例。而因果图法是一种帮助人们系统地选择一组高效率测试用例的方法。

1. 因果图法主要步骤

1）对于分解系统功能，如规模比较大的程序，由于输入条件的组合比较复杂，如果直接设计因果图是很困难的。首先可以将系统划分为若干部分，然后分别对每个部分使用因果图法。如果功能比较简单此步可以省略。

2）对于分析规格说明书，应识别出"原因"和"结果"，并给每一个"原因"和"结果"赋给唯一的编码。"原因"是指输入条件或输入条件的等价类；而"结果"则是指输出条件或输出条件的等价类。

3）根据程序规格说明书中规定的"原因"与"结果"之间的对应关系，画出因果图。由于语法或环境的限制，有些原因和结果的组合是不一定出现的。为表明这些特定的情况，在因果图上用特殊的符号标明约束条件。

4）由因果图生成判定表，具体方法是：可以把所有"原因"作为输入条件，每一项"原因"安排为一行，而所有的输入条件的组合一一列出（真值为 1，假值为 0），对于每一种条件组合安排为一列，并把各个条件的取值情况分别添入判定表中对应的每一个单元格中。

5）为判定表的每一列设计一个测试用例。

2. 因果图的基本符号和约束符号

(1) 因果图的基本符号

1）恒等：表示"原因"与"结果"之间的一对一的对应关系。若 A 出现，则 B 出现；若 A 不出现，则 B 也不出现，如图 7－6 所示。

2）非：表示"原因"与"结果"之间的一种否定关系。若 A 出现，则 B 不出现；若 A 不出现，则 B 会出现，如图 7－7 所示。

图 7－6　恒等关系　　　图 7－7　"非"关系

3）或：表示若几个"原因"中有一个出现，则"结果"出现，只有当 A、B、C 都不出现时，D 才不出现。如图 7－8 所示。

4）与：表示若几个"原因"都出现，"结果"才出现。若 A，B，C 中有一个不出现，D 就不出现。如图 7－9 所示。

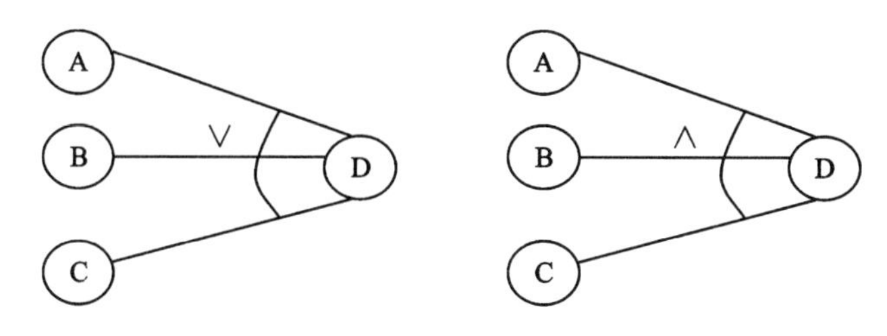

图 7－8　"或"关系　　　图 7－9　"与"关系

(2) 因果图的约束符号

为了表示"原因"与"原因"之间，"结果"与"结果"之间可能存在的约束条件，在因果图中可以附加一些表示约束条件的符号。

1）约束 E：A 和 B 只能有一个为真，如图 7－10 所示。

2）约束 I：A，B，C 中至少有一个为真。如图 7－11 所示。

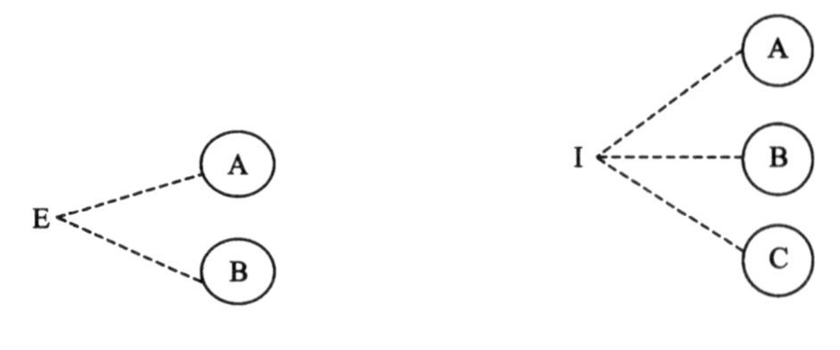

图 7－10 约束　　图 7－11 约束 I

3）约束 O：A，B 有一个，且仅有一个为真。如图 7－12 所示。

4）约束 R：A 为真，则 B 也为真，不可能发生 A 为真而 B 为假的情况。如图 7－13 所示。

图 7－12 约束 O　　图 7－13 约束 R

5）约束 M：如果是对输出结果约束，则用 M 表示，如图 7－14 所示：如果结果 C 为真，则结果 D 也强制为真。

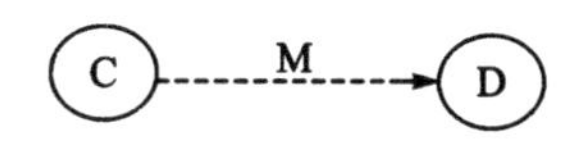

图 7－14 约束 M

案例 7－3 某单位对员工过失行为有以下处罚制度，1)年薪制员工：严重过失，扣年终风险金的 4%；过失，扣年终风险金的 2%；2)非年薪制员工：严重过失，扣当月薪金的 8%；过失，扣当月薪金的 4%。用因果图法设计测试用例。

因果图法设计测试用例步骤：

1）列出原因和结果，如表 7－5 所列。

表 7－5 原因和结果

原　因	结　果
A——年薪制员工	W——扣年终风险金的 4%
B——非年薪制员工	X——扣年终风险金的 2%
C——严重过失	Y——扣当月薪金的 8%
D——过失	Z——扣当月薪金的 4%

2）画出因果图，如图 7－15 所示。

3）根据因果图生成判定表，如表 7－6 所列。

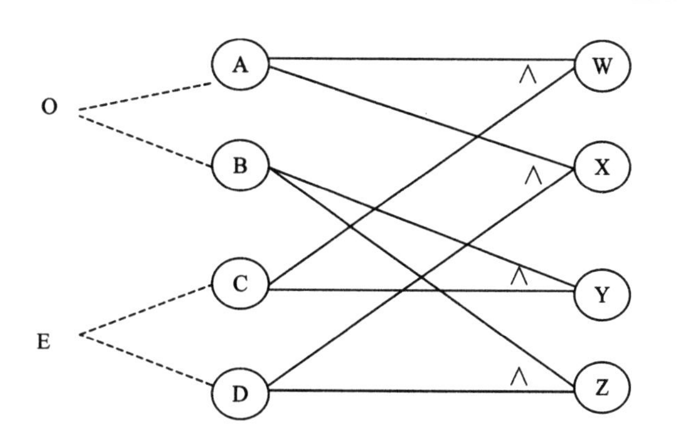

图 7-15　案例 7-3 因果图

表 7-6　判定表 Ⅰ

规　则		1	2	3	4	5	6	7	8	9	10	11	12	13	14	15	16
原因	A	0	0	0	0	1	1	1	1	0	0	0	0	1	1	1	1
	B	0	0	0	0	0	0	0	0	1	1	1	1	1	1	1	1
	C	0	1	0	1	0	1	0	1	0	1	0	1	0	1	0	1
	D	0	0	1	1	0	0	1	1	0	0	1	1	0	0	1	1
结果	W					0	1	0		0	0	0					
	X					0	0	1		0	0	0					
	Y					0	0	0		0	1	0					
	Z					0	0	0		0	0	1					

在表 7-6 中，阴影部分表示违反约束条件，是不可能出现的情况，可以不设计测试用例。表 7-7 就是去掉阴影部分后的判定表。

表 7-7　判定表 Ⅱ

规　则		1	2	3	4	5	6
因	A	1	1	1	0	0	0
	B	0	0	0	1	1	1
	C	0	1	0	0	1	0
	D	0	0	1	0	0	1
果	W	0	1	0	0	0	0
	X	0	0	1	0	0	0
	Y	0	0	0	0	1	0
	Z	0	0	0	0	0	1

4）根据判定表设计测试用例，如表 7-8 所列。

表 7-8 测试用例

测试用例编号	输入条件	预期结果
1	年薪制员工,无严重过失、无过失	无扣款
2	年薪制员工,有严重过、无过失	扣年终风险金的 4%
3	年薪制员工,无严重过失,有过失	扣年终风险金的 2%
4	非年薪制员工,无严重过失、无过失	无扣款
5	非年薪制员工,有严重过失,无过失	扣当月薪金的 8%
6	非年薪制员工,无严重过失,有过失	扣当月薪金的 4%

7.2.4 错误推测

错误推测法就是根据经验或直觉来推测程序容易发生的各种错误,然后有针对性地设计能检查出这些错误的测试用例。

错误推测法能充分发挥人的直觉和经验,在一个测试团队中集思广益,组织测试团队成员进行错误猜测,是一种有效的测试方法。但错误推测法不是一个系统的测试方法,所以只能用作辅助手段,即先用其他方法设计测试用例,再用此方法补充一些测试用例。这种方法的优点是测试者能够快速,且容易地使用;缺点是难以知道测试用例的覆盖率,并且这种测试方法带有主观性且,难以复制。

7.3 测试用例设计的策略

测试用例设计的策略如下。

1) 在设计白盒测试用例的实践中可以一开始就以条件组合覆盖准则为主设计测试用例。因为它同时满足了语句覆盖准则、分支覆盖准则和条件覆盖准则,是相对较完善的一种设计方法。然后再考虑通过路径覆盖准则补充部分用例,以达到路径覆盖测试标准。

2) 对于业务逻辑比较简单的程序进行黑盒测试用例设计可以使用等价划分法设计测试用例。然后用边界值分析方法及错误推测法补充测试用例。

3) 如果功能说明中明确含有输入条件的组合情况,则应该选用因果图法设计测试用例。然后用边界值分析方法及错误推测法补充测试用例。

4) 实践经验表明用边界值分析方法设计出测试用例发现程序错误的能力最强,它不仅适用于黑盒测试同样也适用白盒测试。

5) 学习上述的测试用例设计方法总的来说是很有必要的,但不要被这些方法束缚住了头脑,有时直觉或经验往往可能会给测试用例设计另辟蹊径。在测试用例设计过程中始终保持创新性是非常必要的。

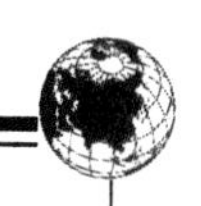

7.4 小　结

在实际工作中即使选择了自己认为是最复杂、覆盖路径最全的测试用例设计方法，也不能保证一定可以发现所有的软件错误。对于一个复杂的系统，它对应的测试用例也会是很复杂的，通常只能在被测软件路径覆盖率和测试成本之间寻找一个平衡点。一个好的测试用例应该是既能满足客户对软件质量的要求，又可以使测试工作强度保持在较低的水平，而测试用例设计方法就是为了达到这个目的而诞生的。

本章论述了测试用例的设计方法，介绍了白盒测试用例设计方法和黑盒测试用例设计方法，并讨论了测试用例设计的策略。本章介绍的设计实例和第 11 章中的实际设计实例，方便读者理解各种设计方法。

这里需要强调的是：1)测试用例的设计是软件开发人员和软件测试人员的共同职责。2)测试用例是测试执行的依据，是测试的重要文档，一定要纳入同行评审的范畴。

下一章将转入软件测试的一个高级专题，即测试度量与分析专题。

第 8 章 测试度量与分析过程

建立了基于迭代的测试过程并掌握了相关的测试过程控制策略是否就够了呢？答案是否定的。一切管理的、工程的活动只有到了“用数字说话”的程度才算是科学的、尽在掌握之中的。作为组织级测试体系的建设者，还要建立测试度量与分析过程，使现有测试体系成为一个基于度量的测试体系，就像测试成熟度模型所强调的那样。为此，本章转入测试度量与分析专题，介绍软件度量和测试度量的基本概念和模型；并分两个方面即测试计划度量和测试过程度量来说明度量与分析的内容、过程、方法、技术和案例等。在 8.4 节，论述了如何建立测试度量与分析体系；在 8.5 节介绍了一个实用的质量监控系统示例，即“赛柏质量监控系统”，利用它可以很方便地进行测试度量与分析，进而提升项目测试效率和组织级测试过程性能。

软件度量（software metrics）是针对软件开发项目、过程及产品进行数据定义、收集以及分析的持续量化的过程①。软件度量可以帮助软件组织认清自身的能力，理解、评价、控制、预测和改进软件工作产品及软件过程；可以根据对度量数据的分析，进一步制订出可行的计划；可以及时找到变化趋势，预测问题，发现或者采取有效手段预防缺陷。软件度量活动一般从项目级开始，逐步向上扩展为过程度量与产品度量，形成组织级的度量与分析体系。

测试度量是软件度量的一个子范畴，是针对软件测试而做的度量。测试度量的目标是衡量测试的有效性与完整性，衡量工作产品的质量，分析和改进测试过程。测试度量可以为制订测试计划提供依据，提高测试过程的可控性，提高测试效率和质量。

8.1 软件度量概念

在介绍测试度量之前，先了解软件度量中的一些基本概念。

8.1.1 度量元

度量元（metrics）是指在软件开发和维护过程中，人们要对产品、项目与过程进行管理时需要关注的信息对象。例如，软件规模、项目工作量、测试发现的 BUG 数等。根据度量数据的获得方式，度量元划分为基本度量元（也叫直接度量元）和派生度量元（也叫间接度量元）两种类型。基本度量元的数据可以由开发人员、维护人员或使用者，人工地或自动地或半自动地直接度量获得；派生度量元通常由两个或多个基本度量元计算得来。

---

① 任发科，周伯生，吴超英. 软件度量过程的研究与实施[J]，北京航空航天大学学报，2003(10).

下面列出在软件开发和维护过程中，常用的基本度量元示例有：

1) 程序规模度量元(源代码行数、文档页数等)；
2) 工作量度量元(人时数、人日数、人月数等)；
3) 成本度量元(财务人员记录的费用)；
4) 需求管理度量元(需求项的变更次数等)；
5) 配置管理度量元(配置项的变更次数等)；
6) 测试度量元(测试用例数等)；
7) 质量度量元(缺陷数等)；
8) 计算机资源利用情况度量元(CPU 的占用时间等)。

派生度量元通常表示为比率、复合度量或其他累计度量，常用的派生度量元示例有：

1) 缺陷密度(单位规模中的缺陷数)；
2) 同行评审覆盖率(评审的文档页数占总页数的百分比)；
3) 测试覆盖率(例如单元测试的语句覆盖率等)；
4) 需求变化率(变化的需求项数/原始需求数)；
5) 配置项变化率(变化的配置项数/原始配置项数)；
6) 缺陷的驻留时间(在工程上等于缺陷的修复日期与缺陷的发现日期之差)；
7) 进度度量指标(里程碑进展提前或落后的百分比、工作包完成的百分比等)；
8) 可靠性度量(通常用平均故障间隔周期来度量)。

在以上这些度量元中，对过程改进和开发最为关键的基本度量元包括程序规模、成本、工作量、进度等；而衡量软件质量的度量元还包括生命周期不同阶段的缺陷数据及各种分布情况。

BarryBoehm 根据 20 世纪 80 年代初期的调查结果，总结了软件开发过程中最重要的 10 个度量元，准确地描述了过去 30 年里使用传统的软件过程产生的某些基本的经济学关系，很有指导意义①。

1) 在交付之后找到，并修复一个软件问题的成本，是在设计早期找到，并修复该问题的成本的 100 倍；因此要在软件生命周期的早期就关注软件的质量。

2) 软件开发进度至多只能压缩 25%，如果还要进一步压缩进度，就会使成本成指数增长，缺陷数成指数增加，因此进度安排要恰到好处。

3) 在开发中，每花费 1 美元，在维护中就要花费 2 美元，因此要注意度量与维护相关的度量元，在开发阶段就要注意采集改善维护性能的度量元。

4) 软件的开发成本与维护成本主要是源代码行数的函数。这是基于采用定制软件，没有采用复用技术所归纳出来的。

5) 人与人的不同导致了软件生产率的最大差异，聘用优秀人才是传统的至理名言。

6) 在总体上，软件和硬件成本之比仍然在继续上升：在 1955 年是 15:85；1985 年是 85:

---

① BarryBoehm. Report of the Defense Science Board Task Force on Acquiring Defense Software Commercially Defense Science Board，1994.

15。这说明对软件的需求、应用范围及其复杂性几乎没有限制地持续增长。

7）只有15%的软件开发工作量是专用于编码的，因此要重视需求开发、设计、测试、计划、项目管理、变更管理与工具开发等。

8）随着软件系统规模的增大，其成本成倍增长，呈现1:3:9的关系。解决软件系统成本的非规模经济问题至今仍是一个正在研究且尚未解决的难题。

9）走查可以发现60%的逻辑缺陷与格式缺陷，但很难发现诸如资源争夺、性能瓶颈、控制冲突等问题；因此走查要与审查结合起来使用。

10）20%的贡献者做出了80%的贡献，二八定理对此也完全适用。

8.1.2 度量模型

为了开展软件度量，首先要建立度量模型。度量模型是关于要度量哪些度量元的需求规格说明。它说明在软件生命周期中要度量哪些度量元，对这些度量元进行定义，说明度量这些度量元的目的、基本属性以及最佳的度量时机等。扼要地说，度量模型的内容要回答下列问题：

1）在生命周期各个阶段，要度量哪些度量元？它们与企业的商业目标有什么关系？要通过标识度量目的来对度量元进行分类，例如可以分为进度与进展、资源与费用、产品规模与稳定性、产品质量、过程性能、技术有效性、客户满意度等。

2）其中哪些度量元是直接度量元？由谁度量？是否可以采用工具来度量？

3）其中哪些度量元是间接度量元？如何由直接度量元导出？能否通过图形方式直观展现出来？

要根据度量的目的来设计不同的度量元。例如，是为了了解产品当前的质量情况，还是为了了解组织的过程能力？不同的目的，需要设定不同的度量元。另外，要根据企业的商业目标和信息需要来建造度量模型，要注意采集自身项目的实施数据。为了保证数据真实、有效、及时，要进行合理的度量元定义，实施简单易用的数据采集工作。

建立度量模型可以参考软件工程学中的一些重要结论来建立。例如为了改进维护效率，在产品或项目的开发阶段，就要注意采集，并在维护阶段灵活运用下列5个特别重要的度量元：需求变化率，同一需求的变化次数，配置项变化率，同一配置项的变化次数，缺陷驻留时间。这5个度量元对缺陷的发现和预防都有至关重要的影响。因为通过这5个度量元，可以减少缺陷的定位时间，从而减少缺陷发现的工作量，使维护的效率提高40%左右。

8.1.3 资源模型

资源模型是对项目中的人员工作量花费情况建立的模型①，具体包括了生命周期某个阶段的时间跨度占生命周期总时间跨度的百分比，生命周期某个阶段花费的工作量占生命周期总工作量的百分比，以及生命周期某个阶段各种工作类型的工作量占该阶段总工作量的百分

① 王慧，周伯生. 基于CMMI的资源模型[J]，计算机工程，2007(19).

比等 3 个方面的内容。利用资源模型可以有效地估计、分析和预测生命周期各个阶段工作量的花费情况。在生命周期早期，资源模型可以用来策划资源的合理使用；在生命周期各个阶段的实施过程中，可以根据记录的数据，监督和控制项目资源的合理使用，寻找改进的机会；在项目结束后，可以根据所建造的资源模型，对该项目的技术和管理进行评价。

在建立资源模型时，可以将企业中定义的任务类别按照产品或项目的生命周期来划分。比如可以分为需求分析、概要设计、详细设计、编码、单元测试、集成测试、系统测试、质量保证、项目管理、配置管理、会议、请假、出差等类型。

资源模型度量表的填写是统计每周的个人周报后得到的，对应每个阶段的工作量是个人周报中统计工作量的总和，计划工作量与实际工作量分别统计。表 8－1 只是实际表格的一部分。

表 8－1　项目工作量度量表

工作量/(人·时)									
项目名称	项目编号			时间段			填写人		
阶段活动	周一	周二	周三	周四	周五	周六	周日	合计	百分比/(%)
需求分析活动									
需求规格说明书评审									
概要设计活动									
概要设计说明书评审									
详细设计活动									
详细设计说明书评审									
单元测试活动									
单元测试计划与用例准备									
单元测试计划与用例评审									
单元测试计划与用例修改									
单元测试执行									
集成测试活动									
集成测试计划与用例准备									
集成测试计划与用例评审									
集成测试计划与用例修改									
集成测试执行									
系统测试活动									
系统测试计划与用例准备									
系统测试计划与用例评审									
系统测试计划与用例修改									
系统测试执行									
工作量分类汇总	0	0	0	0	0	0	0		

根据表 8－1，可以画出一些统计图形，如图 8－1 所示。这些统计数字可以作为软件过程性能基线的一部分，用于估计和预测新项目的有关指标。

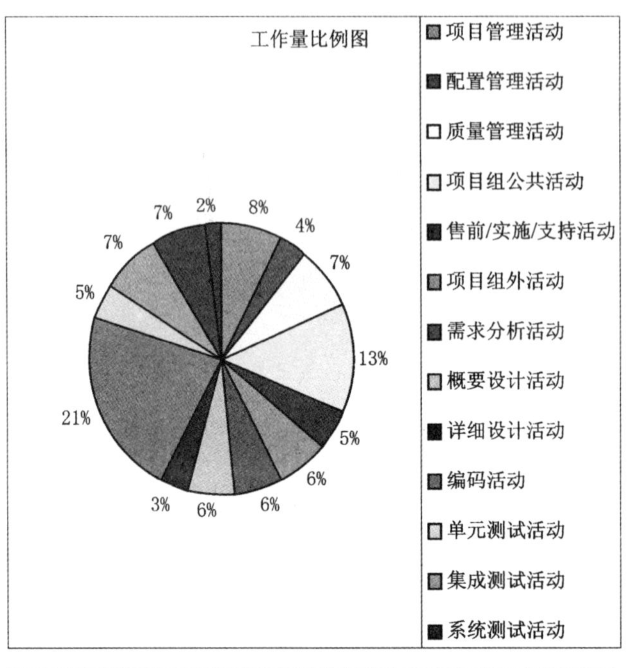

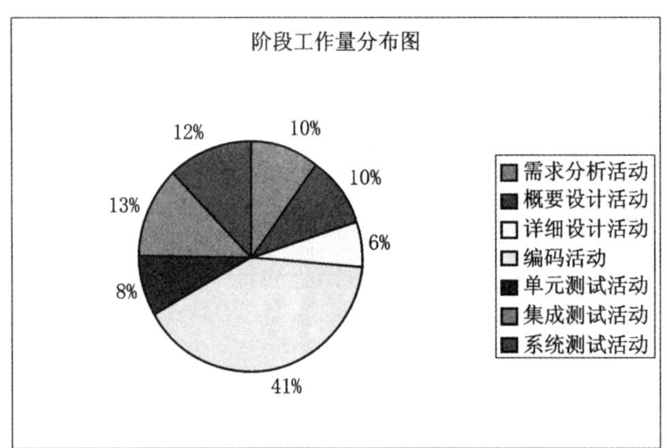

图 8－1　资源模型统计图

8.2　测试计划度量

与测试相关的度量元有很多，将它们分为两大类：一类是与测试计划的制订和执行跟踪相关的度量元，将它叫做“测试计划度量元”，在 8.2 节阐述；另一类是与测试过程相关的度量元，叫“测试过程度量元”，将在 8.3 节阐述。

测试计划（特别是测试进度计划）对于测试经理的意义，相当于项目计划对于项目经理的意义。如何制订出合理的测试计划是测试经理在项目初期最关注的事情之一。制订项目计划

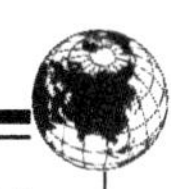

要先做项目估计，一般是先估计要开发软件的规模，再估计工作量、人数、工期等。同样的，制订测试计划要先做测试估计，估计被测对象的规模、测试用例开发工作量、测试执行工作量、测试人数、测试工期等。积累与测试计划相关的和与测试过程相关的数据，形成组织级的测试过程性能基线（参见 8.4.2 节），并在新的测试计划制订时参考这些数据，使测试估计和测试计划更加精准，这就是做与测试计划相关的度量的目的所在。

本节介绍与测试计划相关的度量元、度量元估计和跟踪方法，并说明如何利用这些度量元来制订测试计划以及监控测试计划的执行。

8.2.1　测试规模估计

测试规模就是指被测软件的规模。规模的单位可以是代码行数、功能点数或交易数等。具体采用什么单位，需要根据历史数据积累情况和项目实际情况来确定。例如，如果已经知道类似模块的代码行数，可以用代码行数为单位来估计；如果被测软件是一个基于交易的系统（如银行核心业务系统），就可以用交易数为单位来估计。

被测软件的规模一般由整个项目组做出估计。如果没有做，则测试经理就要再估计一次。这里需要特别指出的是，软件规模在项目进展过程中是不断变化的，特别是当需求发生变化时。一般在项目开始时、在需求分析完成后和在设计完成后这三个大的时间点，都有必要对软件规模再估计一次，得出新的估计值。新的估计应该比原来的估计更精准。

用表 8－2 项目规模跟踪表来跟踪软件的规模值。还可以设计更复杂的规模跟踪表以跟踪被测子系统或模块的规模，每个子系统或模块占一行，最后合计得出整个被测软件的规模。

表 8－2　项目规模跟踪表

项目规模						
度量类型	**编程语言**	**第一次估计**	**需求分析后估计**	**后续估计 1**	**实际**	**变化率**
千代码行(KLOC)	JAVA					
功能点(FPA)						
交易数						
其他						
估计日期						

关于一些工作产品文档的规模，可以采用“页数”为单位，而测试用例集的工作量则可以用“测试用例数”为单位，其规模跟踪表如表 8－3 所列。

表 8－3　项目工作产品规模跟踪表

工作产品规模						
工作产品	**单位**	**第一次估计**	**需求分析后估计**	**后续估计 1**	**实际**	**变化率**
需求规格说明书	页					
概要设计说明书	页					

续表 8-3

工作产品规模						
工作产品	单位	第一次估计	需求分析后估计	后续估计 1	实际	变化率
详细设计说明书	页					
系统测试用例	用例数					
集成测试用例	用例数					
单元测试用例	用例数					
用户文档	页					

由于软件测试主要是基于测试用例的，所以测试用例数的估计很重要。测试用例数估计的依据还是被测软件的规模。例如，测试一个有 2 000 个交易的系统所需要的测试用例数，一般地比测试一个有 1 000 个交易的系统要多得多。所以一般在测试银行核心业务系统时，往往根据系统交易数来估计测试用例数，并将测试一个交易需要多少个测试用例这个度量元统计出来，叫做每交易测试用例数。这个度量元就成为测试过程性能基线中的一个统计指标，可以用于将来做新的估计。

要想使测试用例数估计更准确，测试经理要熟悉被测软件所在的领域，对被测软件有比较深入的理解；要有比较明确细致的需求规格说明书；要做细致的测试需求分析工作，进行测试点细分、测试要素细分等工作；还要按照正常测试用例数和异常测试用例数的比例值，加上异常测试用例的数量。

8.2.2 测试工作量估计

测试工作量指的是完成一件与测试相关的任务，需要几个人投入多长时间，单位一般是“人·时”、“人·天”、“人·月”等。测试工作量估计是制订测试计划的基础，也是争取到合适测试人力资源的依据。所以要对测试工作量进行估计，并采用与上述规模跟踪表类似的测试工作量跟踪表，对测试工作量进行跟踪。

一般来说，整个项目的测试工作量与被测软件规模成正比关系，被测软件规模越大，测试工作量越大。依据测试过程性能基线中的测试生产率，对测试工作量进行粗略估计。例如，如果测试生产率（单位时间所测试的代码量）为 5K LOC/人·月，则对于估计有 15 万行代码的被测软件，就需要 30 人·月的测试工作量。

但这种估计方法比较粗略，在很多时候需要对被测软件进行功能分解，根据每一个子系统/模块/特性的规模来做测试工作量估计，并分析、估计测试用例设计和测试执行的工作量。同样，可以利用测试过程性能基线中更细的统计指标作为估计的依据。下面介绍我们实际做的一个测试工作量估计案例。

测试现场

下面是针对某个银行核心业务系统的部分功能所做的测试估计案例，它是基于交易数进行估计的，如表 8-4 所列。

表 8-4　测试工作量估计表

子系统/模块	交易数统计	测试用例/(人·日)	测试执行/(人·日)	合计/(人·日)	说　明
卡	18	8	30	38	1. 由于卡的改动比较大，如：附属卡挂失/解挂、销卡、止付、额度设置等，编写测试用例需 8(人·日) 2. 所有交易均需全面测试，每人日测试 1.6 个交易 3. 还未充分考虑来自渠道的交易的测试工作量
存款	52	0	26	26	每人日测试 2 个交易，共需 26(人·日)
贷款	8	2	6	8	测试案例编写需 2(人·日)，测试执行需 6 人·日，合计 8(人·日)
支付	35(55)	3	34	37	1. 组合交易构成场景测试时，需在该列表基础上大约增加 20 个交易进行测试，合计 55 个交易 2. 编写测试用例需 3(人·日) 3. 每人日测试 1.7 个交易 4. 不考虑测试来自渠道的支付业务
第一轮测试人·日数	109				1. 第一轮测试工作量合计 109(人·日)，再做一次回归测试 24(人·日)，总计 133(人·日)，折合 7 人做 19 天 2. 测试时间从 9.15 至 10.15 计算共计 19 个工作日 3. 初步估计在此期间共需要 7 名测试人员参与测试，预计卡 2 人、存款 2 人、贷款 1 人、支付 2 人
回归测试人·日数	24				
合计人·日数	133				

此估计并没有用到测试过程性能基线中的数据，所以估计得不太准确。估计需要 7 名测试人员，实际结果是由 4 名测试人员按时完成了任务，估计偏差率为 43%。如果算上加班时间，偏差率在 20% 左右。后来在测试过程性能基线中建立了下列统计值：每交易需要的测试用例数、测试用例设计效率、测试用例执行效率等，还考虑区分不同的情况，如测试组长和测试工程师在工作效率上的差别，有老的测试用例可复用时和需要写全新测试用例时在工作效率上的差别，正常测试和回归测试的差别等。有了这些基础之后，测试工作量估计的准确性提高到了 90% 左右。

8.2.3　测试人数和工期估计

测试人数(简称人力)指的是一个项目(或测试阶段、测试任务)需要的专职测试工程师人数，测试工期(简称工期)指的是一个项目测试(或测试阶段、测试任务)需要经历的时间长度。

测试工作量已经说明完成一项测试任务需要多少个人·月,但要确定测试人数和测试工期还有一定的困难。每项工作都有自己的周期,有一个最短时间要求,不是投入很多的人就能在很短的时间内完成,因为人员的增加会增加管理和沟通成本;测试任务之间还互相依赖,有一定的先后顺序要求;不同的人有不同的特长,有的还同时在做几项工作;而且测试往往不是独立的,与开发是紧密联系的,测试工期在很大程度上取决于开发人员的工作进度和产出物质量。所以需要综合考虑这些因素,确定在此项目或任务上放多少测试人员,安排多长时间。

表 8-5 是常用的人力和工作量度量和跟踪表。

表 8-5　项目人力和工作量度量和跟踪表

人力及工作量								
项目高峰人数与工作量								
	计划人数	总工作量	需求分析后估计人数	需求分析后估计总工作量/(人·日)	实际人数	实际工作量/(人·日)	人数变化率/(%)	工作量变化率/(%)
合计	14		16		15		7.14	FALSE
标准 V 模型								
阶段	人数	工作量/(人·日)	需求分析后估计人数	需求分析后估计工作量/(人·日)	实际人数	实际工作量/(人·日)	人数变化率/(%)	工作量变化率
项目计划	4		4		4		0.00	FALSE
需求分析	4		6		6		50.00	FALSE
概要设计	7		8		8		14.29	FALSE
详细设计	11		10		12		9.09	FALSE
编码	14		16		17		21.43	FALSE
单元测试	12		11		13		8.33	FALSE
集成测试	8		7		11		37.50	FALSE
系统测试	7		8		9		28.57	FALSE

8.2.4　测试计划制订

测试计划的制订与项目计划的制订过程类似。将整体测试工作分解成一个个的测试任务,如测试设计任务和测试执行任务等,将被测软件分解成一个个的测试工作包;对这些测试任务或测试工作包作上述的测试工作量估计;将测试人员分派到任务中,得出每个任务的工期;按照任务的时间关系、逻辑关系和优先级,最终排出测试的 WBS 计划。

在这里需要特别注意的是,测试计划要纳入项目计划,作为项目计划的一部分。特别是到项目后期,测试计划要与开发计划一起排,通过几轮测试和 BUG 修复,使软件趋于稳定,达到

发布条件。在制订测试计划时还要有意识地贯彻相关的测试原则、过程和方法，使它们真正落实到行动中，如尽早开始测试、测试用例评审等；测试计划既要严格执行，又要有一定的灵活性，根据项目情况、测试执行情况、被测软件质量情况等进行调整。

8.3 测试过程度量分析

测试过程度量和分析有很多需要关注的度量元，最重要的度量元有两类：一类是与测试用例相关的度量元；另一类是与缺陷度量和分析相关的度量元。下面对它们分别予以介绍。

8.3.1 测试用例度量

由于软件测试是主要依据测试用例进行测试的，所以对测试用例进行度量很重要。通过对测试用例进行度量，可以了解测试用例设计的完成情况和测试用例执行的完成情况，了解测试用例的质量和测试执行的质量，并根据这些度量来调整测试用例设计和测试执行策略。所以测试用例度量对测试设计和测试执行等都有很大作用，应该引起我们的重视。

下面介绍与测试用例相关的各种度量元，包括测试用例覆盖率、测试用例深度、质量和有效性、测试用例执行情况、测试执行质量和效率等。

1. 测试用例覆盖率

测试用例覆盖率度量元主要考察测试用例设计开发的完备性，包括需求覆盖率、代码覆盖率等。

1）需求覆盖率度量元用于度量测试用例对需求的覆盖情况，要求从广度和深度上尽可能地覆盖软件需求规格说明。其计算公式为：

需求覆盖率＝已设计测试用例覆盖的需求数/需求总数

2）代码覆盖率度量元主要用于度量单元测试的充分性，包括语句覆盖、分支覆盖、路径覆盖等类型，可以在执行单元测试时用工具软件自动计算出来。当代码覆盖率低时，可以用白盒法补充单元测试用例。

2. 测试用例深度、有效性、质量

测试用例深度、有效性和质量这一组度量元主要用于考察测试用例的质量和效果。

1）测试用例深度度量（TCD），表示测试用例数量的多寡，可以表示为每千行代码（KLOC）的测试用例数或每个功能点的测试用例数，即

TCD＝测试用例数/代码行数或功能点数

2）测试用例有效性度量（TCE），表示测试用例发现缺陷的能力，可以用每个测试用例所发现的缺陷数来衡量，即

TCE＝发现的缺陷数/测试用例数

我们可以用测试用例有效性度量来度量测试用例的质量。

3）测试用例质量度量（TCQ），表示测试用例方法总的质量，可以用由测试用例发现的缺陷数与总的缺陷数的比值来度量，即

TCQ＝测试用例发现的缺陷数/总的缺陷数

因为还有一部分缺陷可以通过随机测试、代码走查等其他手段发现，所以测试用例发现的缺陷数量是总的缺陷数量的一部分。我们可以用测试用例质量度量来度量测试用例方法的质量。

3. 测试用例执行情况

测试用例执行情况主要度量测试用例执行的进度和结果，用于对测试执行过程进行控制，包括测试执行率和测试执行通过率等。

1）测试执行率表示实际执行过程中已经执行的测试用例的比率，其计算公式为：

测试执行率＝已执行的测试用例数/设计的总测试用例数

该度量元用于度量在不同的测试轮次选择不同的测试用例集合来执行，这样可以按照不同的测试重点和测试内容来安排测试活动。

2）测试执行通过率表示在实际执行的测试用例中，执行结果为“通过”的测试用例的比率，其计算公式为：

测试执行通过率＝执行结果为“通过”的测试用例数/实际执行的测试用例总数

该度量元可以针对所有计划执行的测试用例进行衡量，也可以用于对比各个模块的测试用例执行情况。该度量元既可以反映出测试用例设计的质量，也可以反映出被测软件当前的质量。

可以用表 8－6 的跟踪表来跟踪测试用例执行情况，在其中可以算出测试执行通过率。

表 8－6　测试用例执行跟踪表

模块	子模块	用例总数	已执行	未执行	通过数	失败数	缺陷数	缺陷类型		严重性				通过率	失败率
								UI	功能	致命	严重	一般	建议		
合计															

4. 测试执行质量和执行效率

测试执行质量最后可以用软件发布后所遗留的缺陷数和总缺陷数的比值来衡量。而测试执行效率可以用每人·日所执行的测试用例数和每人·日所发现的缺陷数来度量。

8.3.2　缺陷度量

缺陷度量是对项目过程中产生的分散的缺陷数据进行采集、量化和统一管理的过程。缺陷度量的目的是为了缺陷分析，为了更好地控制和管理测试过程，使测试过程有效，产品质量提高。

在项目过程中，将通过同行评审、测试、管理评审、客户反馈等各种途径发现的缺陷，都存放在缺陷跟踪系统或缺陷管理库中，进行统一管理。在缺陷的整个生命周期（从缺陷发现、修复、解决、验证直到关闭）中会记录大量的相关信息，它们为进行缺陷分析创造了条件。为了通过度量分析得出有价值的结论，要精确地记录这些信息，特别是缺陷的发现阶段、发现手段、发生缺陷的子系统或模块、缺陷类型、缺陷严重程度、缺陷原因或起源等内容，我们把这些内容叫做缺陷属性。

所谓缺陷度量就是按不同的缺陷属性维度来统计缺陷的数量。为了不同的目的，做不同维度的缺陷数量统计，即选择不同的度量元进行度量，如表8-7所列。

表8-7　缺陷度量目标与指标表

度量目标	度量指标	派生度量指标	作　用
通过总体缺陷分布来评价软件质量	每类缺陷的数量	每类缺陷占总缺陷的比例	反映总体缺陷的分布情况，可看出软件的缺陷主要是哪些方面的缺陷，以帮助项目组找出问题，提高质量
通过模块缺陷分布来评价软件质量	每个模块的各类缺陷数量	各模块的缺陷数量百分比	反映缺陷按所属模块分布情况，可看出哪引起模块的缺陷比较多，以便加大对这些模块的开发投入
通过缺陷密度评价模块稳定性	每个模块的各类缺陷数量	每个模块的各类缺陷密度及比例	通过按模块的缺陷密度倒序排列，确定缺陷密集模块，确定修复重点
评价缺陷数量的趋势	各种状态缺陷的数量	各种状态缺陷的数量的比例	反映新缺陷数、被解决的缺陷数和遗留缺陷数量趋势，了解缺陷解决是否及时和全面
评价缺陷排除情况	缺陷发现时间和清除时间	整体缺陷清除率、阶段性缺陷清除率、缺陷驻留时间	判断缺陷产生的阶段情况和缺陷的排除情况
查找缺陷起源	缺陷驻留时间、同一需求变化次数、同一配置项变化次数	需求变化率、配置项变化率	查找缺陷起源：是不是由变化最多的需求或配置项引起的

在测试过程中，可以利用一些表格来记录和统计缺陷的发现情况。下面是常用的缺陷度量表。

1. 评审度量表

表8-8是同行评审（需求评审、设计评审等）的度量表。

表 8-8　同行评审度量表

评审对象	轮次	评审对象规模	预评审工作量	评审发现缺陷数					评审会议工作量
				致命	严重	一般	建议	总数	

缺陷密度					预评审效果	评审速度(功能点数/人·时)	评审效率(缺陷数/人·时)
致命	严重	一般	建议	总体			

注：表 8-8 一行显示不完，折成两行显示，表 8-9 也是这样。

度量元说明：

1）评审缺陷密度＝评审实际发现的缺陷数/评审对象规模。

2）预评审效果＝预评审发现的缺陷总数/评审发现缺陷总数。

3）评审速度(功能点数/人·时)＝评审对象规模 /(预评审工作量＋评审会议工作量)。

4）评审效率(缺陷数/人·时)＝评审发现的总缺陷数 /(预评审工作量＋评审会议工作量)。

2. 测试度量表

表 8-9 是测试度量表。

表 8-9　测试度量表

测试阶段	轮次	测试对象规模	测试总工作量	测试用例数	测试发现缺陷数							
					致命		严重		一般		建议	

测试发现缺陷数(总)	测试效率	缺陷密度			
		致命	严重	一般	建议

指标说明：

(1) 测试发现缺陷数(总)＝实际发现缺陷数量的总和。

（2）测试效率＝实际发现缺陷数的总和/测试工作量。

（3）测试缺陷密度＝测试实际发现的缺陷数/测试对象规模。

8.3.3　缺陷分析

缺陷分析是对缺陷管理库记录的缺陷数据，对缺陷的信息进行分类和汇总统计，计算分析指标，编写分析报告的活动。缺陷分析的目的主要有两个：一个是为了做产品质量评估；一个是为了对测试过程和开发过程进行控制。缺陷分析报告中的统计数据及分析指标既是对软件质量的权威评估，也是判定软件是否能发布或交付使用的重要依据。

缺陷分析的方法有很多，从简单的缺陷计数到严格的统计建模。常用的包括：缺陷密度分析、缺陷分布分析、缺陷注入——发现矩阵、基于时间的缺陷到达模式、基于时间的缺陷积压模式、缺陷收敛趋势分析等方法。下面分别介绍这些方法。

1. 缺陷密度分析

对于一个软件工作产品，软件缺陷可以分为两种：通过评审或测试等方法发现的已知缺陷和尚未发现的潜在缺陷。GlenfordMyers 有一个关于软件测试的著名论断：在测试中发现缺陷多的地方，还有更多的潜在缺陷将会被发现。这个原则是说，发现缺陷越多的地方，漏掉的缺陷可能性也会越大，或者说在测试效率没有被显著改善之前，在纠正缺陷时将引入较多的错误。

缺陷密度的计算公式如下，单位为每千行代码或每个功能点的缺陷数，即

缺陷密度＝已知缺陷数量 / 产品规模

缺陷密度越低，意味着产品质量越高。缺陷密度是软件缺陷的基本度量，可用于设定产品质量目标，预测潜在缺陷，对软件质量目标进行跟踪，并评判能否结束测试。如果缺陷密度比上一个版本低，则在测试效率不变的情况下，说明产品质量提高了；若是测试效率降低了，则还需要额外的测试，还需要对开发和测试过程进行改善。如果缺陷密度比上一个版本高，则在测试效率不变的情况下，说明产品质量恶化，这时为了保证质量，就必须延长开发和测试周期或投入更多的资源。

2. 缺陷分布分析

缺陷分布分析是按各种维度分析缺陷数量的分布情况。具体的维度（缺陷属性）包括缺陷严重程度、缺陷来源、缺陷类型、注入阶段、发现阶段、修复阶段、缺陷性质、所属模块等。按不同维度或维度组合进行分类统计，可以计算以下缺陷分布情况：

1）缺陷按缺陷类型的分布；

2）缺陷按发现方法的分布；

3）缺陷按生命周期注入阶段的分布；

4）缺陷按生命周期修复阶段的分布；

5）缺陷按严重程度等级的分布；

6）缺陷按系统模块的分布，并按模块缺陷密度的逆序排序等。

表 8-10 显示了一个常用的缺陷分析表。

表 8-10　常用的缺陷分析表

阶段名	性质/(%)	引入/(%)	发现/(%)	影响度	%	发现方式	
需求	0.1	51.0	51.0	严重	51.0%	需求评审	
设计	1.6	36.2	36.2	一般	36.2%	设计评审	
编码	96.7	12.8	12.8	建议	12.8%	代码评审	
测试	0.0	0	0			单元测试	
文档	1.6	0	0			集成测试	
其他	0.0	0	0			系统测试	
						PPQA	
						问题报告	
						里程碑评审	
						过程评估	
						风险分析	
累计和	100%	100%	100%	累计和	100%	累计和	100%

3. 缺陷注入-发现矩阵

缺陷有“注入阶段”与“发现阶段”两个重要指标，分别表示引入缺陷的阶段和发现缺陷的阶段。注入阶段与发现阶段可以是软件生命周期的各个阶段。根据这两个阶段可以绘制出一个“缺陷注入-发现矩阵”，从中分析出软件开发各个环节的质量，找到最需要改进的环节。缺陷注入-发现矩阵如表 8-11 所列。

表 8-11　缺陷注入——发现矩阵

缺陷注入阶段 / 缺陷发现阶段	需　求	设　计	实　现	集成测试阶段	系统测试阶段	注入合计
需求阶段						
设计阶段	A	B				
实现阶段						
集成测试阶段						
系统测试阶段						
发现合计						

缺陷注入——分析矩阵的每行表示该阶段或活动发现的在各阶段引入的缺陷数；矩阵的每列表示该阶段或活动注入的缺陷泄漏到后续各环节的缺陷数。例如，在表 8-11 单元格 A 中的数字表示在设计阶段发现了多少个需求阶段引入的缺陷(即需求类的缺陷)，而单元格 B 中的数字表示在设计阶段发现了多少个设计阶段(即本阶段)引入的缺陷(即设计类的缺陷)。所以 A 中的数字高更可怕，说明需求类的缺陷没有在需求阶段发现，而是泄漏到设计阶段才被发现，而且这些需求缺陷可能已经引起了很多设计缺陷，需要回过头来修改需求问题，再修

改设计问题。最可怕的是在需求、设计和编码阶段都注入了缺陷而且没有被发现，都留到了测试阶段，则测试和返工的工作量会大大增加。

所以缺陷注入——分析矩阵是反映各阶段工作质量和评审/测试质量的一个好工具，而且很有说服力，应该在实践中进行度量和分析。此分析若要做到位，需要仔细地分辨出每一个缺陷的缺陷类型(例如，是需求缺陷还是设计缺陷等)。

4. 基于时间的缺陷到达模式

基于时间的缺陷到达模式给出按时间进度所发现的缺陷数量变化曲线。它是一个持续性的度量，能够提供比产品缺陷密度和测试阶段缺陷率多得多的过程信息。在很多情况下，即使得到的整体缺陷率是一样的，但测试过程质量可能存在较大差异，原因就是缺陷到达模式不一样，越多的缺陷越早被发现(到达)，表明测试过程质量越好。图 8－2 是基于时间的缺陷到达模式的一个实例图。从此图可以看出，A 曲线的缺陷到达模式比 B 条要好一些。

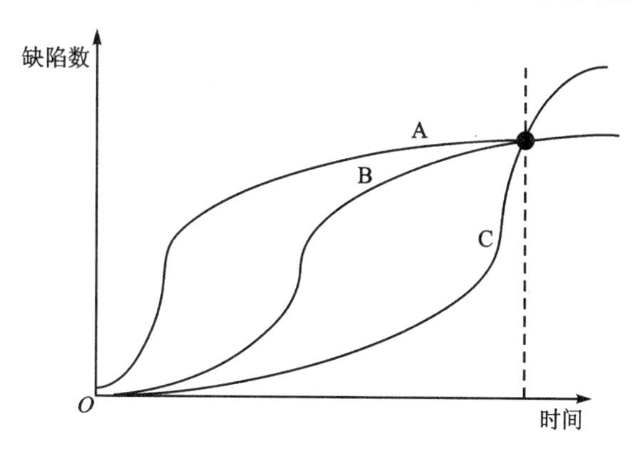

图 8－2　基于时间的缺陷到达模式图

关于缺陷到达模式，项目经理和测试经理比较关心的问题包括：1)缺陷何时到达峰值？这个峰值是多少？2)在到达峰值后又要花多少时间趋于一个低而稳定的水平？3)低而稳定的水平持续多少时间，当前版本可以发布？回答这些问题，正是缺陷达到模式要实现的目标。缺陷峰值到达的时间取决于代码质量、测试用例设计质量与测试执行策略等。一般来说，测试团队越成熟，峰值到达得越早。但从一个峰值达到一个低而稳定的水平，需要长得多的时间，至少是达到峰值所用时间的 4 倍。这个时间取决于峰值、缺陷修复效率等。

5. 缺陷收敛趋势分析

缺陷收敛趋势分析与基于时间的缺陷到达模式有些类似，只不过缺陷收敛趋势分析主要用于判断缺陷的收敛情况，看是否有必要再做一轮测试，所以常以“测试轮次”为时间单位；而且在缺陷收敛趋势曲线中，可以同时反映几个方面的趋势，例如：

1) 缺陷的发现数曲线，用于反映累计的所有被发现的缺陷数量的趋势；
2) 缺陷的关闭数曲线，用于反映累计的所有被关闭的缺陷数量的趋势；
3) 缺陷的日发现数曲线，用于反映当日(当期)发现的缺陷数量的趋势；
4) 缺陷的日关闭数曲线，用于反映当日(当期)关闭的缺陷数量的趋势。

根据项目规模和工期的不同，缺陷收敛趋势的时间轴可以采用天、周或者月为单位。图 8－3 是一个缺陷收敛趋势图的实例，是以周为单位的。

将图 8－3 中的曲线放在一起对比分析，可以得出更多的信息。

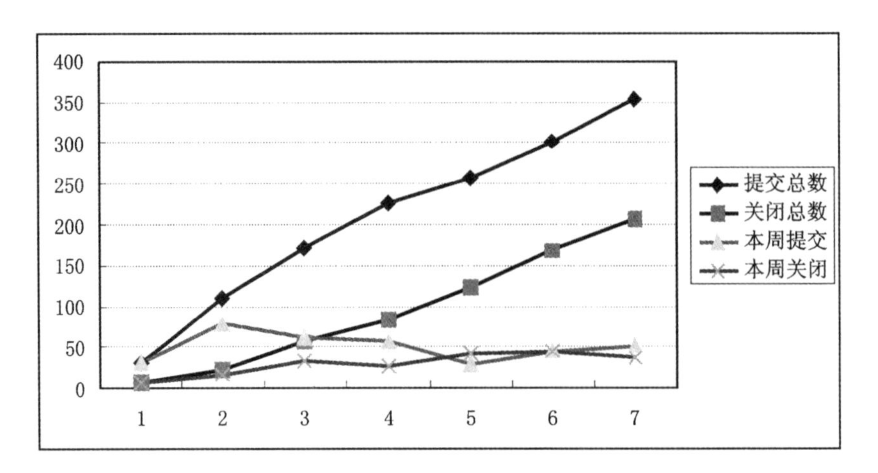

图 8-3 缺陷发展趋势图

8.4 建立测试度量分析体系

建设组织级的测试度量与分析体系不是一件容易的事。首先要在组织内确立测试度量与分析的原则;要建立测试度量与分析过程,引入测试度量与分析方法,设计各种模板和度量分析表格;还要在大量实践的基础上构建组织级的测试过程性能基线;最重要的是在各个项目中推进测试度量和分析的实践,以改进组织级测试度量和分析体系。下面从几个方面介绍我们的一些做法和相关的产出物,供读者参考。

8.4.1 测试度量分析原则

为了将测试度量与分析工作开展起来,采取了从简单入手,逐步深入的策略来推进。为此,在组织内确立了如下的测试度量和分析原则。

测试现场

下面给出测试度量和分析原则的实际例子,如表 8-12 所列。

表 8-12 测试度量和分析原则

序 号	原 则	指标/要求
一、对测试组的基本要求		
1	对测试用例执行情况做统计和分析	测试用例总数量、测试用例对需求的覆盖率、测试用例执行通过率等
2	对测试缺陷数做统计和分析	缺陷总数量、缺陷按模块、严重性、类型(根源)和状态等的分布分析,缺陷按时间的收敛趋势分析等

续表 8-12

序 号	原 则	指标/要求
3	根据度量数据，调整测试工作安排	
二、对测试组的高级要求		
1	对每个人的测试用例执行情况做统计	
2	对每个人发现的缺陷数做统计	
3	根据度量数据，向项目组提出改进建议	
4	根据组织级测试过程性能基线，进行测试工作估计和计划	
三、对项目组的基本要求		
1	对软件规模、工作量作统计	代码行数、需求功能点数、工作量
2	对缺陷解决情况作统计	缺陷修复率
3	根据测试度量数据，采取改进措施	针对出错多的模块做代码检查，对反复出现的 BUG 开展检查
四、对项目组的高级要求		
1	针对普遍性的 BUG，开展原因分析活动	
2	对开发人员引入的缺陷数做统计	
五、对测试部的基本要求		
1	建立度量分析模板，要求测试组填写	
2	发布针对所有项目合并的测试度量表	每周发布
3	根据项目度量数据，指导各项目开展改进活动	
六、对测试部的高级要求		
1	建立组织级测试过程性能基线，推广使用	每半年更新一次
2	根据测试过程性能基线，提出组织级改进建议	

8.4.2 测试过程性能基线

软件过程性能基线（process performance baseline）是 CMMI 中的重要概念，在这方面有大量的研究①。测试过程性能基线（test process performance baseline）是关于测试过程的性能基线，即是软件组织关于测试过程和产品质量相关度量元的统计均值，代表了组织当前的测试过程能力和测试人员水平，同时也部分地代表了开发过程能力和开发人员水平。这些指标

① 王慧，周伯生，罗文劼. 基于 CMMI 的软件过程性能模型[J]，计算机工程与设计，2009(1).

可用于指导新项目进行关于测试相关度量元的估计、度量和分析活动。当项目的测试度量数据积累到一定规模时，就有必要进行度量数据分析，建立测试过程性能基线。

我们在测试过程性能基线中包含的部分度量元及其内涵如表 8-13 所列。

表 8-13 测试过程性能基线

度量元	公 式	基 线	下 限	上 限
进度变化率	(实际工期—计划工期)/计划工期			
工作量变化率	(实际工作量—计划工作量)/计划工作量			
规模变化率	(实际规模—计划规模)/计划规模			
需求稳定指数	需求变化数(增加、删除、修改)/总需求数			
缺陷密度	总检出缺陷数/规模(KLOC)			
遗留缺陷密度	系统测试后发现的缺陷数/规模(KLOC)			
生产率	程序规模/工作量合计(LOC 每人·天)			
缺陷周期	缺陷从引入到去除的天数			
工作量分布度量元(%)				
软件需求规格说明书	SRS 工作量×100/项目总工作量			
软件设计说明书	设计工作量×100/项目总工作量			
编码	编码工作量×100/项目总工作量			
测试计划	测试计划工作量×100/项目总工作量			
测试	测试工作量×100/项目总工作量			
项目管理	项目管理工作量×100/项目总工作量			
质量保证	质量管理工作量×100/项目总工作量			
配置管理	配置管理工作量×100/项目总工作量			
缺陷分布度量元(%)				
软件需求规格说明书	需求类的缺陷数×100/总缺陷数			
软件设计说明书	设计类的缺陷数×100/总缺陷数			
编码	编码类的缺陷数×100/总缺陷数			
文档	文档类的缺陷数×100/总缺陷数			
过程有效性度量元(%)				
需求评审有效性	需求评审发现的缺陷数×100/需求类总缺陷数			
设计评审有效性	设计评审发现的缺陷数×100/设计类总缺陷数			
代码评审有效性	编码评审发现的缺陷数×100/编码类总缺陷数			
测试有效性	测试发现的缺陷数×100/(测试发现的缺陷数+发布后发现的缺陷数)			
缺陷清除有效性	发布前发现的缺陷数×100/缺陷数合计			

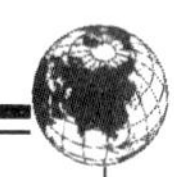

续表 8-13

测试专项度量元				
单位缺陷开销	测试投入的工作量(人·时)/缺陷总数			
测试生产率	单位时间所测试的代码量 单位时间执行测试用例的数量 单位时间开发测试用例的数量			
缺陷发现效率	每人天发现的缺陷数量			
缺陷按严重性分布	缺陷按严重性的分布比例			
问题遗漏率	发布后市场反馈问题数/产品问题总数目			
测试用例比率	平均需要为每个交易/功能设计的测试用例数			
测试用例有效性	每个测试用例所发现的缺陷数			

8.4.3　项目级测试度量分析过程

与其他方面的度量与分析一样，在项目中的测试度量与分析活动也遵循一般的项目度量分析过程①，如图 8-4 项目度量分析过程所示。

从图 8-4 可以看出，在组织级度量体系的指导下，一个具体软件项目要根据自己的情况制订本项目的测试度量计划，要有针对性地选择度量指标(组织级度量指标体系的一个子集，一个裁剪)，确定实施测试过程度量的侧重点；然后进行度量实施，收集度量数据，分析度量数据，并将度量和分析结果用于控制与改善测试过程。当项目结束之后，要将项目度量数据提供给组织，为测试过程性能基线的建立与完善提供第一手资料。

我们总结了在项目生命周期的各个阶段可以开展哪些测试度量与分析活动，如表 8-14 所列。

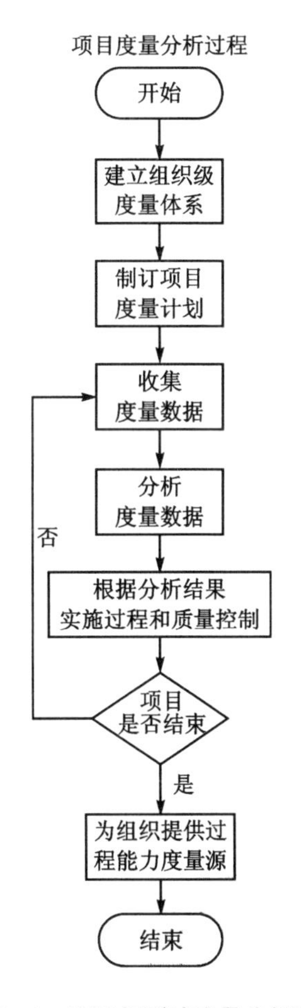

图 8-4　项目级测试度量分析过程

① 周伯生，朱令娴，孙自安，罗文劼. 项目管理过程域中的统计过程控制研究[J]. 计算机系统应用，2005(12).

表 8－14　在项目不同阶段开展的测试度量和分析工作

阶　段	工　作	产出物	测试度量	说　明
需求分析/概要设计	需求评审 概要设计评审	缺陷 评审总结报告	评审过程中发现的缺陷数量、级别	
	系统测试分析	测试策略 测试计划	被测对象的规模	功能点、代码行、交易数等
	系统测试设计	系统测试用例集	测试用例数目 测试用例开发效率 需求覆盖率	测试用例数/(人·日) 测试用例对需求的覆盖情况
详细设计	设计评审	缺陷 评审总结报告	评审过程中发现的缺陷数量、级别	
	集成测试设计	集成测试用例集	测试用例数目 测试用例开发效率 设计覆盖率	测试用例数/(人·日) 测试用例对设计的覆盖情况
		集成测试程序	程序的规模	
编码和单元测试	代码走查	缺陷 代码走查报告	代码走查中发现的缺陷数量、级别	
	单元测试设计	单元测试用例集	单元测试用例数目	
		单元测试程序	程序的规模	
	单元测试执行	缺陷 单元测试报告	缺陷数量 代码覆盖率	语句覆盖率、分支覆盖率、路径覆盖率
集成测试	集成测试执行	缺陷 集成测试报告	缺陷数量 测试执行率	实际执行过程中确定已经执行的测试用例比率
系统测试	冒烟测试	缺陷	测试执行通过率	在实际执行的测试用例中，执行结果为“通过”的测试用例比率
	正式测试 回归测试	缺陷 功能测试报告	缺陷数 测试用例的缺陷发现效率	单个测试用例发现问题的数量
			缺陷分布情况	缺陷严重性分布、模块分布、分布类型等
			缺陷收敛情况	缺陷收敛趋势
			缺陷解决率	某个阶段已关闭缺陷占缺陷总数的比率
			缺陷修正率	发布前已修正的缺陷数/发布前已知的缺陷总数

续表 8-14

阶 段	工 作	产出物	测试度量	说 明
测试总结	测试总结 度量分析	测试过程性能基线（更新）	缺陷密度	千行代码发现的缺陷数
			单位缺陷开销	测试投入的工作量（人・时）/缺陷总数
			测试生产率	单位时间所测试的代码量 单位时间开发或执行测试用例的数量

8.5 测试度量支持工具示例

我（王炯）是 2006 年开始在赛柏科技主持开发软件工程支持环境系列产品，陆续研发了“赛柏过程建模系统”、“赛柏日志管理系统”、“赛柏质量监控系统”、“赛柏企业过程及项目管理系统”等产品。本节介绍的是该系列产品中专门为提高测试管理水平及度量分析自动化而研发出的“赛柏质量监控系统”，其优势有以下几点：

1）系统集成了三百余种度量元及算法，可供用户选择使用；

2）实现对测试的实时度量，有效地减少了进行度量工作带来的工作量及成本；

3）集成项目日志管理，实现测试工作量的准确统计；

4）具有质量目标设定及质量实时预警的功能；

5）具有丰富的图形化分析功能。

8.5.1 缺陷管理

赛柏质量监控系统同时支持测试、同行评审、PPQA 检查、里程碑评审、风险管理、过程评估、问题报告/改进建议等多种缺陷发现方式的管理。该系统还实现了用户自定义增加或减少缺陷度量元，保证系统贴近用户实际需求。

从图 8-5 到图 8-7，分别给出了在该工具中的“测试缺陷列表”、“测试缺陷过滤功能”以及“测试缺陷录入”等界面。

8.5.2 测试用例管理

赛柏质量监控系统不但可以对测试用例进行维护、管理，而且实现了测试用例与测试缺陷的关联，从而为自动化回归测试提供数据支持，如图 8-8 所示。

8.5.3 质量预警

“赛柏系统”系统可以通过质量目标和评价参数的设定，对实际情况与质量目标之间的偏

质量监控系统

项目维护 项目管理 日志管理 质量管理 统计报表 退出

项目：业务管理系统项目　　测试缺陷列表　　添加缺陷 已删除缺陷 导出报表

ID	简述	状态	紧迫程度	严重程度	提交人	提交时间	修复人	操作
		等待处理 OR 再次出						条件清除
47	财务处理中数字精确度不够	等待处理	不紧急	中等严重	张志强	2010-10-08	张强	修改 删除
45	设计处理信息编辑后无法提交	再次出现	中等紧急	中等严重	张志强	2010-09-27	孙亮	修改 删除
43	设计处理中输入框没有字数限制	再次出现	中等紧急	中等严重	张志强	2010-09-27	孙亮	修改 删除
41	检索的年份选择默认选项有误	等待处理	中等紧急	中等严重	张志强	2010-09-27	张强	修改 删除
37	策划处理的时候将错误的数据也统计在内	等待处理	不紧急	中等严重	黄倩莹	2010-09-27	张强	修改 删除
27	定版申请模块申请的时候，总是弹出控件错误	等待处理	不紧急	中等严重	黄倩莹	2010-09-22	李忠	修改 删除
25	办公室处理页面出现多余的控件	等待处理	中等紧急	中等严重	张志强	2010-09-22	李忠	修改 删除
21	广告财务相关模块部分的模块代码错误显示	等待处理	不紧急	中等严重	黄倩莹	2010-09-22	王君	修改 删除
19	办公室处理页面首次打开弹出错误提示框	等待处理	中等紧急	中等严重	张志强	2010-09-22	李忠	修改 删除
17	定版申请模块开发的模块填写页面的信息和显示的信息不	等待处理	不紧急	中等严重	黄倩莹	2010-09-16	王君	修改 删除
16	业务盖章申请的时候、没有盖章的的业务会出现在已盖章	等待处理	不紧急	不严重	张志强	2010-09-16	张强	修改 删除
14	系统管理模块开发的盖章处出现错误	等待处理	不紧急	中等严重	张志强	2010-09-16	张强	修改 删除
13	日常办公开发(行政流程)行政流程错误	等待处理	中等紧急	不严重	张志强	2010-09-16	王君	修改 删除
12	日常办公开发(组织信息管理)组织树结构顺序不一致	等待处理	中等紧急	中等严重	张志强	2010-09-16	王君	修改 删除
9	套红套彩和调版通知流程部分的通知不能在首页上及时的	等待处理	紧急	严重	张志强	2010-09-16	李忠	修改 删除

记录数：16 条　　首页 1 2 后页 尾页

北京赛柏科技有限责任公司版权所有 Copyrights Reserved, Beijing Cyberspi.

图 8-5　赛柏质量监控系统中的测试缺陷列表

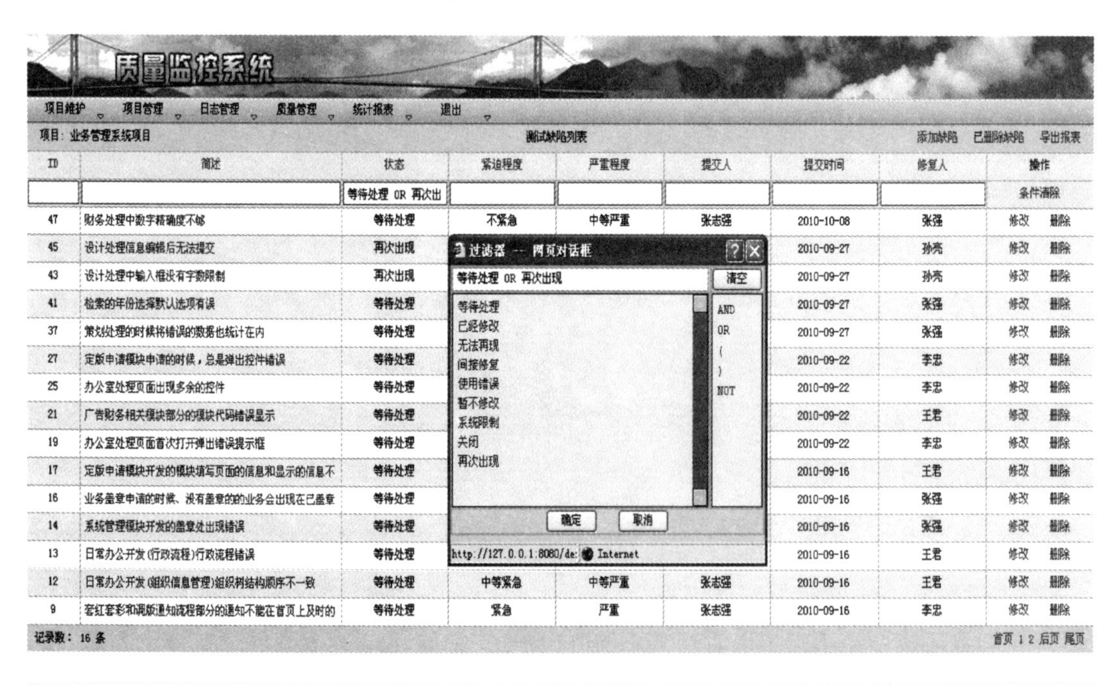

图 8-6　赛柏质量监控系统中的测试缺陷过滤功能

差进行预警，如图 8-9 和图 8-10 所示。

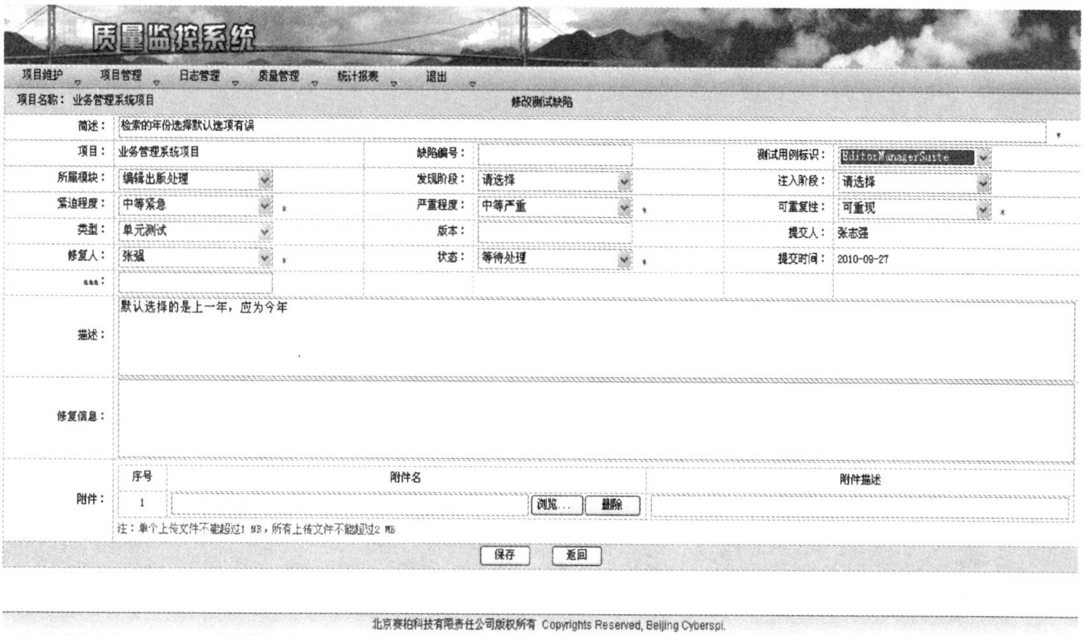

质量监控系统

项目维护 项目管理 日志管理 质量管理 统计报表 退出

项目名称：业务管理系统项目 修改测试缺陷

简述：	检索的年份选择默认选项有误				
项目：	业务管理系统项目	缺陷编号：		测试用例标识：	EditorManagerSuite
所属模块：	编辑出版处理	发现阶段：	请选择	注入阶段：	请选择
紧迫程度：	中等紧急	严重程度：	中等严重	可重复性：	可重现
类型：	单元测试	版本：		提交人：	张志强
修复人：	张娟	状态：	等待处理	提交时间：	2010-09-27
aaa：					
描述：	默认选择的是上一年，应为今年				
修复信息：					

附件：序号 附件名 附件描述

1 浏览... 删除

注：单个上传文件不能超过1 MB，所有上传文件不能超过2 MB

保存 返回

北京赛柏科技有限责任公司版权所有 Copyrights Reserved, Beijing Cyberspi.

图8-7 赛柏质量监控系统中的测试缺陷录入功能

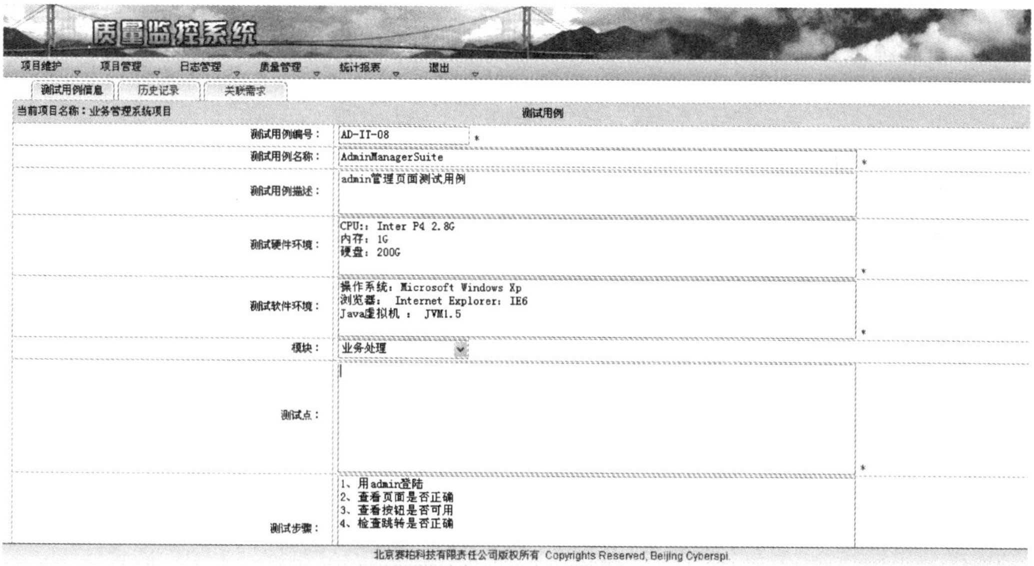

质量监控系统

项目维护 项目管理 日志管理 质量管理 统计报表 退出

测试用例信息 历史记录 关联需求

当前项目名称：业务管理系统项目 测试用例

测试用例编号：	AD-IT-08
测试用例名称：	AdminManagerSuite
测试用例描述：	admin管理页面测试用例
测试硬件环境：	CPU: Inter P4 2.8G 内存：1G 硬盘：200G
测试软件环境：	操作系统：Microsoft Windows Xp 浏览器：Internet Explorer：IE6 Java虚拟机：JVM1.5
模块：	业务处理
测试点：	
测试步骤：	1、用admin登陆 2、查看页面是否正确 3、查看按钮是否可用 4、检查跳转是否正确

北京赛柏科技有限责任公司版权所有 Copyrights Reserved, Beijing Cyberspi.

图8-8 赛柏质量监控系统中的测试用例录入功能

8.5.4 度量分析

系统可以生成多种缺陷分析报告，包括缺陷模块报告、缺陷类型报告、缺陷状态报告、缺陷版本报告、缺陷优先级报告、缺陷提交人报告、缺陷时间分布报告、缺陷严重程度报告、缺陷验证人报告、缺陷责任人报告等，如图8-11和图8-12所示。

质量监控系统

项目维护　项目管理　日志管理　质量管理　统计报表　退出

项目名称：业务管理系统项目　　设置质量目标　　缺陷数/KLOC

度量	预警值	注解
☑ 缺陷数/KLOC		
☑ 注入缺陷总数	< 75 OR > 150	没有经过PSP训练，取100-200
☐ 单元测试		
☐ 集成测试		
☐ 系统测试		
☑ 验收测试	> 5	

保存　返回

图 8-9　赛柏质量监控系统中的质量目标设定功能

质量监控系统

项目维护　过程资产管理　项目管理　日志管理　质量管理　统计报表　退出

项目：数据分析系统　　质量预警　　所有

度量	预警值	当前值	注解
⊞ 发现方式-缺陷等级			
⊟ 发现方式-状态			
[测试缺陷]中[发现]的缺陷数	>= 23	23	
[测试缺陷]中[残留]的缺陷数	>= 5	11	
[需求同行评审缺陷]中[发现]的缺陷数	>= 5	4	
[需求同行评审缺陷]中[残留]的缺陷数	>= 2	4	
⊞ 模块-缺陷等级			
⊞ 生命周期-缺陷等级			
⊞ 生命周期-状态			

图 8-10　赛柏质量预警系统中的质量预警功能

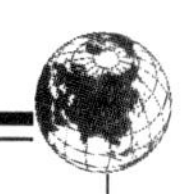

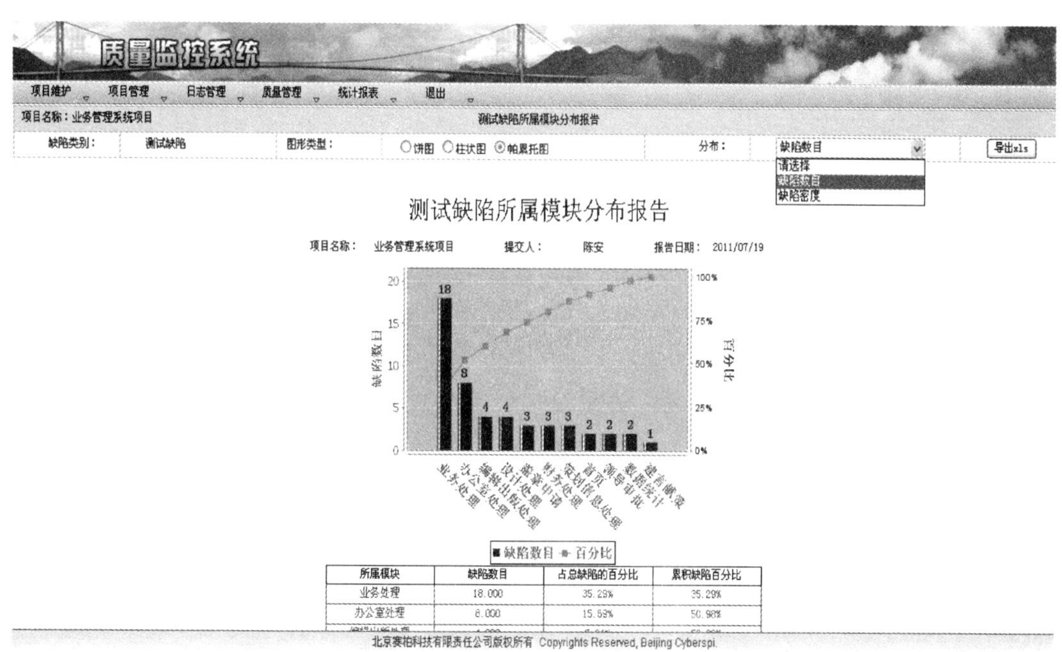

图 8－11　赛柏质量监控系统中的模块分布报告

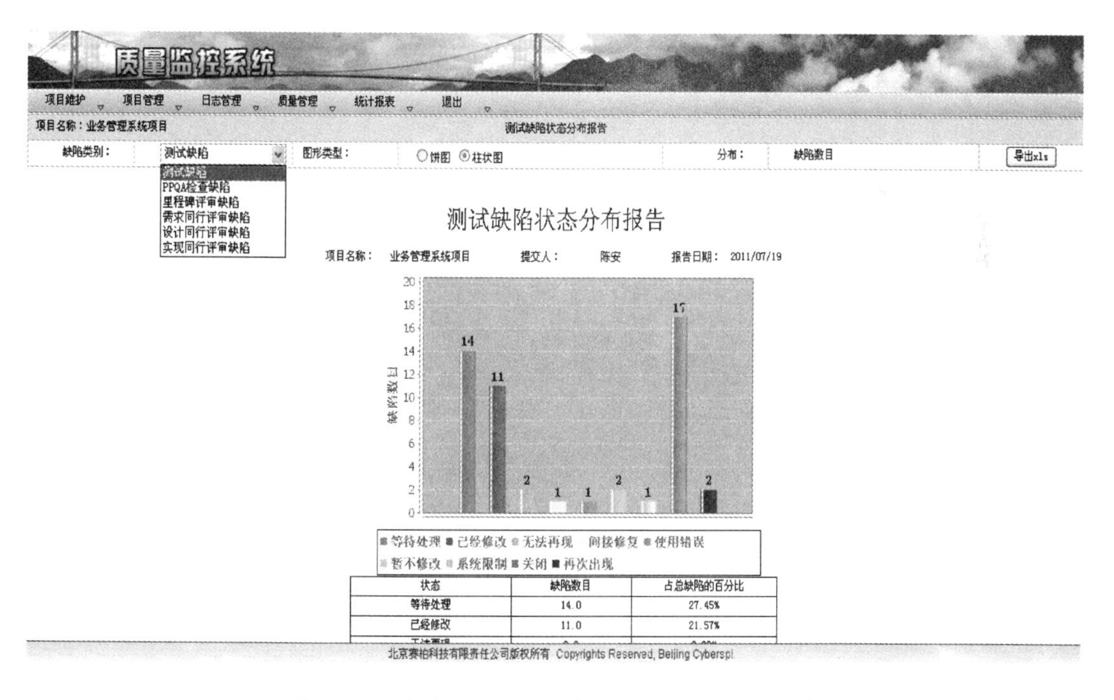

图 8－12　赛柏质量监控系统中的缺陷状态分布报告

8.6 小 结

关于测试度量与分析专题的内容是很丰富而庞杂的，往往让人有无法下手之感。本章尝试着择其精要，从实用角度帮助读者理出一个头绪，例如，为了制订和监控测试计划的执行，8.2节介绍了测试计划度量，为了监控测试过程和产品质量，8.3节介绍了测试过程度量分析，特别是其中的缺陷度量和分析值得读者好好琢磨一下，以加深对缺陷度量和分析的深刻内涵的理解。同时，本章强调一个组织要建立基本的测试度量分析体系，确立测试度量分析原则，建立测试过程性能基线，建立项目组织级和项目级的测试度量分析过程，采用相关的工具软件等。

对于一个软件组织来说，应该基于一些基本的目的，从简单的测试数据收集、度量和分析做起，例如，测试计划度量、缺陷数据度量等。另外，度量和分析的目的是为了应用，为了改进的工作。例如利用缺陷度量，敦促开发人员提高质量意识和设计、编码的质量，加强单元测试和自测等环节，利用缺陷分析帮助项目组找出缺陷的根源和共性问题，以便项目组采取解决措施，达到缺陷预防的目的。

重要的是测试度量与分析要坚持持续地做下去，只有这样才有可能发现一些重要度量元的长期趋势，增强技术人员和管理人员关于度量数据的敏捷性。采用工具软件则能够极大地促进测试度量与分析工作的持续性。通过使用本章介绍的"赛柏质量监控系统"，我们在此系统中积累了大量的项目过程数据和测试过程数据，建立了测试过程性能基线，这为我们新启动的项目打下了一个很好的基础。新项目的项目经理和测试经理可以很方便地利用其中的历史数据和实用工具来进行新项目的项目度量与分析、测试度量与分析。

在下两章，我们会转入软件测试的高级专题，即自动化测试和性能测试。

第 9 章 自动化测试体系建立

自动化软件测试(automated software testing)就是用机器代替手工以自动运行的方式完成部分测试任务,以提高软件测试效率。而自动化测试体系则是为开展自动化测试实践而建立的基础设施、策略、过程、方法、技术、框架、工具、系统等。自动化测试具有快速、可靠、可重复、可复用等优点,是软件测试技术和实践发展的趋势,应该成为软件组织和测试专家关注和努力的方向。在基本的测试体系建设之后,要开始着手建设自动化测试体系,并在项目测试实践中自觉地开展自动化测试,以提高测试效率。

本章论述自动化测试专题。9.1 节讨论自动化测试的策略,说明在什么场景下开展自动化测试比较好,认识在自动化测试方面的一些误区;9.2 节说明在开展自动化测试之前需要的基础,包括测试环境和持续集成平台等;9.3 节进入主题,论述自动化测试框架、测试工具、测试脚本开发等,在 9.3 节中还简要介绍了测试工具 Sm@rtest;9.4 节介绍一个自动化测试的实践案例,说明上述策略、技术和工具等在实际项目中的应用;9.5 节简要介绍自动化测试过程的建立。

9.1 自动化测试策略

自动化测试是在手工测试进展到一定阶段之后逐步引入的。也可以说,自动化测试是对测试过程的改进和在测试技术上的提升。当测试人员需要反复手工安装一个软件,需要不断重复执行一套测试用例集,会很自然地希望将这些重复工作自动化执行,这是引入自动化测试的好时机。

引入自动化测试要讲究策略[①]。自动化测试的好处显而易见,如果做得好,确实可以减轻测试工程师的劳动强度,提高测试效率,缩短测试周期。但自动化测试的建立和维护也会带来额外的开支,并非所有测试任务都适合自动化测试。在开展自动化测试活动之前,先要判断在当前情况下是否适合开展自动化测试,测试工作的哪些方面或被测系统的哪些模块适合开展自动化测试,何时开展为好。这就是适合自动化测试的场景,或自动化测试的选择策略。

确定自动化测试的选择策略,就是要构建一套自动化测试的选择准则,使项目团队、测试经理等可以找出适合自动化测试的场景。下面列出一些这样的选择准则:

1) 从软件组织或项目的性质来看,对于需要长期发展的软件产品或行业解决方案,或生命周期很长(即需要开发和运行维护多年)的应用系统,很有必要做自动化测试。而对于一个

① Daniel J. Mosley, Bruce A. Posey, Just Enough Software Testing Automation, Prentice Hall PTR,2002.

为客户定制开发的，一次性的项目，或项目周期很短的项目，就没有必要做自动化测试。

2）对已决定要做自动化测试的项目，不能太早启动自动化测试执行活动，因为这会导致自动化测试脚本的维护成本过高；而要等到产品或系统相对稳定后再启动，这个时候的需求、设计、程序乃至用户界面开始稳定下来，做出来的自动化测试用例、测试程序可以重复使用，而不用频繁修改和维护。

3）自动化测试特别适用于冒烟测试和回归测试。自动化测试程序可以在每次新版本生成时或软件变更之后重复运行，以检查软件常用功能运行是否正常，或软件变更是否影响其他功能的运行。

4）能够极大地减轻测试人员重复工作量的场合，如软件的安装、部署，大量而复杂的软件参数配置、大量的数据准备、人工容易出错的工作等，采用自动化测试效果显著。

5）非功能性测试（如性能测试、压力测试等）必须采用自动化测试手段。

另外，美国测试专家 Elfriede Dustin① 对自动化测试的一些错误认识、实践中的问题和经验/教训进行了总结，如下所述，很值得体会和借鉴。

1）在软件开发周期中使用的各种工具不能够很轻易地整合在一起。

2）对自动化测试的期望值过高，期待及早得到回报。

3）被测试工具牵着鼻子走。

4）缺乏测试脚本开发的规范性指南。

5）整个测试组的每个人都在忙着编写自动化测试脚本。

6）重复开发的劳动，尝试编写一些非常复杂的测试脚本。

7）创建自动化测试脚本往往会很麻烦，而不像工具厂商所喧扬的那样简单易用。

8）工具培训开展得太迟，测试工程师缺乏工具方面的知识。

9）测试人员对工具有抵触情绪。

10）某些测试工具需要插入代码到被测试程序中，但是开发人员直到测试后期才被告知这个问题。

11）工具在识别第三方控件方面存在问题。

12）工具的数据库不允许扩展。

9.2 自动化测试基础建设

罗马不是一天建成的，开展自动化测试也不是一蹴而就的，在实际开展自动化测试之前，需要先建立好自动化测试基础设施。这包括支撑自动化测试活动开展的基础环境、工具、平台、系统等。下面介绍其中的两项内容，即测试环境、持续集成平台。

① Elfriede Dustin, Jeff Rashka, John Paul, Automated Software Testing: Introduction, Management, and Performance, Addison - Wesley Professional, 1999.

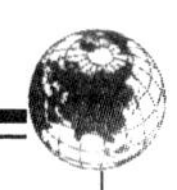

9.2.1 测试环境

测试环境包括与测试相关的服务器、客户机、专用外部设备、网络、存储等硬件设备以及相关的系统软件。测试环境应该是独立的，与开发环境分开，这样才能不受开发环境的影响。

测试环境与开发环境类似，一般遵循统一的环境管理规范。但测试环境应该比开发环境更加丰富，因为测试往往需要针对不同硬件设备做兼容性测试，需要更多种类的机器，或经常变更网络结构和系统配置，所以对测试环境的管理更复杂。如何根据测试任务的需要，及时提供所需要的设备，变更网络结构和系统配置，这对于测试活动开展，特别是对于自动化测试，有着重要的意义。

目前采用虚拟化技术来建立和管理测试环境，这是目前最好的测试环境管理技术之一。通过虚拟化技术，可以将刀片机组和存储机组划分出几十乃至上百台服务器。这些服务器既相对独立，又可共享资源，而且还可以根据情况动态调整，非常方便。在研发环境中运行着各种机器，也运行着不同的虚拟机软件，包括 VMWare，Xen 以及微软 Hyper-V 等。它们各司其职，共同管理开发和测试环境，基本上达到了“开发云”和“测试云”的效果。可以说，基于虚拟化技术的测试环境，减轻了测试环境准备的劳动强度，也是对自动化测试的一大贡献。

9.2.2 持续集成平台

持续集成(Continuous Integration，简称 CI)是敏捷开发方法所推崇的驱动软件编码和单元测试的一种实践机制。持续集成平台是支持其运转的基础设施。持续集成要求团队成员经常集成他们的工作，每次集成都通过自动化的构建(包括测试)来验证，从而尽快检测出缺陷，并进行修复，而不必等到开发后期才开始寻找和修复缺陷。

从持续集成所强调的原则来看，持续集成已经将下面几项工作实现了自动化，而这些工作正是自动化测试所要求的基础工作。

- 自动构建(BUILD)，从源代码产生可运行的二进制版本；
- 自动安装、部署，将软件版本部署到测试环境；
- 自动化测试执行，如运行单元测试程序；
- 自动运行回归测试；
- 自动生成度量报告等。

严格说，持续集成属于编码和单元测试(还包括部分集成测试)的范畴，但将它借用到自动化测试中来，将自动化测试过程理解为一种更大范围的持续集成，涉及软件版本自动构建、自动安装部署、自动配置、自动测试执行等环节。持续集成也是自动化测试的基础。

对于一个项目来说，持续集成平台建立和持续集成实践，可以培养员工的质量意识。这为开展自动化测试创造了一个好的氛围。持续集成平台可以每个项目建设一个，更值得推荐的是在组织级建立一个统一的持续集成平台，供多个项目共享使用。

1. 持续集成平台的实施

在进行持续集成实践前，要先选择并配置好持续集成服务器和相关的工具软件。持续集成服务器本质上是一个定时器，时间一到，让系统做人们想做的事情。比较成熟的持续集成服务器包括：CruiseControl，Anthill，Bamboo，TeamCity，Continuum 等。开源软件 CruiseControl 支持各种配置管理系统（SCM）和构建工具，具有灵活的功能，配置与管理也比较容易，因而应用得比较广泛。我们采用的正是 CruiseControl，并将 CruiseControl 与表 9－1 中的工具软件集成起来，自动地完成从构建、部署、静态检查到动态测试执行的过程。

表 9－1　持续集成平台中的相关软件

工具名称	定　位	作用说明
CruiseControl	持续集成服务器	定时器、集成者
Ant	版本创建者	编译并链接程序，生成二进制文件
Subversion	配置管理系统	可以换成其他的配置管理系统，如 Microsoft VSS，IBM ClearCase，Telelogic Synergy 等，但需要开发相关的接口
Selenium	自动化测试工具	基于页面的 Web 功能自动化测试工具
JUnit	Java 单元测试工具	开放源代码的 Java 测试框架，用于编写和运行可重复的测试程序
赛柏质量监控系统	质量管理工具	负责缺陷管理、质量监控、缺陷度量分析、可设定质量目标、实现实时质量预警

另外，在持续集成平台中还将一些检查工具结合进来，自动执行一些检查工作，如源代码样式检查、静态分析、内存泄露检查等，如表 9－2 所列。

表 9－2　持续集成平台中嵌入的工具软件

工具名称	定　位	作用说明
Checkstyle	Java 代码样式检查工具	检查源代码是否符合编码规范和文件规范
FindBugs	静态分析工具	通过静态分析的方式，找出代码中的逻辑错误和代码中的可改良部分
JProbe Coverage	测试覆盖率计算	计算测试覆盖率，识别和量化没测试的代码行等
JProbe Memory Debugger	内存分析、内存泄漏检查	通过对代码在运行中的内存使用情况的分析，指出潜在的内存泄漏和有无产生过多的临时对象

2. 微软公司持续集成实践介绍

在微软公司，产品开发项目一般规模很大（数百到数千人）。如此庞大的团队如何有效地协同工作，是一个大难题。微软公司在数十年的开发实践中建立了一套好办法，即每日建造＋自动化测试。这与持续集成的概念是一样的，只不过规模更大。具体说就是每天都建造一个新版本，每个版本都要运行通过一定量的自动化测试用例，以检验当天工作的质量。在微软，每日建造从午夜开始，完成后就开始执行自动化测试，到早晨上班之前会将测试结果自动通过

E-mail 发送出来。开发人员上班后第一件事就是检查测试结果，如果没有问题就开始新的工作；如果测试出有用例没有通过，开发人员必须协同测试人员一起立刻找出原因，解决后才能开始新的编码工作。

有时一个小的失误会引起大面积的测试用例失败，影响其他开发人员或团队。为尽量避免这种情况，要求开发人员在存入代码之前先在自己的个人构建的版本上运行一定量的自动化测试，全部通过后再存入。如果开发人员没有按照这样的要求做，存入质量不高的代码而造成大量测试失败，要受到严厉批评。就这样，通过不断的持续集成，项目可以整体协调地向前推进。

9.3 自动化测试框架和工具

9.3.1 自动化测试框架

完成上述自动化测试基础设施建设之后，就可以开始进入自动化测试这个正题了。为了较好地开展自动化测试工作，需要先来搭建一个自动化测试框架，就是要搭建一个能够自动地以各种方式运行被测软件，并记录其运行结果的一个软件系统。自动化测试框架可以有多种形态，既可以是现成的软件工具或开源软件，也可以是项目组自己开发的软件，所以用了框架这个比较流行的概念。按字面上的理解，框架是一组构件，是某种应用的半成品，供选用来完成自己的系统。自动化测试框架就是用来搭建自动化测试环境的框架。

自动化测试从根本上说，就是在构建一个系统，这个系统能够运行另一个系统。这个系统就是测试框架，而“另一个系统”就是被测试的软件。自动化测试框架运行被测软件的机制有多种，最典型的机制是消息驱动机制：自动化测试工具通过脚本录制和编写的方法，生成测试脚本；在脚本回放的过程中，将这些脚本转换成为 Windows 消息，发送给应用程序窗体和各种控件。基于消息驱动机制的自动化测试原理如图 9－1 所示。

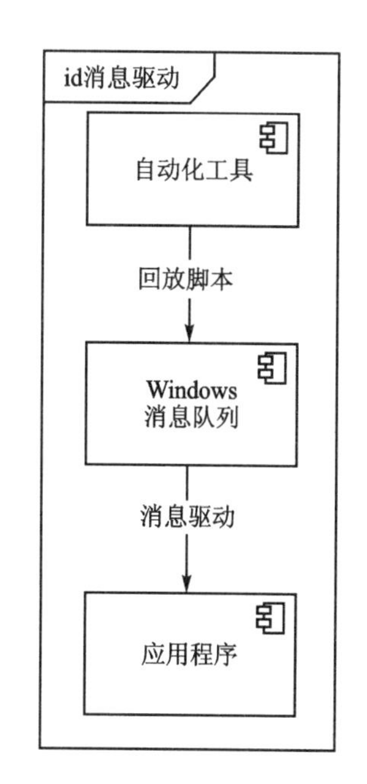

图 9－1　自动化测试原理图

这种方式的好处在于，自动化测试工具和应用程序之间能够做到完全隔离。但是，由于使用了 Windows 消息，有时会出现消息队列异步性与程序顺序性之间的矛盾，另外对于非标准控件的支持也不太好。于是有人做了改进，如采用“嵌入式”机制等。对于这些机制的了解有助于掌握自动化测试工具的原理。

自动化测试框架要解决的问题，从本质上说，是实现分布式资源透明化的过程。由于性能测试、压力测试的要求，往往需要构建一个分布式的测试环境，在这个分布式的测试环境中，需要准备多种测试平台(例如：多台 Windows，多台 Linux 等)。自动化测试框架的作用就在于将分布式环境中的各种资源变成相应的服务对象。例如一台 Windows 机器，在自动化测试的框架中，看到的将不再是一台 Windows 机器，而是绑定到某个 IP 地址上的一个服务对象。通过这个对象，可以通过一个通用的调用方法(如对象映射技术)，告诉这个对象，让它做我们希望它去做的事情，例如启动一个指定的测试脚本。自动化测试框架建立了一个以提供服务为主的底层通信网络，而在服务的应用上，可以采用插件模式或对象映射技术，动态地、无限地扩展它的服务。

9.3.2 自动化测试工具

开展自动化测试离不开自动化测试工具。自动化测试工具是自动化测试框架的一部分，而且常用的自动化测试工具都声称自己提供了一个自动化测试框架。所以在进行自动化测试活动时，采用合适的自动化测试工具至关重要。

在大规模使用测试工具之前，有必要对测试工具进行评估，看是否适合组织或项目的需要。测试工具按类型分，一般分为单元测试工具、功能测试工具、性能测试工具、测试管理工具等。做不同类型的测试，采用不同类型的测试工具。按工具来源来分，又可分为商业工具、开源工具和自己开发的工具等，需要根据组织的财力情况来选择。下面介绍几种比较常用的功能测试工具。

1. Quick Test Professional(QTP)

QTP 是 HP 公司(原 Mercury 公司)出品的一款测试工具。它的优点是使用方便，功能强大，并且可以通过与测试管理工具的集成达到自动化功能测试的目的。QTP 是专门针对 B/S 模式的测试工具。它具有识别能力强，回放精确等优点，是进行 B/S 模式下功能测试的首选工具之一。

2. Rational Function Test(RFT)

RFT 是 IBM 公司出品的一款测试工具。它的优点是支持 java，可以配合 JUnit 工具进行测试，可以进行封装，将公用函数、测试逻辑层提取出来，提高重用性。RFT 也具有很强的功能。

3. Selenium

Selenium 是一款开源工具，是基于页面的 Web 应用程序测试工具。Selenium 测试直接运行在浏览器中，就像真正的用户在操作一样；可以用 html 编写测试用例，也可以用 python，java，php，Linux shell 等来编写测试用例；支持 java，可以配合 JUnit 工具进行测试，可以进行封装，将公用函数，测试逻辑层提取出来，提高重用性。

4. WinRunner

WinRunner 是一款企业级的功能测试工具。通过自动捕获、检测和重复用户交互的操作来发现缺陷。

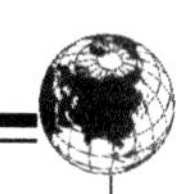

5. JUnit

JUnit 是由 Erich Gamma 和 Kent Beck 编写的一个 Java 测试框架，主要用于单元测试（白盒测试）。继承 JUnit 框架中的 TestCase 类，开发一些 JUnit 测试程序，就可以用 JUnit 进行自动化测试了。还有很多扩展测试框架，如 HtmlUnit，HttpUnit，DbUnit，XMLUnit 等。为了各种目的对 JUnit 进行了扩展，都是可以使用的。JUnit 的类图如图 9－2 所示。

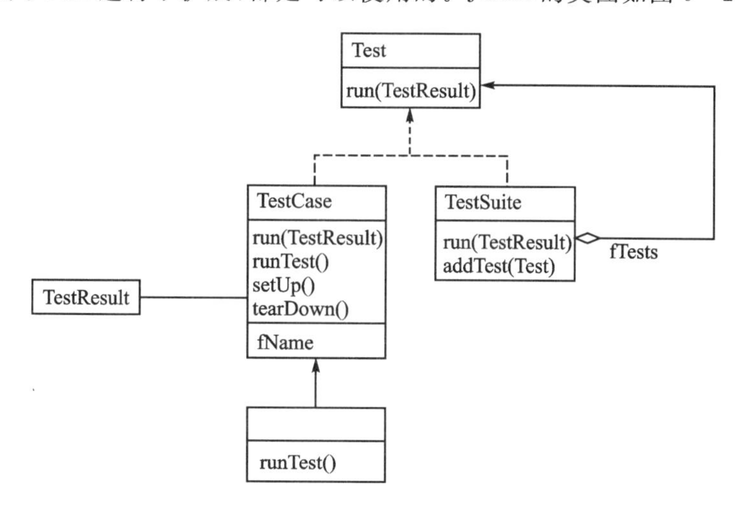

图 9－2　JUnit 的类图

6. 赛柏质量监控系统

在 8.5 节中，已经对赛柏质量监控系统作了比较详细的介绍，可以实时监控测试缺陷的状态，通过测试用例缺陷状态矩阵分析表判断某测试用例对应的自动化测试脚本是否可以进行自动化回归测试。

9.3.3　测试脚本开发

自动化测试工具运行被测软件的各种方式是由测试用例、测试脚本和测试数据等来定义的。这些定义有的是由自动化测试工具捕获和录制的，有的是由测试人员编写的，不同的方式反映了自动化测试的不同成熟度。自动化测试的成熟度级别如表 9－3 所列。

表 9－3　自动化测试的成熟度级别

级　别	说　明	优　点	缺　点	应用场景
级别一：捕获和回放	最低的级别，只用自动化测试工具对用户界面操作动作进行捕获和回放	能够自动生成测试脚本，不需要编程	数据和脚本混在一起，脚本量大，维护成本很高，而且界面稍微变化就需要重新录制，脚本可重用性不高	当测试的系统不会发生变化时

续表 9-3

级　别	说　明	优　点	缺　点	应用场景
级别二：捕获、编辑和回放	使用测试工具捕获后，将测试脚本中固定的测试数据转换成为变量(参数化)	测试脚本开始变得灵活，减少了脚本的维护工作量	需要一定的编程知识，频繁的变化使得脚本难以维护	被测应用内部逻辑变化小，GUI 界面变化小
级别三：编程和回放	基于编程的方式来开发测试脚本	主导测试脚本的设计，可以构建不同的回归测试	要求测试人员具有设计、开发能力	测试套件被开发
级别四：数据驱动的测试	从数据文件读取输入数据，通过变量参数化，将测试数据传入测试脚本，不同的数据文件对应不同的测试用例	能够维护和使用测试数据。数据和脚本分离，脚本的利用率和可维护性大大提高	要求测试人员具有较高的软件开发能力、访问和管理测试数据的能力	大规模的测试套件被开发
级别五：使用关键字的测试自动化	将测试用例从测试工具中分离出来 当在 Excel 表中创建测试用例时，放置特定关键字。执行时，从 Excel 表中读取测试用例，并转换为测试工具能够理解的形式	主要关注测试用例的设计，允许测试用例的快速执行	需要测试团队具有较高的软件开发能力，以开发，并维护测试框架	专业的自动化测试

有志于自动化测试的测试人员需要这样逐步进级：通过最简单的捕获和回放来熟悉测试工具，开展一些简单的自动化测试，在此基础上，通过变量参数化设置和简单的脚本修改，使测试脚本能够支持不同数据项的输入，或通过准备数据文件，让测试脚本从数据文件中输入数据，支持大量测试用例的执行，最后达到使用关键字的水平，在测试用例 Excel 表中定义更多的操作语义，让这些关键字驱动测试脚本去执行不同的任务。这种模式从理论上讲使测试工具直接解释执行测试用例表成为可能，测试脚本的可重用性和可维护性大大提高。

就像开发人员开发程序前要做结构化、模块化设计等一样，测试人员要想做好测试脚本，也要做好设计工作。例如，可以将公用的功能提炼成子脚本，供其他脚本调用；还可以设计数据文件，将测试输入存储在独立的数据文件中，而不是存储在脚本中，脚本中只存放控制信息，使同一个脚本可以运行不同的测试，测试人员也更容易维护数据文件。当然，最好还是使用关键字驱动技术，将数据文件变为测试用例的描述，用一系列关键字指定要执行的任务。解释这些关键字则需要另外的支持脚本。控制脚本读取测试文件中的关键字，并通过关键字调用相关的支持脚本。为此，需要对关键字进行定义和设计。

9.3.4　自己动手开发测试工具

不要认为测试工具是高不可攀的，一些小的测试工具完全可以自己动手开发，以便更适合

自己的情况，简单易用。自动化测试体系的建设者要注意不断积累这种实用的测试工具。下面列出我们公司自己开发的一些自动化测试工具。

1. 自动化数据生成器

自动化数据生成器用于生成测试时需要的数据库表中的业务数据，包括单表数据生成和多表数据生成，包括少量数据生成和大批量数据生成(可用于性能测试)等。在软件实现上可以采用多种实现方式，如数据库 SQL 脚本、存储过程、从 Excel 表中读数据的 JAVA 程序、数据序号生成器等。

2. 自动化报文生成和测试器

根据系统之间的接口规范，生成另一个系统所需要的 XML 等格式的报文，可用于一个系统访问另一个系统时的测试(集成测试)，还可以用于测试前台界面访问后台系统的场合。这样就可以将前台用户界面的测试和后台业务逻辑的测试分开进行，即不需要通过易变的用户界面用手工的方式录入输入数据，而是自动地生成访问后台系统的报文，以便测试相对而言不易变的后台业务逻辑。这种工具能够大大减少手工测试的工作量。我们开发和使用的测试工具 Sm@rtest 就属于这一类工具。

3. 系统模拟器

系统模拟器俗称档板，用于模拟一个系统的行为。这个系统往往还不存在或难以访问，就先做一个假的，让它按我们的要求接收一个输入，并返回一个预期的结果。只要给出一个正确的(输入、输出)二元值集合，就可以开发此类档板。例如，我们公司为银行核心业务系统测试而开发的银行支付模拟器就属于这类工具。

9.3.5　测试工具 Sm@rtest 介绍

将上述几类功能整合起来，再加上一些测试管理功能，我们开发，并推出了自动化测试工具 Sm@rtest，并在一些研发和工程项目中使用，达到了较好的效果。下面简要介绍神州数码测试工具 Sm@rtest。

Sm@rtest 主要是用于测试系统服务的黑盒功能测试工具。它绕过系统的界面，直接测试后台服务；同时还提供测试用例管理和测试执行过程管理的功能。本工具的用户包括测试人员、开发人员、集成人员和最终用户等。本工具在测试过程中都可以使用，并且特别适合在冒烟测试、集成测试、系统测试、回归测试和验收测试时使用。本工具可以自动批量地测试被测系统的核心服务，集中检查测试结果，从而可以提高测试的自动化水平，提高功能测试的效率。

Sm@rtest 采用三层架构，包括客户端、服务器端和数据库等，通过简单网络参数配置就可以实现与被测系统的连接。对被测系统测试的深度取决于可以准备多少访问被测系统的报文的数量，准备的报文越多，测试就会越深，所以本工具是一个可以无限扩展的系统。

Sm@rtest 的主要功能如下所示。

1) 测试管理功能：包括测试环境管理、系统服务管理、测试报文管理等。

2）测试设计功能：包括测试用例设计、测试用例集设计、测试轮次设计等。

3）测试执行功能：包括单用例执行、用例集批量执行、测试结果管理等。

在本工具的测试用例中，不仅包括测试用例的一般内容，还包括与此测试用例相关的测试报文（XML 格式），用作测试用例的输入数据。在本工具启动测试执行时，会通过此报文调用系统中的被测服务，系统执行此服务，并输出运行结果到日志中。本工具取得结果日志，并根据预期结果来检查服务执行是否成功或是否有缺陷。

图 9－3(a)到图 9－3(d)显示了本工具的几个典型用户界面。

Sm@rtest 工具有下列特色。

- 简单实用：只需知道服务名称，会做报文即可实现自动化测试。
- 用例管理方便：可以同时管理各个被测系统的测试用例，方便测试用例复用。
- 用例批量执行：用例可以随意组合、批量执行，降低了测试执行的劳动强度。
- 方便报文存储：报文存储在数据库中，可以在工具中导入、修改和保存报文。
- 自动对比执行结果：工具自动将用例执行结果与预期结果进行对比。
- 支持参数设置：可以对报文中数据进行参数化设置，参数可在用例执行时输入，也可以从上个用例执行结果中取得；参数还可以是列表，以便循环替换执行。
- 灵活的执行方式：如，单个用例执行、单个用例集批量执行、多个用例集组合执行。
- 支持多种通信协议和报文类型。

Sm@rtest 工具目前在税务、金融和政府等领域的研发项目和工程项目中得到了应用。

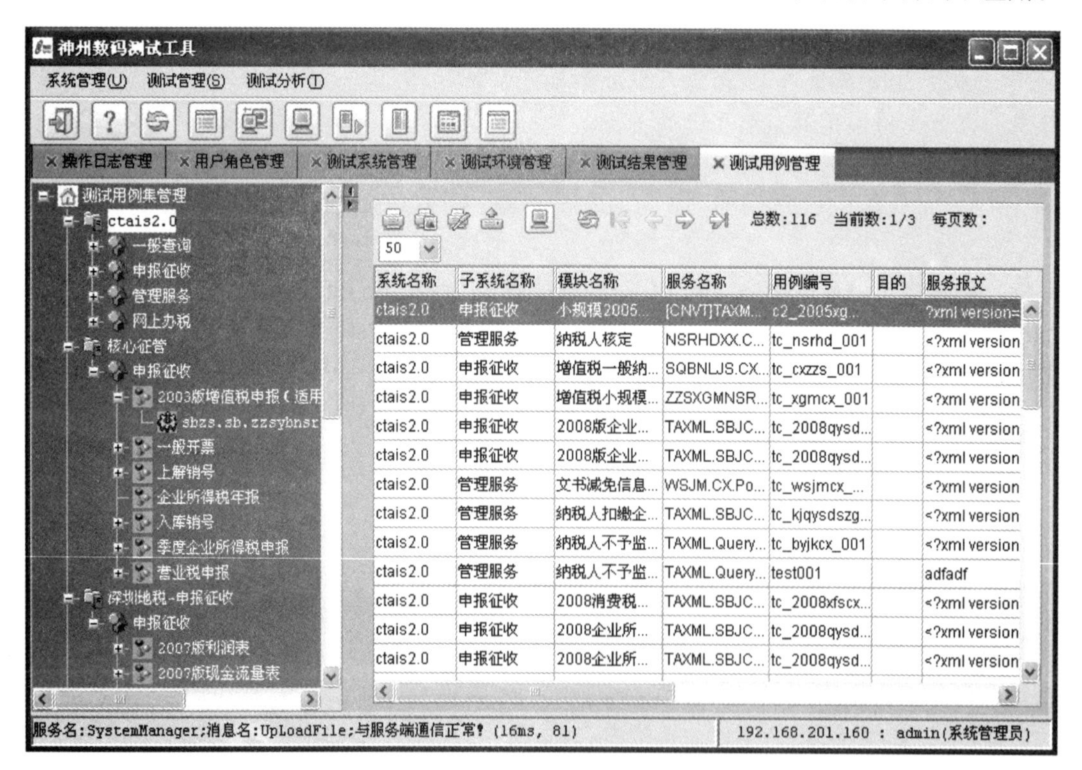

图 9－3(a) Sm@rtest 工具的测试用例管理的界面

图 9-3(b)　Sm@rtest 工具的修改测试用例的界面

图 9-3(c)　Sm@rtest 工具的测试用例集执行的界面

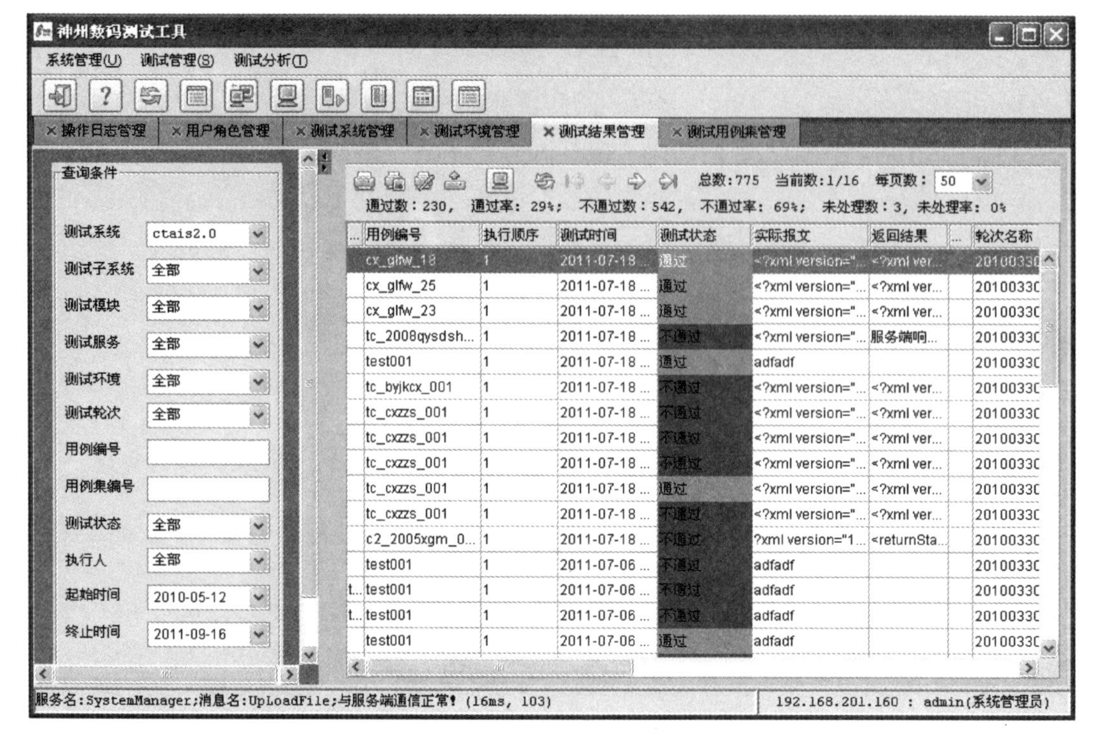

图 9-3(d) Sm@rtest 工具的测试结果管理的界面

我们各个项目的测试团队在使用 Sm@rtest 后感受到的好处在于:将测试用例、测试报文及数据等有效管理起来,测试用例的复用率提高了;测试用例集在无人值守的情况下批量自动地运行,工具自动保存测试结果,测试执行效率大幅提高;特别是在冒烟测试、回归测试中最能发挥作用,可以代替人工做重复的测试,节约了时间和人力。

与昂贵复杂的商业测试工具相比,Sm@rtest 简单、易用、实用、较好掌握、维护成本低,目前已经成为测试人员的贴身小助手,而且很多用户单位采用,得到了很多用户单位技术人员的青睐。

9.4 自动化测试实践案例

下面以 ESB 平台自动化测试案例说明如何开展自动化测试。

9.4.1 ESB 平台介绍

ESB 平台是面向服务体系结构(SOA)中的核心模块——企业服务总线(enterprise service bus)。它结合中间件技术与 XML,Web 服务等技术,提供网络中最基本的连接中枢,支持基于内容的路由和过滤,支持不同数据格式的转换,提供一系列的标准接口,从而实现不同应用系统之间以不同方式、不同协议实现互联、互操作和互相协作。

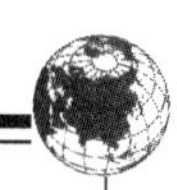

在开展自动化测试之前，ESB 产品测试的现状如表 9－4 所列。

表 9－4　ESB 产品测试现状

方　面	说　明	缺　点
产品版本发布	产品版本由开发组提供	测试人员无法保证产品版本的可追溯性
产品部署	全部为手工操作，正确部署所有的应用系统需要约 2 h	容易出现不必要的错误
产品测试代码	开发人员编写	测试人员比较被动
执行冒烟测试用例	测试人员需要不断地手工重复修改测试代码和配置信息；12 个冒烟测试用例全部执行完成需要约 6 h	用时较长，且容易出现不必要的错误

9.4.2　ESB 产品自动化测试需求

ESB 产品自动化测试的目标是实现 ESB 冒烟测试的自动化。

ESB 产品自动化测试系统的功能要求如下。

1. 初始配置自动化

- 支持队列配置自动化；
- 支持节点配置自动化；
- 支持业务服务、基础服务部署自动化；
- 支持代理服务模板绘制自动化（包括数据映射节点）；
- 支持业务服务、代理服务配置自动化；
- 支持渠道配置自动化；
- 支持元数据部署自动化。

2. 调用自动化

- 可以根据测试用例中指定的接入方式调用指定的接出服务；
- 可以根据测试用例中指定的传入参数进行调用；
- 可以按照测试用例分别保存测试结果；
- 可以按测试用例分别保存测试过程中的日志和各域控制台的输出；
- 支持批量调用。

9.4.3　ESB 平台自动化测试方案

1. ESB 产品测试的特点

ESB 产品测试可以划分为两个部分。

(1) 测试环境的配置

使用 ESB 控制台界面对每个测试用例所需要的测试环境进行配置。这部分界面比较简单，适合使用类似 RFT，QTP，Selenium 等自动化测试工具进行录制和回放，实现测试用例环境的自动配置。

经过比较，因为很多开发人员对 Java 比较熟悉。采用基于 Java 编程的 RFT 工具来实现这部分的功能。另外，RFT 的代码可以使用 ANT 和 Junit 工具进行集成，实现测试环境配置自动化。

(2) 测试服务的调用

ESB 测试服务的调用目前基本上是使用 EJB 方式等远程调用。数据的交换方式是使用基于 XML 的报文形式，只是调用的服务不同，使用的协议不同，使用的通道不同而已。因此，这种类型的测试服务调用比较适合使用 Java 来开发，并且可以对同一类型的测试代码进行抽象，形成统一的测试平台。测试用例的开发技术难度不高，对开发人员的要求也不高，只要会 Java 编程即可。

同时，测试服务的调用一旦开发，调试完成后就基本不用修改，需要修改的只是需要的配置参数和测试报文等非代码部分。使用 Java 编程的代码可以使用 ANT 和 Junit 工具进行集成，实现测试服务调用的自动化。

ESB 自动化测试的方案如图 9－4 所示。

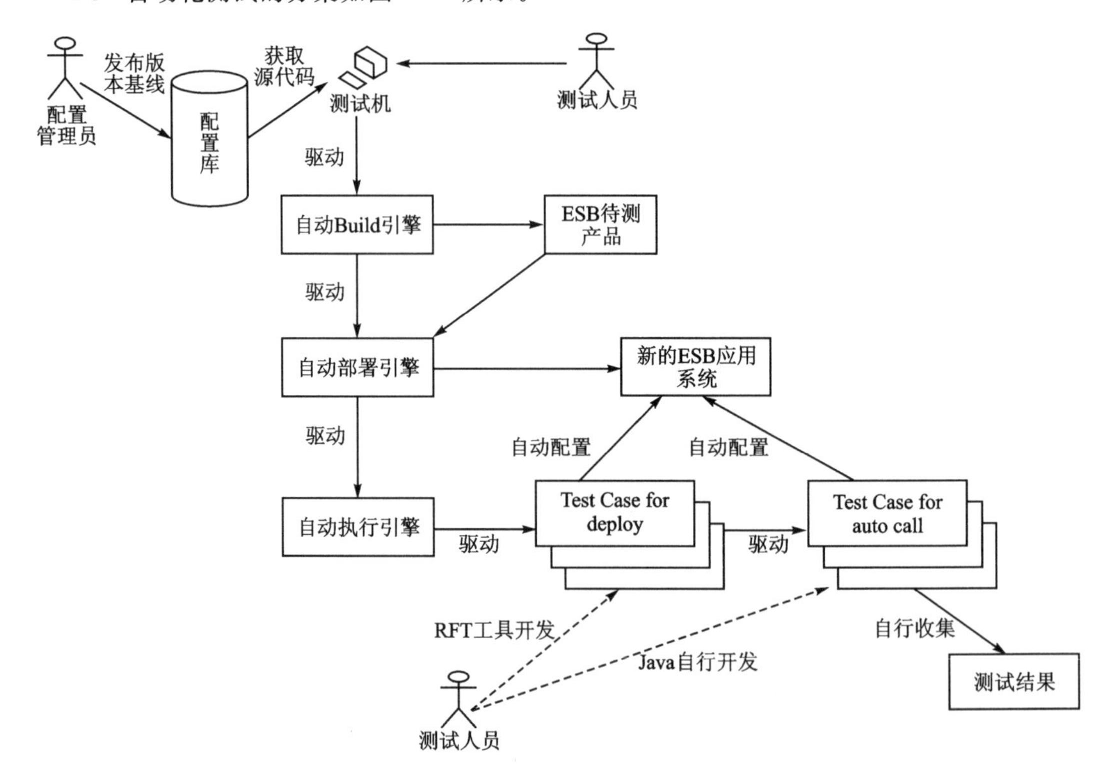

图 9－4　自动化测试方案

2. ESB 产品自动化测试方案

根据 ESB 自动冒烟测试需求，结合各种自动化测试工具的特点，提出如下自动化测试

方案。

1）自动获取产品源代码：使用 Telelogic 产品的命令实现；

2）自动构建产品发布版本：使用 ANT 工具和产品构建脚本实现；

3）自动停止/部署/启动应用系统：使用 Weblogic 系统自身的停止、自动部署和启动命令实现；

4）自动执行测试代码，并收集测试结果(包括系统日志)。

① 测试代码自动执行使用 ANT 和 Junit 工具实现；

② 有界面的自动配置功能使用 RFT 工具编程实现；

③ 服务调用功能测试人员使用 Java 编程自行开发。

9.4.4　ESB 自动化测试效果

ESB 产品自动化测试的效果，如表 9－5 所列和图 9－5 所示。

表 9－5　ESB 自动化测试的效果

方　面	说　明	效　果
产品版本发布	开发组配置管理员创建产品基线，并提供给测试组。测试组根据基线从配置库自动获取产品源代码	每个测试版本与源代码就可以一一对应起来，实现 BUG 的追溯 获取产品版本源代码时间小于 5 min
产品部署	自动部署，并可以根据不同测试人员的配置要求自动替换相应的配置信息	可以避免人为的错误部署时间大大缩短，小于 5 min
产品测试代码	测试人员自己编写	更加符合测试用例的要求
执行冒烟测试用例	自动执行各个测试用例代码，并自动收集各系统的日志信息	大大减轻测试人员工作量，同时提高测试效率，所有用例执行完成时间小于 60 min

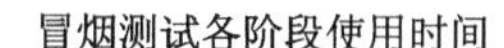

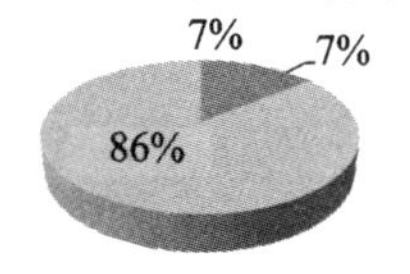

图 9－5　自动化测试的效果图

9.5　自动化测试过程建立

9.5.1　自动化测试过程建立

自动化测试过程与一般的测试过程类似，也要经历需求分析、设计、实现和执行等几个阶

段，只不过在各个阶段所做的工作内容有些差异。自动化测试也分单元测试自动化、集成测试自动化和系统测试自动化等，它们之间也有差异。这里针对系统测试自动化，给出了一个自动化测试过程的定义，如表 9-6 所列。

表 9-6 自动化测试过程定义

阶 段	工作内容	输 入	输 出
自动化测试需求分析阶段	确定自动化测试的需求范围和合适的环境	需求规格说明书、概要设计说明书、项目计划	自动化测试需求 自动化测试计划
自动化测试设计阶段	1. 建立自动化测试框架 2. 编写自动化测试用例	需求规格说明书、概要设计说明书、自动化测试需求、自动化测试计划	自动化测试框架 自动化测试方案 自动化测试用例
自动化测试开发阶段	自动化测试程序、测试脚本的开发	需求规格说明书、设计说明书、自动化测试框架、自动化测试用例	自动化测试程序 自动化测试脚本
自动化测试执行阶段	1. 自动化测试脚本的执行 2. 自动化测试结果的分析，BUG 报告	自动化测试用例 自动化测试程序 自动化测试脚本	发现的缺陷 自动化测试报告

在这里要特别强调一下测试开发阶段的工作，这是手工测试较少涉及的。在测试开发阶段，要创建具有可维护性、可重用性、简单性、健壮性的测试程序，测试脚本等，同时要注意确保自动化测试开发的结构化和一致性。自动化测试是一个长期的过程，为了与产品新版本的功能和相关修改保持一致，自动化测试需要不停地维护和扩展。在自动化测试设计中要考虑自动化在未来的可扩展性，要重点关注可以延续使用的测试用例，要加强测试程序、测试脚本的配置管理和持续维护。只有这样，自动化测试才能不断得到发展和完善。

9.5.2 组织级自动化测试体系的建设

自动化测试体系的建设应该得到软件工程组织高层领导的支持，需要得到额外的资金和人力投入。先在一些项目中开展自动化测试，并积累了一些经验/教训，然后开始进行组织级自动化测试体系的建设。例如，可以在软件测试部(或其他相关机构)下成立专门的自动化测试体系建立小组。这个小组的职责就是建设自动化测试体系，并推进自动化测试体系在项目中的应用。就这样将关于自动化测试体系建设和自动化测试项目实践结合起来，互相促进和提高。

9.6 小 结

自动化测试(automated software testing)也是一项需要持之以恒才能见到效果的事情。通过本章 9.1 节的说明，知道了开展自动化测试要讲究策略，选择合适的时机开始做，从简单的事情(如版本部署、数据准备等)开始着手，在做的过程中不断积累经验和教训，只要坚持，会

在不知不觉中感觉到自动化测试带来的好处。

为了促进自动化测试的持续开展，应该在组织内建立一个自动化测试推进小组。这个小组可以由专职人员负责，但更多的是由兼职人员参与，是一个虚拟小组，还要在组织范围内建立一套自动化测试体系，包括本章中介绍到的测试环境、持续集成平台、自动化测试框架、测试工具以及自动化测试过程等。

对于测试人员来说，要提升在自动化测试方面的技术水平，本章的介绍是远远不够的，需要结合具体的测试工具来学习测试脚本开发和参数化技巧等。这里只是再强调一下自动化测试的意识，自动化测试不是什么神秘的事情，往往自己动手开发一个小工具就能解决某一方面的问题，逐步积累起来就可堪大用，就像本章介绍的自动化测试工具 Sm@rtest 那样。

在本书前面的章节中，更多地在讲功能测试，下一章将转入一个新的专题，即性能测试，以及性能测试体系建设。

第 10 章

性能测试过程和方法

随着软件系统规模和集中度的不断增大，系统性能问题越来越突出，已经成为软件项目不能按时上线、软件系统不能有效运行或生命周期缩短的一个主要原因，因而性能测试作为验证和提升系统性能的重要手段就变得很重要。但在实际工作中，性能问题还没有得到应有的重视，性能测试也由于技术难度高，很难做好而经常被忽视，开展得不多或不充分。如何在项目中做好性能测试，以及如何建立一套有效支撑性能测试的过程、方法和技术，是本章要探讨的专题。

10.1 节讨论对性能测试的理解，包括理发店模型、系统性能度量元等，并认识性能测试的特点；10.2 节论述性能测试规划和设计，包括性能测试的目标确定、需求分析和方案设计等内容；10.3 节论述性能测试实施，包括性能测试准备、测试程序开发、测试执行和系统调优等专题；10.4 节探讨性能测试体系的建设和性能测试队伍的建设。

10.1 对性能测试的理解

10.1.1 从理发店模型理解性能

做性能测试的人一定要先了解理发店模型，从中可以理解性能测试的概念。在理发店模型中，先做如下的假设：

1）理发店共有 3 名理发师；

2）每位理发师给一个人理发的时间都是 1 h；

3）顾客们都是很有时间观念的人，而且非常挑剔，他们对于每次光顾理发店时所能容忍的等待时间＋理发时间是 3 h，而且等待时间越长，顾客的满意度越低。如果 3 h 还不能理完头发，顾客会立即走人。

通过上面的假设不难想象出下面的场景：

1）当理发店内只有 1 位顾客时，只需要有 1 名理发师为他提供服务，其他两名理发师可能闲着或干点别的。1 h 后，这位顾客理完头发出门走了。那么在这 1 h 里，整个理发店只服务了 1 位顾客，这位顾客花费在这次理发的时间是 1 h。

2）当理发店内同时有两位顾客时，就会同时有两名理发师在为顾客服务，另外一位闲着。仍然是 1 h 后，两位顾客理完发出门。在这 1 h 里，理发店服务了两位顾客，这两位顾客花费的理发时间均为 1 h。

3）当理发店内同时有 3 位顾客时，理发店可以在 1 h 内同时服务于 3 位顾客，每位顾客花费在这次理发的时间仍然是均为 1 h。

从上面几个场景中可以发现，在理发店同时服务的顾客数量从 1 位增加到 3 位的过程中，随着顾客数量的增多，理发店的整体工作效率在提高，但是每位顾客在理发店内所待的时间并未延长。

不过随着顾客越来越多，新的场景出现了。假设有一次顾客 A，B，C 刚进理发店准备理发，外面一推门又进来了顾客 D，E，F。因为 A，B，C 3 位顾客先到，所以 D，E，F 3 位只好坐待。1 h 后，A、B、C 3 位理完头发走了，他们每个人这次剪发所花费的时间均为 1 h。可是 D，E，F 要先等 A，B，C 3 位理完才能理，所以他们每个人这次理发所花费的时间均为 2 h——包括等待 1 h。从此场景可以发现，对于理发店来说，都是每小时服务 3 位顾客——第 1 个 h 是 A，B，C，第 2 个小时是 D，E，F；但是对于顾客 D，E，F 来说，“响应时间”延长了。

在更新的场景中，假设这次理发店里一次来了 9 位顾客，根据上面的场景不难推断，这 9 位顾客中有 3 位的“响应时间”为 1 h；有 3 位的“响应时间”为 2 h（等待 1 h＋理发 1 h）；还有 3 位的“响应时间”为 3 h（等待 2 h＋理发 1 h）——已经到达用户所能忍受的极限。假如再把这个场景中的顾客数量改为 10 人，那么已经可以断定，一定会有 1 位顾客因为“响应时间”过长而无法忍受，最终离开理发店走了。

上面的理发店模型很生动地描述了在一个系统中，并发用户数、并发处理量和响应时间等概念之间的关系，可以用图 10－1 表示出来。

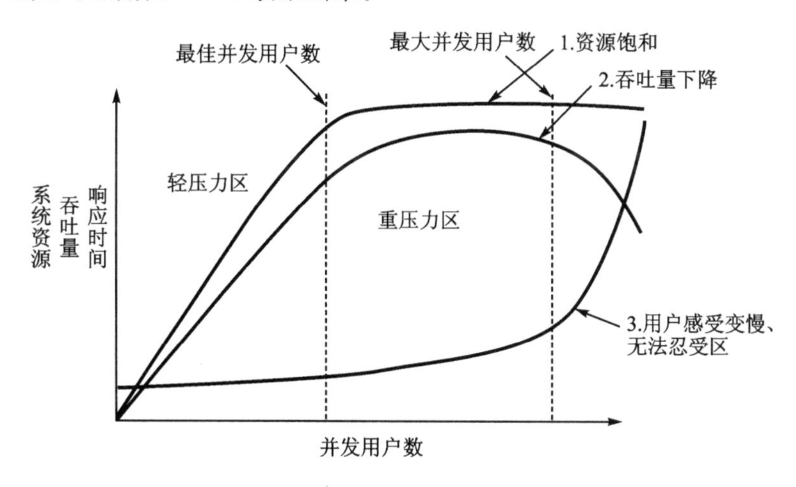

图 10－1　标准的软件性能模型图

图 10－1 展示的是 1 个标准的软件性能模型。在此图中有三条曲线，分别表示资源的利用情况（utilization，包括硬件资源和软件资源）、吞吐量（throughput，这里是指事务数每秒）以及响应时间（response time）。图中的横轴从左到右表现了并发用户数（number of concurrent users）的不断增长。

在图 10－1 中可以看到，最开始，随着并发用户数的增长，资源占用率和吞吐量会相应的增长，但是响应时间的变化不大。不过当并发用户数增长到一定程度后，资源占用达到饱和，吞吐量增长明显放缓，甚至停止增长，而响应时间却进一步延长。如果并发用户数继续增长，就会发现软硬件资源占用继续维持在饱和状态，但是吞吐量开始下降，响应时间明显地超出了用户可接受的范围，并且最终导致用户放弃了这次请求，甚至离开。

上面的例子让人深深地感受到了系统运行的速度和业务处理量，但这还不是性能测试的全部。从理论上讲，性能测试涉及需求分析时列出的所有非功能性需求，包括速度、稳定性、可靠性、可用性、容错性等，因而性能测试也有很多的类型。常见的性能测试包括性能度量元测试、负载测试、压力测试、72 h 稳定性测试等。准确地说，性能测试应该叫做非功能性测试，可参见 4.3 节“测试成熟度模型”中的相关内容。

10.1.2 理解系统性能度量元

1. 影响系统性能的因素

影响一个软件系统的系统性能的因素很多。其中最主要的因素依次为：

1）硬件性能；

2）系统架构；

3）设计、算法；

4）代码。

影响软件系统性能的因素如图 10－2 所示。因此应该按照从 1）到 4）的顺序，来考虑如何提升系统的性能。

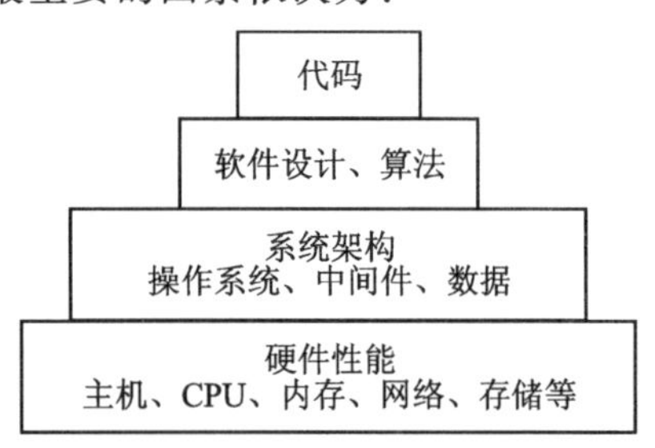

图 10－2 影响软件系统性能的主要因素

对系统性能影响最大的是硬件的性能。例如，服务器的数量、服务器中 CPU 的数量、内存的大小、存储设备的性能、网络带宽、网络设备（路由器和交换机等）的性能等，对系统性能都有很大的影响。系统体系架构对性能的影响也很大。例如，不同的操作系统、数据库、中间件等。性能会有差异，它们不同的参数配置，性能也有差异；不同的技术体系（J2EE，.NET，C 等）的性能也有差异；还有负载均衡等机制，对性能影响尤其严重。

设计、算法对性能的影响体现在业务逻辑设计、公共模块设计、编码质量、数据库 SQL 语句效率等对性能的影响。例如，差的 SQL 语句可能导致大量占用数据库服务器的 CPU 资源，影响整体性能。所以在进行系统设计或性能测试、系统调优时，都要综合性地考虑这些因素，采用和调整相关的资源，解决相关的问题，以便得出一个相对的最优解。

2. 系统性能度量元

软件系统应考察的主要的性能度量元包括：在线用户数、系统支持的并发用户数、应用的吞吐量、交易的平均响应时间等。下面分别介绍每一项性能度量元的内涵。

(1) 在线用户数和并发用户数

应用的最大在线用户数指的是同时有多少用户与系统保持着连接，对于 B/S 结构的系统来说，一般指在单位时间内有多少用户与系统保持着连接。这些用户有的处于暂停状态，有的处于活动状态（即与服务器有数据交互）。而并发用户数是指在某一个时刻，同时要求服务器

处理的请求用户数量。这里包含两种情况:1)某一时刻同时到达服务器的请求数;2)某一时刻同时要求服务器处理的请求数。在实际使用中,第二种并发更为普遍。

需要注意在线用户数和并发用户数之间的区别和联系:并发用户数是指在某一时刻同时发起交易请求的用户数量;当在线用户数增加时,意味着对服务器同时发起请求的数量也会增多,即在线用户数与并发用户数两者之间有一定的相关性。根据行业的统计数据,并发用户数和在线用户数之间有一定的统计关系,并发用户数一般等于在线用户数的 5%至 10%。对于 C/S 模式的应用系统,并发用户数占在线用户数的比例要略高一些,接近 10%;对于 B/S 的应用系统,并发用户数占在线用户数的比例要略低一些,接近 5%。

(2) 交易吞吐量 TPS(Transactions Per Second)

吞吐量是系统的一个重要度量元,是指在系统资源消耗到一定程度时,系统在单位时间内完成的交易数量。这里的系统资源一般指 CPU,如 CPU 使用率小于 80% 时;交易是指用户通过终端发起的最小的请求,如点击一个静态页面的链接、保存一个数据表格、提交一份已填写好的表单等。由于应用系统业务的多样性,在考察吞吐量度量元时,要考虑不同业务类型的配比。这种配比的数据应来源于最终用户的实际使用情况或业务数据模型。

吞吐量的单位为在一个时间段内完成的交易数量,时间段一般以 s 为单位,记录为 TPS (Transactions Per Second)。

(3) 交易响应时间

响应时间指客户端提交交易请求开始,到交易结果数据末字节到达客户端的时间,不包含交易结果数据回显(即展现在屏幕、展现时间与客户端机器自身的性能有关)的时间。交易响应时间的示意图如图 10-3 所示。

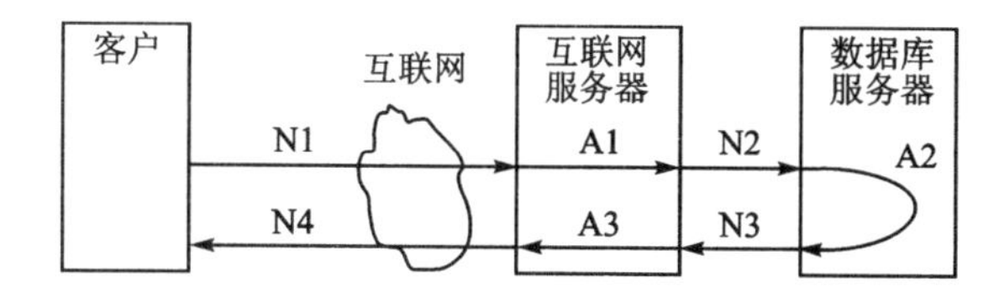

图 10-3　交易响应时间示意图

响应时间＝网络响应时间＋应用程序响应时间＝

(N1＋N2＋N3＋N4)＋(A1＋A2＋A3)

响应时间的内容主要包括两个方面的内容:平均响应时间和最大响应时间。因为最大响应时间受网络环境及周边系统的关系巨大,有很大的随机性,因此不作为正式测试度量元。

交易平均响应时间、并发用户数和吞吐量的关系

对于一个并发用户来说,交易平均响应时间越短,这个用户单位时间内能完成的交易就越多,而并发用户数表示多个用户同时操作,因此在理想情况下,有:

吞吐量(笔/s)＝ 1(笔)/交易平均响应时间(s)×并发用户数

但在实际情况中,交易平均响应时间并不是固定的,会随着并发用户数的增大而增大。这是由于并发用户数增大会导致系统内部某些资源竞争加剧所致。因此在实际情况中,吞吐量

并不总是随并发用户数增大而线性增大。当并发用户数较小时，系统资源利用不充分，此时增大并发用户数会因更充分地利用了系统资源而提高吞吐量；而当并发用户数增大到一定程度时，系统资源竞争加剧，用户会长时间处于等待资源状态，交易平均响应时间加长，总体上反而导致吞吐量下降。也就是说，此处存在一个吞吐量相对于并发用户数的“拐点”，此时的吞吐量为系统“此时”所能达到的“最大吞吐量”。应该说明的是，这个“最大吞吐量”是针对系统目前的状态而言的。通过调整系统的相关参数，可能改变这个“拐点”的位置及吞吐量值。取得较好的“最大吞吐量”指标是系统调优过程的主要追求目标，也是衡量调优效果的重要标准。

10.1.3 性能测试的特点

很多人都觉得性能测试很难做，确实是这样的。下面总结一下性能测试工作的特点（或者说是难点）。

1. 性能测试的需求不明确

非功能性需求与功能性需求相比更不明确，特别是不容易量化。例如速度、可靠性等。很多时候，项目组乃至用户都说不清楚到底要达到什么样的程度才好，往往只有到了系统上线之后才知道有没有问题。所以很多时候，干脆将非功能性需求搁置不理，性能测试也是做到哪算到哪，没有一个清晰的目标和努力的方向，这可能就是性能测试最大的难点。

2. 性能测试的限制条件多

性能测试有很多现实的限制条件。性能测试对测试环境的要求比较高，如果达不到，可能会租借第三方的场地和硬件设备等。由于费用高昂，给性能测试团队的时间不会太多。性能测试面临时间紧、任务重的状况，往往是一堆人挤在一个屋子里加班加点地奋战若干天后，意犹未尽略带遗憾地撤离，因为测得还不够充分。

3. 性能测试对参与人员的技术要求高

性能测试的技术含量很高，涉及从网络、计算机硬件、操作系统、数据库、中间件，到应用软件等各个层次的技术。性能测试涉及面很广，涉及业务需求、系统架构、系统搭建、性能测试设计、性能测试执行以及系统调优等环节。因此性能测试对于参与人员的技术要求很高，仅靠测试人员是做不好的，必须组建一支小型团队才能完成。性能测试团队可能包含下列角色：技术经理、架构师、系统管理员、测试经理、测试人员、开发人员等。他们各自发挥各自的优势，协同作战，才能做好性能测试工作。

4. 性能测试的劳动强度大

性能测试的工作量大，劳动强度大。性能测试往往是一个探索的过程，需要经过设定目标和方案，执行，发现性能问题，进行系统调优，再提高目标……这样的多次迭代，才能得出一个场景下的性能指标，或者将此性能调整到位。在这个过程中，需要进行大量的系统安装部署、测试脚本执行、数据采集和分析，各层次系统调优等工作，工作量大、劳动强度大是显而易见的。因此需要给性能测试分派更多的时间和工作量。

首先要认识到性能测试的上述特点和难点，要给性能测试足够的资源和时间，建立和培养必要的性能测试人员，并在必要时组建“多兵种”联合性能测试团队，建立必要的性能测试环境及有效的性能测试过程和方法，并在实践中积累性能测试的经验。所有这些都是本章要探讨的内容。

10.2 性能测试规划和设计

针对上述性能测试的特点和难点，为了做好性能测试，前期的规划和设计工作非常重要，只有进行精心地规划和设计，才能减少后期的返工工作量，达到预期目标和效果。

10.2.1 性能测试目标确定

对于一个项目来说，在进行性能测试之前，首先要确定性能测试的目标；而测试目标是与项目的生命周期阶段相关的，在不同的阶段，性能测试目标是不一样的。下面列出一些典型的性能测试时机及其性能测试目标。

1) **性能验证测试**：在系统原型开发时进行系统架构的性能验证测试，以验证原型架构能否满足未来的性能要求，或通过系统调优磨合出合适的系统架构，包括硬件配置和软件设置。

2) **性能指标测试**：发布大的产品软件版本时进行基准性能指标测试。在一个典型的产品使用环境下测试，通过性能测试得到系统的性能指标基准（benchmark），包括与以前版本进行性能指标对比，此时也可能进行性能调优工作。

3) **性能验收测试**：系统上线前的性能测试，属于用户验收测试的范畴。在接近用户的实际生产环境下进行，验证系统性能是否达到用户的期望，达到用户业务正常开展的要求；如果达不到，也要进行系统调优工作。

4) **局部性能测试**：系统在运行过程中出现性能测试时，开展性能测试，并进行调优以解决性能问题。这时可能只是在解决某些特定业务问题（如某类功能慢）或技术问题（如内存泄露、系统死锁等）的同时，有针对性地开展一些局部的非功能性测试（例如负载、压力、稳定性测试等）工作。

所以，性能测试负责人必须在性能测试之前，搞清楚性能测试的目标。与各部门和项目相关人交流，得到他们的共识和承诺，并在测试团队内对测试目标达成一致，这样才能保证后续工作有效开展，并最终达到此目标。

10.2.2 性能测试需求分析

性能测试需求分析一般在性能测试目标的制订过程中同步进行。性能测试需求是对测试目标的准确刻划、修改、补充和完善。性能测试需求一般来源于两个方面：1)用户需求或需求规格说明书中明确给出的非功能性需求；2)从设计角度看，总的性能需求可能会分解到一些关键子系统或关键接口上，形成关键子系统（或接口）的性能需求，并在性能测试时单独测试。系统中可能存在性能瓶颈的地方要作为测试的重点。如果需求和设计文档中没有说明性能需求或性能需求不明确，就需要利用上述关于性能指标的定义，结合本项目的具体情况进行测算，包括业务量的估算、业务高峰期的用户数等。作为参加性能测试的人员，需要掌握这套估算方法。

在考虑性能测试需求时，要考虑下列因素。

1）**体系结构** A：多层次的拓扑结构。
2）**硬件配置** H：各层机器配置（台数、CPU 数）、网络带宽等。
3）**软件配置** S：各层软件配置，包括应用系统的数据。
4）**业务功能** B：业务流程、功能点。
5）**业务场景** C：模拟现实的业务场景，各种交易的比例。
6）**性能指标模型**：用户数 U、响应时间 T、吞吐量/TPS、硬件资源 R。

将上述因素组合起来，会形成一项性能测试需求。例如，在某一体系结构、硬件配置、软件配置下，某业务功能在什么样的情况下（如并发用户数有多少）应该达到什么样的性能指标（如响应时间，吞吐量等）。当然，这些因素在需求分析时考虑得比较粗一些，到了测试方案设计时再逐步细化。

性能测试目标和性能测试需求等，一般写进性能测试计划。性能测试计划的主要内容包括：1）测试需求（测试对象）：被测功能/特性、不被测功能/特性；2）初步的测试资源需求：人力资源、硬件、软件、场地、工具等；3）测试进度安排等。性能测试计划对性能测试做了初步的规划，是关于性能测试的管理文档，明确要做什么，时间要求等。在性能测试制订计划之后，就要开始考虑性能测试的技术内容，要制订性能测试方案，明确做什么。

10.2.3 性能测试方案设计

1. 性能测试方案结构模型

在制订性能测试方案时，也要考虑上述因素，要考虑得更加深入，每一种因素应考虑多种方案，例如，如何从 100 并发用户逐步进展到 1 000 并发用户。应考虑不同因素的不同组合，还应设计出逐步逼近最终性能指标的测试过程。

总的来说，性能测试方案实际上就是上述要素的排列组合。例如：

1）在什么样的体系结构、软硬件配置下，模拟什么业务场景，测试什么业务功能，得出哪些性能指标？

2）不同性能指标的组合，例如，测出在不同并发用户数下的性能指标，所以，性能指标（T，TPS，R 等）是上述因素的函数：

$$Perf = f(A, H, S, B, C, U)$$

另外，从某种意义上说，性能测试结果不是设计出来的，而是试验出来的。性能测试的关键是如何突破瓶颈，得到好的性能测试结果。例如：

1）增加和调整体系结构 A，硬件配置 H，软件配置 S；
2）优化应用程序 B，仿真用户场景 C；

3）使用测试工具，优化测试脚本、测试数据；

4）将压力压上去，让并发用户数不断地增长；

5）通过上述过程，逐步明确要测试在什么条件下的什么指标。一旦明确，要不遗余力地达成。

最终得出一组性能测试的结果。在某一体系结构、硬件配置、软件配置、业务功能、业务场景下的性能指标，如表 10－1 所列。

表 10－1　性能指标模型

性能指标	不同并发用户数				
	100	200	500	1 000	1 500
TPS					
响应时间					
CPU/%					

这就是总结的性能测试的结构模型。具体的性能测试方案，就是针对上述因素的细化和具体化考虑，因此性能测试方案包括下列内容。

1）**测试方法的设计。**例如，开展哪些非功能性测试，针对每一种非功能性测试，采用哪种测试方法？选择采用哪些测试工具软件？

2）**测试环境的设计。**测试环境包括网络、服务器、系统软件、应用软件等的配置要求、系统部署结构等，还要进行系统的基础数据估算。

3）**业务功能和业务场景的设计。**选择哪些业务功能作为性能测试对象；设计一些业务场景，在这些业务场景下对业务功能进行测试。业务场景设计要模拟现实的业务场景，包括各种交易的比例等。

4）**性能测试用例集的设计。**每一个性能测试用例包括下列内容：在某一特定的软硬件配置和部署架构下，针对某一特定的业务功能点，在某一特定的业务场景下进行性能测试，希望得出哪些性能指标。这些性能指标也可能是多组，例如在不同并发用户数下的多个性能指标的取值。性能测试用例如表 10－2 所列。

表 10－2　性能测试用例表

用例编号					
测试目的					
测试环境					
业务功能					
业务场景					
性能指标	不同并发用户数				
	100	200	500	1 000	1 500
TPS					
响应时间					
CPU/%					

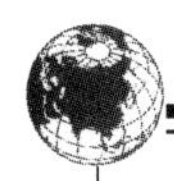

由于篇幅所限，不可能一一展开说明，这里只简要介绍一下性能测试场景的设计。

2. 性能测试场景设计

测试场景包括单业务测试场景和混合业务场景。单业务场景测试时，只测试单个业务流程，目的是为了隔离其它业务模块带来的影响；混合业务场景，是模拟在实际业务操作中，多种业务同时存在的情况，在混合场景中，需要根据实际业务情况调整各个业务在场景中所占的比例。

下面举例说明单业务测试场景设计和混合业务测试场景设计。

(1) 单业务测试场景设计

以税务征管系统中的增值税一般纳税人申报征收业务为例，设计的单业务测试场景如表10－3所列。

表 10－3　单业务测试场景

场　景	描　述
业务场景	增值税一般纳税人在申报大厅工作终端进行申报，税务人员通过业务操作平台进行申报资料的录入，通过前端进行代码校验、表内校验和报文组织，然后将报文信息传送到核心征管应用系统中，对数据进行保存处理，成功后进行开票和扣款操作
测试重点	1. 普通和峰值情况下增值税一般纳税人通过大厅系统的响应时间及单位时间的业务处理量 2. 在不同负载条件下，响应时间及业务处理量相对于资源消耗的趋势 3. 系统资源 CPU、内存、IO、网络等使用情况
场景描述	通过模拟多用户发起请求，执行增值税一般纳税人申报业务。测试持续时间 30 min 到 1 h
测试前准备工作	1. 测试需要的基础数据 2. 测试脚本 3. 初始化测试参数
操作过程及测试数据	1. 模拟多个用户(300,500,1 000,2 000)进行增值税一般纳税人申报 2. 模拟多个并发用户(100,200,300,500)进行增值税一般纳税人申报 3. 记录相关服务器各项关键性能指标 4. 记录响应时间、业务吞吐量等

(2) 组合业务测试场景设计

组合业务场景是将已经通过单业务场景测试的多个场景按照实际业务的比例组合成的业务场景。在进行组合业务场景设计时，根据业务比例估算，进行各个单业务的比例分配。设计的组合业务测试场景如表10－4所列。

表10-4 组合业务测试场景

场景	描述
业务场景	场景包含业务:申报征收、发票管理、登记、文书管理、其他。各业务的比例为申报征收:63%,发票管理:23.4%、登记:2.1%、文书管理:0.6%,其它:10.9%
测试重点	1. 普通和峰值情况下组合业务通过系统进行操作时各业务的响应时间以及单位时间业务处理量 2. 在不同负载条件下,响应时间及业务处理量相对于资源消耗的趋势 3. 测试系统资源CPU、内存、IO、网络等使用情况
场景描述	通过模拟多用户发起请求,执行组合业务场景测试。测试持续时间30 min到1 h
测试前准备工作	1. 测试需要的基础数据 2. 测试脚本 3. 初始化测试参数
操作过程及测试数据	1. 模拟多个用户(300,500,1 000,2 000)进行测试 2. 模拟多个并发用户(100,200,300,500)进行测试 3. 相关服务器各项关键性能指标 4. 响应时间、业务吞吐量

10.3 性能测试实施

10.3.1 性能测试准备

在执行性能测试之前,要做仔细的准备工作,对于大的性能测试活动更应如此。为此,有必要列出一份准备清单,分门别类地列出有哪些准备任务、相关的要求,责任要落实到人,落实到天或小时。一般,性能测试准备包括测试环境准备、测试数据准备、测试工具软件准备等,下面分别说明。

1. 测试环境准备

测试环境准备是性能测试的基本条件。测试环境准备包括下列工作:硬件环境准备、操作系统准备、数据库软件准备、中间件软件准备、应用系统部署准备、集群部署和验证等。在做测试环境准备时时要注意下列事项。

1) 按照测试计划或测试方案中的要求找到相应的软硬件设备,包括服务器、台式机、网络设备、存储设备、系统软件、应用软件等,并按照测试方案中的系统部署结构进行系统的安装和部署,例如集群部署。

2) 根据测试类型的不同,测试环境的规模是不一样的,实验室中的测试环境可以小一些,用户现场环境应该大些,特别是系统上线前的性能测试,最好是在真实的或同等的最终运行环境中进行测试。

3）控制好测试版本。应用系统测试版本尽量采用已经通过功能测试，比较稳定的版本；系统软件的版本一定要正确无误。

4）测试环境准备的一项好的技术是采用虚拟机技术，将一台大的“刀片”服务器虚拟出众多的独立的小机器，这样可以加快测试环境的准备工作，并且能够动态地调整不同机器的配置，模拟各种不同规模的测试环境和部署架构。

2. 测试环境检查

在性能测试的过程中，要对测试环境进行仔细的检查，才能保障测试的结果正确地反映测试的目标和要求，不然可能会出现文不对题的情况，做很多无用功。主要的测试环境检查工作包括下列方面。

1）**网络检查。**包括：检查带宽是否符合要求，相连的两端都要进行检查，可以通过 FTP 来做；路由、防火墙等的检查等。

2）**硬件检查。**包括：检查服务器的配置（CPU、内存、硬盘等）。

3）**操作系统的检查。**按照配置要求，修改或检查操作系统的核心参数、TCP/IP 参数文件描述符，以及软件补丁的情况等。

4）**数据库的检查。**按照配置要求，修改或检查相关参数，如核心参数、SGA、进程数和游标数等。

5）**中间件的检查。**按照配置要求，修改或检查相关参数，如线程数、连接参数、执行队列参数、JVM 参数、JDBC（连接池配置）、Backlog、EJB pool、日志文件级别等。

测试环境中各种系统软件、测试工具、测试软件的配置，对测试的结果可能都有重大影响，因此，必须认真进行系统配置的管理，并在测试前后，以及修改前后，进行相应的备份。

3. 测试数据准备

性能测试基础数据准备一般要考虑系统运行一年或多年后的数据情况，太少的数据不能发现系统的性能问题，最好是导入运行多年的生产环境数据，应尽量反映系统生产环境的情况。

数据的准备需要做好备份工作，便于测试过程中能够随时恢复，保证每次迭代测试时环境能够一致。为了方便性能测试数据的准备，可以开发一些制造数据的脚本，利用数据库存储过程或软件程序按一定的规律产生大量的模拟数据。如何采用数据库 dmp 文件，则应该好好验证一下，以免更换环境时不能恢复使用，因此最好还是准备初始化的 SQL 脚本。

10.3.2 测试程序开发

1. 性能测试工具

一般的性能测试是利用性能测试工具来做的，所以要选择一个或几个测试工具。现在很多的性能测试工具的功能都是复合的，但主要是做压力测试和负载测试。常见的商用性能测试工具有 LoadRunner，Rational Performance Tester，E－Load，QALoad，WebLoad 等，开源工具有 OpenSTA，JMeter 等，可以根据自己的情况来选用。这些工具的主要功能说明如下。

1）使用虚拟用户来代替实际的用户。这些虚拟用户模拟实际用户的行为，操作真实的应用软件。

2）大量的虚拟用户可以运行在一台机器上，从而减少了负载测试对机器资源的需求。

3）提供灵活完整的界面有效地管理所有的虚拟用户。

4）提供在线监控应用软件性能的功能，使测试人员在测试执行过程中能调整应用程序的性能。

5）在测试执行过程中自动记录应用软件的性能数据，并在测试过程结束后提供各种图形进行分析。

6）提供性能延迟原因的定位功能：确定性能延迟出现在网络、客户端、CPU 性能、I/O、数据库锁，还是出现数据库服务器的其他问题上。

7）易于重复执行测试过程。

有些性能测试工具具有更强的功能，如 LoadRunner 工具在事务管理、集合点设置、脚本参数化、脚本调度执行、性能指标监控以及性能分析等方面能力强大，易用性好，在压力测试方面能够更方便地找到性能瓶颈。利用 LoadRunner 进行性能测试的具体步骤说明如下。

1）利用虚拟用户生成器（virtual user generator）创建脚本：创建脚本，选择协议；录制脚本，编辑脚本，等。

2）利用中央控制器（controller）来调度虚拟用户：创建场景（scenario），选择脚本；设置机器虚拟用户数；设置调度器（schedule）。如果模拟多机测试，设置 Ip Spoofer 等。

3）运行脚本：分析场景（scenario）。

4）分析测试结果。

在利用 LoadRunner 等进行性能测试脚本开发时，要理解测试工具中的下列重要概念。

(1) 场 景

一个场景定义了每个测试流程中发生的所有事件。例如，一个场景定义和控制了需要模拟的用户的数量，它们需要进行的动作，和这些用户在哪些机器上运行模拟操作。

实例说明：一个网站的负载测试场景系列如下。

场景 1　100 个用户在登陆网站(1 号测试机)。

场景 2　500 个用户在浏览主页(1 号测试机)。

场景 3　500 个用户在使用网站的查询检索信息功能(2 号测试机)。

(2) 虚拟用户

在一个测试场景中，测试工具用虚拟用户代替实际的用户。当运行这个场景时，虚拟用户模拟实际用户对真实系统的动作。一个实际工作台只能同时被一个实际用户使用，而大量的虚拟用户可以同时运行在同一个工作台上，可以是十个、一百个，甚至成千上万个。

(3) 虚拟用户脚本

虚拟用户在场景中的动作是由虚拟用户脚本来描述的。当场景运行时，每个虚拟用户执行一个脚本。脚本中包括了很多功能，这些功能可以衡量和记录应用程序组件的性能。

(4) 事 务

事务被用作衡量服务器的性能。一个事务代表了想要衡量的一个动作或者一组动作。例如，可以定义一个事务——服务器处理 ATM 发送的账户余额查询请求，并将相关信息显示在显示屏界面，来衡量这个事务所代表的动作需要花费的时间。

(5) 并发点

在虚拟用户脚本中插入并发点来模拟服务器的大量用户负载。并发点的作用是使虚拟用户在场景执行过程中的一个点上等候其他用户。当所有的虚拟用户都执行到该点时同时进行下一步的动作。

(6) 控制器

使用控制器来管理和维护所有的场景。

2. 测试脚本开发和调试

在开发测试脚本时，先利用性能测试工具进行性能测试脚本录制，即在真实运行被测系统时，让测试工具将相关的操作步骤和使用数据等全部记录下来。录制的脚本不能直接拿来使用，而是要经过参数化技术处理，将在录制过程中固定的业务数据实现参数化，使之在测试期间不断变化，以便达到模拟不同用户不同业务数据进行业务操作的目的。如果从服务器端返回的某些数据是动态变化的，并且作为以后提交的请求的一部分，那么还需要使用关联技术进行动态参数处理。在测试脚本中还要去掉不需要的冗余内容，最终就形成可以多次重复运行的测试脚本，由测试工具的控制台调度执行。

测试脚本开发是测试人员必须掌握的一项基本技术。它与一般的软件编程不一样，一般的软件编程是比较自由的，限制比较少，而测试脚本开发受制于测试工具的功能、业务流程和数据的逻辑等，需要在限制条件下进行，还需要对大规模并发处理有深入的理解，才能调动一套脚本模拟出多种并发行为。另外脚本参数化也是一项高智力的活动，需要掌握一些技巧，表 10－5 列举了性能测试脚本中的一些的参数化实例。

表 10－5　性能测试脚本的参数化实例

参数名称	参数化说明	参数值
serverUrl	服务器地址	72.12.16.215:8001
login_user	操作人员登陆用户名	xa090716
password	操作人员登陆密码	666666
nsrsbh	个体工商户申报使用纳税人识别号	61969000000000～61969000010030

完成脚本录制和修改之后，要仔细地进行脚本调试工作。脚本调试过程将采用以下循序渐进的方式。

1) 单用户单循环验证：验证脚本编写正确，没有编译错误。
2) 单用户多循环验证：验证参数化的数据能够正常运行。
3) 多用户单循环验证：验证并发的功能能够正常运行。
4) 多用户多循环验证：这是最终的目的，验证软件系统在压力下的表现。

10.3.3 性能测试执行

1. 性能测试执行

利用性能测试工具进行性能测试执行的步骤如下所示。

1）安装或部署待测试的软件版本。

2）利用性能测试工具运行性能测试脚本。

3）监控和记录性能数据。

4）分析性能数据，找出性能问题和性能瓶颈。

5）进行性能问题解决，或系统性能调优。

6）对系统进行修改和调整，返回步骤1)重新开始。

正式的测试过程是这样的，但在正式测试之前，常常要加入一个“试测试”阶段。通过试测试，对测试脚本进行调试，将相关的业务流程和业务场景走通，扫清外围的问题，这样的测试过程如图10－4所示。

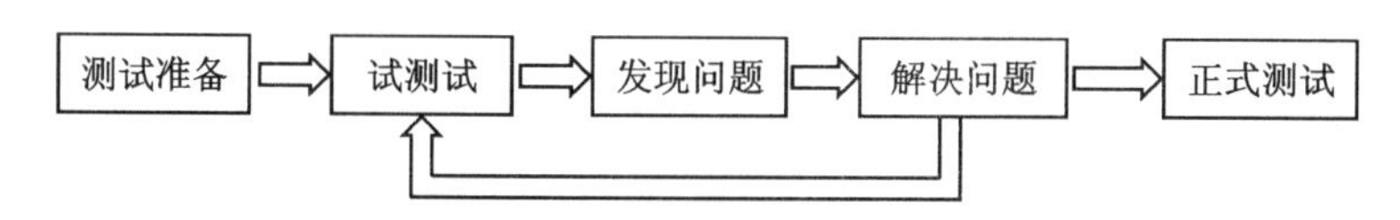

图10－4 性能测试执行的过程

在执行性能测试之前，要进行下列检查工作：确认系统级的关键参数已经基本配置正确（例如：数据库、Web容器、线程池、JDBC连接池、对象池、JVM、操作系统、应用系统等配置）；确保测试脚本的业务功能运行正确；清空所有应用日志、调高错误日志的输出级别（Error级），必要时在每次测试前重启应用服务和数据库应用服务。注意在调整系统参数时，一次只调整一个，不要同时调整多个，并记录调整前后的系统变化。

性能测试执行要讲究测试的顺序，总的原则是先简单后复杂，具体的策略包括如下。

1）先完成功能验证，再开始性能测试。

2）按下列脚本执行顺序来执行：单用户单循环、单用户多循环、多用户单循环、多用户多循环。

3）使用逐步递增的方法测试性能，从小的会话量开始测试，逐步增加会话量。这样能获取准确、有价值的性能数据。例如如果要测试一个能够支持100个并发用户的系统，可以使用10,20,30,40,50,60,70,80,90,100的并发用户量进行测试。

4）逐步加压，直到达到临界点。在测试环境中对被测系统执行测试，通过在线/并发的方式，形成对被测系统的压力，并监控和记录被测系统在各种压力状况下表现出来的各项特征，例如，交易响应时间变化趋势、业务处理量、网络流量变化趋势和系统资源利用率的变化趋势等。

对于性能指标测试来说，分别以正常用户数和峰值用户数来对系统施加压力。执行过程中，在线用户数不需要超过峰值。

对于负载测试来说，需要继续施加压力，增加虚拟用户数，直到响应时间到达用户指标的临界点，在继续增加用户数的情况下，如果系统的处理变慢，响应时间超过用户需求时，就可以不再增加压力，记录当这个临界点到达时，被测系统表现出来的特征。

2. 性能数据监控和采集

在性能测试过程中，将通过各种监控工具以监控主机、数据库、应用服务器、网络等的相关资源占用情况，主要包括如表 10-6 所列的内容。

表 10-6 性能数据监控和采集的内容

监控级别	内 容
网络级别	1. 网络流量：单位时间内网络传输数据量（网络包、字节、流入流程、流出流量） 2. 冲突率：在以太网上监测到的冲突数
服务器系统级别	1. CPU 总利用率：即 CPU 占用率（%） 2. 系统 CPU 利用率：系统的 CPU 占用率（%） 3. 用户 CPU 利用率：用户模式下的 CPU 占用率（%） 4. 内存占用率
存 储	1. 存储写速率、读速率 2. 磁盘交换率：磁盘交换速率
数据库级别	1. 数据库的并发连接数、活动连接数 2. 数据库的 SQL 处理速率 3. 数据库锁资源的使用数量 4. 数据库内存使用情况
业务处理情况	1. 在线用户数 2. 并发用户数 3. 业务处理的响应时间 4. 业务处理量（单位时间完成的业务量，TPS） 5. 业务处理成功率

在性能测试过程中经常采用的监控工具及其用法，如下所述。

(1) AIX /UNIX 监控工具

这些工具用于察看 UNIX 服务器的 CPU 是否够用、内存是否够用、磁盘 IO 是否够用、网络和磁盘带宽是否够用等，使用户可以判断系统瓶颈可能在哪里。

■ topas：比较直观，但数据不可记录，不便于后期分析，常用 topas。

■ nmon：获取各项机器性能指标，如网络流量等。

■ sar：记录 CPU 的运行情况，常用 sar 1 10　间隔 1 s，显示 10 行。

■ ps：显示系统进程或线程，常用 ps -ef　显示系统所有进程。

■ vmstat：可以记录 AIX 系统的 CPU、内存等情况。常用 vmstat 1 10　间隔 1 s，显示10 行。

■ netstat：监控网络情况，使用方法比较多。

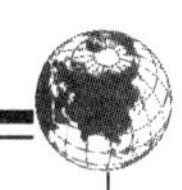

常用　netstat -an　　显示所有连接。

netstat -i　1　间隔 1 s，显示输入输出数据包。

netstat -nr　显示路由表。

■ iostat：显示系统磁盘 IO 情况。常用 iostat 1，间隔 1 s。

(2) 其他监控工具

■ Windows：性能监控器，可以监控 Windows 下的大部分资源情况。

■ WebLogic：监控台，监控 WebLogic 的线程、队列、内存回收、连接数等情况。

■ Apache：server-status，可以监视 Apache 各线程的状态，对获取并发访问 Apache 的用户数有很大的价值。

■ Oracle DB：performance manager，可以监控 Oracle 服务器的 CPU、内存、数据库性能参数等情况；statpack 可以监控分析数据库的性能。

(3) 性能计数器

性能计数器是描述服务器或操作系统性能的一些指标。计数器在性能测试中发挥着"监控和分析"的关键作用，尤其在分析系统，进行性能瓶颈的定位时，对计数器取值的分析非常关键。单一的性能计数器只能体现系统性能的某一个方面，对性能结果的分析必须基于多个不同的计数器。性能计数器包括 Windows 基本参数、Oracle 计数器、LoadRunner 监控 Unix 计数器等。

在性能测试过程中，采用这些监控工具，监视和控制下列指标。

1) **测试机的监控**　测试机是指 Controller&Agent 机器，测试机监控的指标主要是 CPU 利用率。测试机 CPU 利用率最好控制在 80%以下。太高的 CPU 利用率会导致请求发送不出去的问题，从而降低实际并发用户数，使 TPS 值变低。一般一台压力测试机(例如 4C8G)最多能做 500 个用户的并发。

2) **应用服务器的监控**　在应用服务器上使用 nmon，top，netstat 等指令进行实时监控；在应用服务器上使用 nmon 指令，采集准确数据，用于事后分析。

如果操作系统是 Windows，则在管理工具中的性能中创建计数器日志，然后选择监控指标，主要监控 CPU、内存、网络和硬盘。

3) **Nmon 监控**　用于 nmon 命令采集日志或进行实时监控。

4) **LoadRunner 监控**　主要监控下列指标。要关注各图形之间的数据相关性，要作详细记录，比较每次的不同，以便发现蛛丝马迹。

Running Vusers：虚拟用户数。

Trans Response Time：交易相应时间。

Trans/Sec：交易处理能力，注意含 thinking time。

Throughput：从 Web Server 接收的网络流量。

Hits/Sec：点击率。

5) **硬件机器监控**　CPU：所有、单个。可能存在单个 CPU 长时间占用 100%的情况。

内存：变化情况，够不够用，有没有用到虚拟内存？有没有泄漏？

网络：各服务器间。处于中间的服务器的流量要通过计算，系统的 APP 和 DB 间的数据流量会比较大，100 MB 不够；

磁盘IO：所有、单个。数据流量和数据存取效率；CPU的waitIO也要看；可能存在单个盘流量高的情况，IO不均衡。

6）**中间件监控** 执行队列：idle数。

监控图：队列、内存。队列：是否有请求积压和释放情况？

内存：JVM回收是否正常？可用内存多不多？

JDBC：当前、最高。有没有泄漏？

EJB：缓存利用。pool够不够。

7）**数据库监控**

Session：当前值、最高值；进程数、SGA。

3. 性能测试分析

性能测试分析是对性能测试数据进行分析，以定位性能问题，或者通过一些数据分析工具（如线性分析等），计算得出系统性能指标的结果，并体现在性能测试报告中。

数据分析需要关注客户端和服务器端的测试数据。客户端主要关注：响应时间、吞吐量、网络流量；服务器端主要关注：CPU、内存、网络、磁盘IO、应用性能、数据库性能等。

在进行性能问题分析时，要从系统到应用，从外到内进行层层剥离，逐步缩小范围：先确认是否是系统级的问题、数据库的问题，再到应用级的问题。范围缩小后，再分割成多个小单元，对每个小单元进行轮番压力测试，来证明或者否定是哪个单元引起性能问题。

常见性能问题会表现出下列现象：

1）**持续缓慢** 应用程序一直特别慢，改变负载，对整体响应时间影响很少；

2）**随着时间推进越来越慢** 负载不变，随着时间推进越来越慢，可能到达某个阈值，系统被锁定或出现大量错误而崩溃；

3）**随着负载增加越来越慢** 每增加若干用户，系统明显变慢，用户离开系统，系统恢复原状；

4）**零星挂起或异常错误** 可能是负载或某些原因，用户看到页面无法完成，并挂起，无法消除；

5）**可预见的锁定** 一旦出现挂起或错误，就加速出现，直到系统完全锁定，通常要重启系统才解决；

6）**突然混乱** 系统一直运行正常，可能是一个小时或三天之后，系统突然出现大量错误或锁定。

根据这些现象，我们可以判断性能问题大概的方向，并采用进一步的分析和诊断技术，逐步找到相应的性能问题。常见的性能问题有：内存泄漏、资源泄漏、外部系统瓶颈、内部资源（线程池、对象池等）瓶颈、线程阻塞、线程死锁、对失败请求连续的重试、源代码中的无限循环、耗时算法、复杂SQL语句和大数据量查询、处理等。

10.3.4　系统调优

1. 系统调优方法

系统调优方法有很多，这里只介绍性能下降曲线分析方法。如图 10－5 所示，性能下降曲线实际上描述的是性能随用户增长而出现下降趋势的曲线。而这里所说的“性能”可以是响应时间，也可以是吞吐量或是点击数每秒(s)的数据。一般来说，“性能”主要是指响应时间。

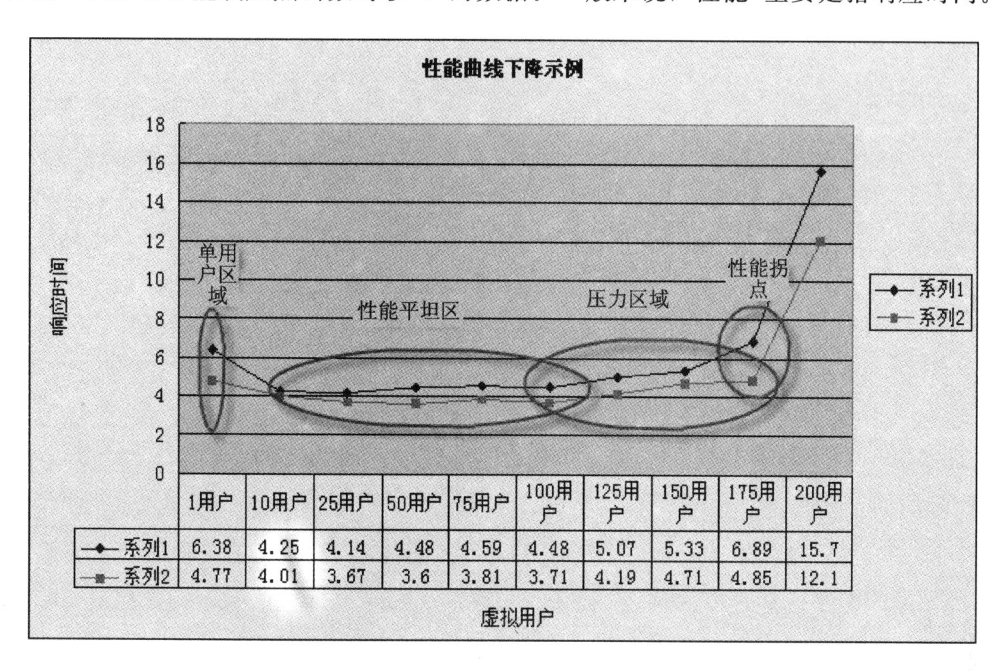

图 10－5　寻找系统性能瓶颈

此典型线(图 10－5)中的各个区域说明如下。

■ **用户区域**　对系统的一个单用户响应的时间，这对建立性能参考值很有作用。

■ **性能平坦区**　在不进行更多调优情况下所能期望达到的最佳的性能。这个区域可被用作基线或是 benchmark。

■ **压力区域**　应用在“轻微下降”的地方。典型的、最大的用户负载时压力区域的开始。

■ **性能拐点**　性能开始“急剧下降”的点。

对于性能测试来说，就是要找到这些区间和拐点，也就可以找到性能瓶颈产生的地方。对性能测试过程中的性能数据进行监控和分析，从而找到系统性能瓶颈。这是性能测试的重点，也是难点，需要观察、记录、比较、分析、发现问题、解决问题、定位瓶颈。

具体来说，软件系统性能符合以下的性能模型：

如图 10－6 所示，软件系统性能的关键因素有四个：系统资源、并发用户数、响应时间、交易吞吐量。系统资源是限制，并发用户数是驱动力，响应时间和交易吞吐量是结果的表现。

对于性能指标测试，普通负载一般在轻压力区，高峰负载一般会到重压力区，但可能还没

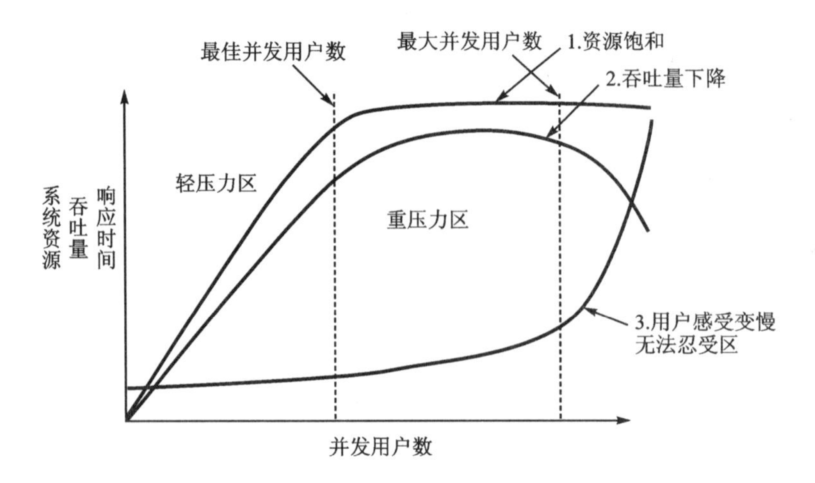

图 10-6　标准的软件性能模型图

有达到最大并发用户数。性能指标测试关注的不是系统负载达到最大,而是指标能够满足生产环境的需求,不需要通过不断增加压力来找性能瓶颈。

对于负载测试,需要关注吞吐量和响应时间什么时候达到用户需求临界点,此时能够说明被测系统能够支持多大的负载。需要先针对指标测试分析结果,当普通和峰值能够满足性能要求时,再分析负载测试的情况,这是个循序渐进的过程。

在测试过程中,一般情况下,系统性能的瓶颈会有多个。当发现,并解决一个瓶颈(如图 10-7 左边图的中间)后,性能的瓶颈会转移到另外一个(如图 10-7 右边图的右边),就这样从前到后排查,解决一个又一个瓶颈,性能就逐步调上去了。

调优的原则是要确认基准的环境、负载、性能指标,每次执行测试的环境要严格保持一致,例如数据库在性能测试以后会积累不少新的记录,要删除它们,以恢复到原来的状态;某些应用服务器在重新启动以后需要保持一段时间的预热。每次调整的参数越少越好,这样才能确认哪些参数对实际的性能有影响。

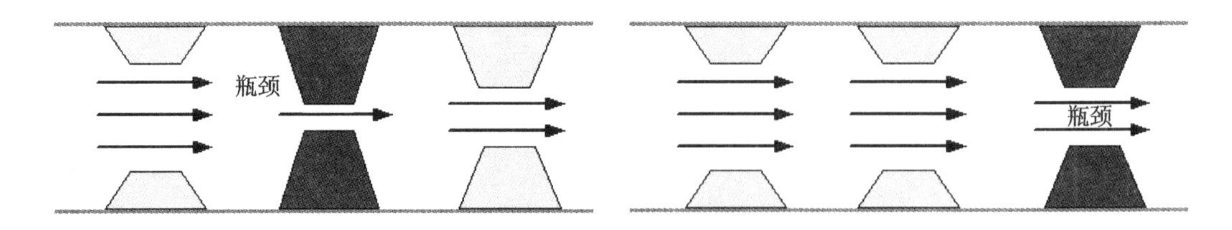

图 10-7　系统性能瓶颈的变化示意图

2. 系统调优内容和技巧

通常,与系统性能测试同步进行相应的系统性能优化,主要可以从以下几个方面入手:

- **应用服务器调优**　JVM 调优、Server 调优、JDBC 调优、Web、JMS、EJB 调优;
- **数据库调优**　核心参数调优、数据库连接池调优、SQL 与索引调优;
- **应用程序调优**　通用代码调优、数据库访问代码调优、前端 Web 代码调优、业端业务

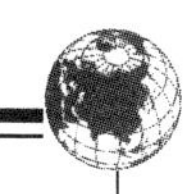

代码调优；

- **操作系统调优**　硬件的配置(CPU、内存、硬盘等)、核心参数，TCP/IP 参数，以及软件补丁的情况等。

系统调优要遵循一定的过程，要大胆假设，小心求证。一般地从测试性能开始，找出性能瓶颈所在。通过分析找出可能造成性能瓶颈的因素，并通过测试手段验证此假设是否成立。然后通过调整系统配置、参数和修改应用等来改善性能，再开始下一次的性能测试，如此循环往复。

对应用系统来说，包含硬件环境、系统设置、应用级别 3 个方面的调整。性能指标测试包含开发过程中的测试以及开发完业务功能的测试。对于开发中的测试，通常需要针对应用级别进行调整；对于开发完成后的测试，有前面的工作作为基础，可以考虑重点调整系统设置、硬件环境。只有当前面两种方式都达不到要求时，才对应用级进行分析。

对于多层多级体系结构的分布式系统来说，要按层次(layer)从底向上进行调优，按级(tier)从前端、中端到后端分别进行调优。进行系统调优的实践技巧总结如下。

- **在操作系统方面**　主要关注各操作系统间测试结果的差异、jdk 在不同操作系统下的表现、各操作系统的系统参数设置；
- **在数据库方面**　可以通过 Oracle10g/11g 自带的 console 监控，来定位问题，有时性能问题表现为 SQL 缓慢、索引不合理、数据库参数设置不合理、过度调度数据库等方面；
- **在中间件方面**　主要是线程设置、集群算法的设置，可以通过中间件自带的监控图分析是否需要调优中间件；
- **在网络方面**　分析是否达到网络带宽的极限，有时可以通过优化网络实现，有时是应用不合理造成的，例如图片/js/报文过大，需要通过优化程序来解决；
- **在应用程序方面**　如果其他方面没发现瓶颈，而应用服务器的→CPU 还不能线形增长到 75%以上，可通过一些分析辅助工具(如 IBM javacore 分析工具、jprofiler 等)分析是否是线程引起的阻塞，或者发现了内存泄漏，可以通过 jconsole，jprofiler，jprobe 来分析内存泄漏；
- **在存储方面**　监控磁盘 I/O 的变化，分析存储方面的问题是磁盘的瓶颈，还是应用或者数据库的频繁读写造成的。

3. 系统调优案例

下面案例中的系统是典型的，基于 J2EE 的三层体系结构的应用系统，包括前端 Web 应用、应用服务器集群、数据库系统等。在本测试中，从测试机、测试场景、应用服务器集群、数据库网络、数据库空间到应用程序都发现了瓶颈，并进行了调优。下面介绍其中几个典型的分析和调优案例。

分析案例 1

流　程	服务器	压　力	预　计
核心发起	1 台核心	不断增加 vuser 数目	TPS 线性增长

实际情况

在 Vuser 不断增加的情景下，TPS 开始呈线性增长，但是后来增长缓慢，趋于恒定。

分　析

从监测的应用服务器和数据库服务器的网络流量看出，网络不存在瓶颈；

从监测的数据库 CPU 利用率，磁盘 IO 可以看出，数据库不存在瓶颈；

从监控的应用服务器 CPU 利用率可以看出，应用服务器 CPU 个数是瓶颈。

解决方案

增加应用服务器 CPU 个数，并对应用程序进一步优化。

分析案例 2

流　程	服务器	压　力	预　计
核心发起	多台核心	按照核心服务器和合适的 vuser 比例调整 vuser 数目	TPS 线性增长

实际情况

在核心服务器不断增加的情景下，TPS 开始呈线性增长，但是后来增长缓慢，趋于恒定。

分　析

从监测的应用服务器网络流量看出，应用服务器网络不存在瓶颈；

从监测的数据库 CPU 利用率，磁盘 IO 可以看出，数据库不存在瓶颈；

从监测的数据库服务器网络流量看出，数据库之间的网络流量瞬间达到 80 MB，已到瓶颈。

解决方案

1）将数据库去掉，变成一个实例；

2）数据库间增加为 2 kMB；

3）对数据库索引进行优化，变成 hash 索引。

分析案例 3

流　程	服务器	压　力	预　计
核心发起	多台核心	调整不同的 vuser 数目	TPS 线性增长

实际情况

调整核心服务器和 Vuser 数目，但是各种资源都压不满。

分　析

从各种监控的值中看出，资源都不是瓶颈，但就是压不满。怀疑是测试机 windows 句柄没有释放，以及 Runtime setting 中的策略问题。

解决方案

1）重启测试机（或者杀掉进程）。

2）重新设置 LR，Runtime setting，清 CACHE，去掉界面下载等。

3）注意在测试过程中，测试机的 CPU 情况及 LR 设置对性能影响很大。

10.4 性能测试体系建设

10.4.1 组织级性能测试体系建设

组织级性能测试体系的内涵非常丰富，从大的方面可以归结为性能测试过程、性能测试资产和性能测试队伍等三个方面。具体来讲，可以包括下列内容。

1. 性能测试过程

1）**组织级性能测试原则** 以很简洁的语言说明一个组织关于性能测试的目标、方针、策略，性能测试的职责和岗位要求、对于项目组如何开展性能测试的要求和标准、性能测试体系建设的职责和要求等。这些内容，可以用单独的文档描述，也可以写在《性能测试过程》文档或统一的组织级体系文档中。

2）**过程类文件** 性能测试过程可以统一在《性能测试过程》文件中描述，但也可以针对一些特殊的性能测试类型，编写《专项性能测试过程》。

3）**指南类文件** 描述如何执行性能测试过程，如《性能测试指南》；描述如何开展一些专项工作，如《性能分析指南》、《系统调优指南》等；描述如何开展各种类型的性能测试，如《指标测试指南》、《压力测试指南》等。总之，指南类文件是关于各种性能测试方法的总结和指导。

4）**模板类文件** 关于性能测试中间产出文档结构的描述，如《性能测试计划模板》、《性能测试方案模板》、《性能测试报告模板》等。

5）**检查表类文件** 关于性能测试的检查表（checklist），如《性能测试检查表》和各种专项检查表，用于指导性能测试参与人员按要求做，并用于开展性能测试评审和审计工作。

6）**表格类文件** 为方便性能测试各阶段工作的有效开展而开发的一些实用的表格，如性能测试用例表、性能测试场景表、性能测试执行记录表、性能测试分析表等。

7）**手册类文件** 性能测试涉及了各种环境、硬件、软件和工具等的使用和维护手册，如性能测试环境维护手册，性能测试工具使用手册，各种操作系统、数据库、中间件等的使用、管理和维护手册等。

2. 性能测试资产

1）**性能测试环境** 专用于性能测试的硬件和软件环境，一般独立于开发环境，最好独立于功能测试环境。

2）**性能测试工具集** 用于性能测试的工具，包括购买的工具、开源的工具和自己开发的工具等，需要日常工作中积累，并管理起来。

3）**性能测试经验库** 在性能测试实践过程中积累的经验和教训的总结，可以包括性能测试总结报告、性能测试样本库（质量高的中间文档（测试计划、方案、报告，测试脚本等））、性能指标模型总结、性能测试过程数据库等。

建设组织级性能测试体系是测试部门的职责，应该由测试部经理牵头负责。要建立专门的性能测试知识库，将上述内容统一管理起来，并开放给技术人员访问。性能测试知识库也可以纳入到组织级总的过程和质量管理体系中，以网站等形式开放访问，并通过网站收集有关性能测试的反馈，建立性能测试兴趣小组等。

另外，各项目的性能测试相关内容存放在各项目的配置库中，包括各种中间文档、测试程序、脚本、测试数据、测试日志等。这些内容必要完整地、成套地存入配置库中很好地管理起来。

一个项目在性能测试的各个阶段可以参考和利用组织级性能测试体系的内容，以指导性能测试的实践活动。同时项目又为组织级性能测试体系贡献丰富的素材，以便提炼和提升为组织级的内容。项目和组织在性能测试领域可以互动提升的内容包括：更准确定义的性能指标模型及指标估算数据积累，更丰富的性能测试和监控工具集，更深入的测试脚本开发方法、性能测试分析方法和系统调优方法等。

10.4.2 性能测试队伍建设

性能测试由于涉及面广，只靠测试人员是做不好的，需要组建一个团队来完成。一般，一支性能测试团队中的角色及其职责和技能要求如表 10－7 所列。

表 10－7 性能测试团队职责和技能要求

角色	职责	技能
测试经理	对性能测试进行管理。与用户等项目有关系人交互，确保测试的外部环境；制订测试计划；监控测试进度；发现和处理测试中的风险	计划执行和监控能力；风险管理能力；沟通、协调能力
测试设计师	分析性能测试需求，设计性能测试方案，建立性能测试场景	业务把握能力；性能需求分析和设计能力
测试开发师	实现已设计的性能测试场景；脚本开发、调试；确定测试时需要监控的性能指标、性能计数器等	脚本编码和调试能力；理解性能指标和性能计数器等
测试执行人员	部署测试环境；执行脚本和场景；根据监控要求记录测试结果、记录性能指标和性能计数器值	搭建测试环境的能力；测试工具使用的能力；性能指标和性能计数器值获取和记录的能力
测试分析和系统调优人员	根据测试结果、性能指标的数值，对性能计数器值进行分析；分析出系统性能瓶颈，并进行系统调优	性能测试分析的能力；超强的技术能力，熟悉从系统到应用的系统参数，解决问题的能力

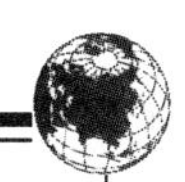

续表 10－7

角　色	职　责	技　能
系统管理员	系统支持，协助解决测试工程师无法解决的系统问题，包括硬件，网络、操作系统等	处理系统问题的能力和技能，最好由专职的系统管理员担任这个角色
数据库管理员	数据库方面的支持，在必要时为测试分析角色提供数据库方面的分析支持	数据库方面的能力和技能，最好由专职的 DBA 担任这个角色

以上角色可以兼任，例如测试经理可以参加测试方案设计，测试设计师可以参与系统调优。对于一个组织来说，可以在测试部下建立一支专职的性能测试团队。在项目要进行性能测试时，会建立一支针对此项目的性能测试队伍，人员来自两个方面：一方面来自项目组，例如技术经理、架构师、技术人员等；另一方面来自专职性能测试团队，例如测试经理和测试人员等。具体的人数根据性能测试规模的大小而定，极端时一个性能测试人员就可以搞定，但他需要得到项目组的支持和配合。

作为专职性能测试人员，如何提高性能测试能力呢？首先是要补充理论知识，包括：

- **系统原理**　网络、硬件、操作系统、数据库、中间件等。
- **性能机制**　多层体系结构、J2EE、负载均衡、多路复用、线程池、对象池、连接池、缓存等。
- **对不同层次系统的参数和性能指标的理解**　深入理解数据背后的涵义。
- **产品知识**　对被测产品的业务流程和系统架构的深入理解。

然后就是练习、再练习，练习各种性能测试工具、性能监控工具、操作系统、数据库和中间件等中的命令、各层次系统参数的配置、测试脚本的开发等。在参与性能测试项目的过程中，多观察、多思考，记录每一个问题及问题的解决办法，不断积累性能测试的实践经验。

参与性能测试，对于测试人员是一个激励，因为性能测试的技术含量和挑战性更大一些。可以说，性能测试使我们接近科学家，通过假设、试验、分析、推理、再假设、再试验，…，寻找现象背后的本质和合理的解释；性能测试使我们成为真正的工程师，遵循系统工程的思想，通过各种优化组合，寻找最优解；性能测试和系统调优是集体学习和攻关的过程，从混沌到清晰，突破一个个瓶颈，直到达到最佳境界。

应用系统是有性能瓶颈的，同样的，性能测试工作本身也会遇到瓶颈，那么如何突破性能测试的瓶颈呢？性能测试是高强度的劳动，就像外科医生做手术时一样。限制条件多：硬件资源少、场地少、时间紧、任务重，如何在限制条件下，达到好的效果？这时候就要依靠团队力量，发挥团队中不同角色的优势，在测试方案制订和系统调优等方面多依靠技术经理、系统管理员、DBA 等的技术能力，在测试脚本开发、测试执行、测试分析等方面充分发挥测试经理、测试工程师的测试专业能力。在团队中既要分工明确，又要互相支持，互相补台，加强知识和经验的分享和传递。

同时，性能测试又是高智力的劳动，有点像侦探或中医，需要从蛛丝马迹中寻找规律，需要条分缕析地对诊下药。在这方面，测试人员应该是有优势的，因为测试人员在平时的测试工作中更易于养成细心、耐心、有条不紊等良好习惯。在性能测试过程中，测试人员要通过学习、理解和多问，努力地跟上整体工作的节奏，从找下手到上手，认真做好每一件事，并在此过程中通过用心观察、细心分析和精心思考，慢慢地体会性能测试的禀性。

10.5 小 结

性能测试是一个很大的领域，涉及计算机和信息技术的方方面面，要在本章这样短的篇幅内完全覆盖（hold 住）是不太可能的。所以本章采取了提纲挈领的办法，阐述了性能测试的重要方面，包括如何理解系统性能，如何确定性能测试的需求，如何进行性能测试的规划和设计，如何实施性能测试，如何做系统调优等。在此基础上，本章探讨了性能测试体系建设、队伍建设等内容，其间穿插介绍了一些实际的案例、体会和总结等。目的是让读者更全面地了解性能测试是怎么一会事儿，找到一点感觉。有了这种感觉，当面对性能测试这个庞杂的领域时，就知道如何下手；当面临技术难题及其他棘手的问题时，知道如何思考或寻求谁的帮助。换而言之，做性能测试要有一个套路，就是本章介绍的内容，要熟悉它；另一方面，做性能测试更需要不断地积累经验教训，切切实实是一个自我探索的过程，更是一个集体探索的过程，就像本章谈到的体会那样。

本书到此，关于软件测试的各个方面以及测试体系建设已经讨论得差不多了。在下一章会举一个实际的例子，即行业核心业务系统的测试实践，来说明实际项目中的软件测试是什么样子的，本书阐述的相关原则、过程、方法和技术等是如何在项目中实际应用的，以及建立的组织级软件测试体系如何应用于实际项目中，并发挥作用。

第 11 章 行业核心业务系统测试实践

行业核心业务系统是行业中的关键。其质量要求最高，对行业核心业务系统进行测试的重要性毋庸置疑。本章对执行的一个实际项目测试案例（税收征管信息系统）进行了剖析，用以说明实际项目中的软件测试是什么样子的。本书阐述的相关原则、过程、方法和技术等是如何在项目中实际应用的，以及建立的组织级软件测试体系如何应用于实际项目中，并发挥作用。

本章 11.1 节首先分析了核心业务系统的特点及其测试难点。在 11.2 节结合税收征管信息系统，介绍了针对它的测试需求分析。在 11.3 节以几个实际的例子详细介绍了测试用例的设计过程和方法，首先利用“测试用例设计六步法”来设计模块测试用例。它是基于测试要素分析和正交矩阵设计方法在税务行业的实例应用；其次用“流程用例设计方法”来设计流程测试用例；再次用“基于状态图的测试用例设计方法”来设计测试用例。该节还探讨了如何在大项目中管理测试用例集的问题。11.4 节结合案例介绍了核心系统的测试执行过程和方法，在测试执行、测试执行跟踪管理等方面总结了若干好的做法、原则、关键点和注意事项等。该节特别介绍了探索性测试和基于风险的测试在实践中的应用。11.5 节是一个实际项目测试的总结和体验报告，建议读者好好读一读，看有没有同感，并一起思考如何进一步提升核心系统测试的有效性和效率。

11.1 核心业务系统测试特点

行业核心业务系统是一个行业或企业中最核心、最关键的应用软件系统。举例来说，存贷款系统是银行的核心业务系统，税收征管系统是税务局的核心业务系统。在我国软件行业公司和行业客户的持续努力下，我国的行业核心业务系统的建设和应用取得了长足的进步。总的来说，当前的行业核心业务系统具有下列特点：

1）行业大集中的系统。实现了全国性的大集中，或省市级的大集中，包括数据的集中、业务处理的集中等。

2）遵循比较统一的行业业务规范和标准，包括组织机构、业务代码、交易、流程、表单、接口等的规范、标准。但为了照顾各地的特殊性，各地的系统有时差异很大。

3）以业务交易处理为主，还包含批处理作业、流程审批业务、统计报表，及少量的数据分析应用等。业务交易数量多，业务逻辑复杂而关联性强，业务流程长而复杂。

4）在技术上多采用三层或 N 层体系结构，前端、中端和后端系统分开部署；支持广域网络范围的应用；具有标准、开放的系统接口，能够与其他系统集成。

行业核心业务系统对软件质量的要求非常高，具体表现如下：

1）**可靠性要求** 很多行业要求7×24 h服务，停机几分钟都是大事故，损失会很大；
2）**准确性要求** 要求数据是完整、一致和准确的；事务(transaction)处理要求高；
3）**长期性要求** 系统要能够运行多年，积累的核心数据要求准确无误，能随时调出；
4）**并发性要求** 大量的用户同时在线，并发操作，对系统响应和处理速度要求很高；
5）**安全性要求** 要求系统、数据和应用都具有高的安全性和访问控制等；
6）**易用性要求** 特别是柜台操作，要求系统界面简单，操作方便。

鉴于行业核心业务系统的上述特点及其对软件质量的高要求，决定了行业核心业务系统的功能测试是一个很难的事情。行业核心系统在功能测试上的难点和挑战表现在下列方面。

1）业务专业性强，要求测试经理对行业业务有深刻的理解，测试人员懂业务，这样才能设计出有效的测试用例。

2）业务逻辑、关联性强，需求变化快，软件版本管理容易出错，不仅测试工作量大，而且一个功能需要反复测试，回归测试的工作量也大。

3）系统功能点众多，开发人员、测试人员和用户单位人员众多，对测试组织工作提出了很大的挑战。

4）测试周期长，开发和实施周期少则一年，多则两到三年。测试贯穿开发周期始终，对测试人员是耐力的考验。测试骨干离开项目组对测试的影响很大。

5）系统上线前的压力大。项目到了后期，测试成为主题，测试人员的压力越来越大。

11.2 核心系统测试需求分析

11.2.1 核心系统功能需求介绍

1. 税收征管信息系统总体介绍

本章以税收征管信息系统的测试实践为例，阐述测试核心业务系统需求分析、模块测试用例设计、流程测试用例设计、测试执行、测试过程管理等内容，为此先介绍一下这个系统。

税收征管信息系统是国家税务总局向全国国税系统统一推广的综合税收征管业务系统。该系统基本覆盖了基层事务处理、管理监控和辅助决策等各个税收征管环节的业务，提供了管理服务、征收监控、税务稽查、税收法制及税务执行5个系列的基层税收征管和市局级管理与监控应用功能。

该系统技术上基于多层次、开放式系统框架，采用构件化开发模式，能针对用户需求快速组装，快速形成完整的解决方案，实现了省级数据集中。税务系统包括几个子系统：管理服务、发票、申报征收、计会、稽查法制等。下面介绍其中的一个子系统：申报征收子系统。

2. 申报征收子系统介绍

申报征收主要处理纳税人的纳税申报和税款征收等涉税事宜，包括增值税、消费税和企业

所得税等国税部门征收税种的纳税申报、税款征收和其他收入的清算核缴。具体功能有纳税申报、税款征收、催报催缴和申报征收维护等。其中申报功能包括对纳税人各种申报形式的管理，包括接收纳税人各税种的各类申报表、委托代征、代扣代缴报告表及纳税人报送的财务报表、附列资料等数据，并提供申报表更正和删除等功能。税款征收功能包括对各类税款按照不同缴纳方式进行的征收处理，包括税票录入、上解销号、加收滞纳金、欠税处理、税票处理、划解税款、呆账迁移、调账凭证、加处罚款和扣缴抵缴业务处理等功能。

税种是“税收种类”的简称。构成一个税种的主要因素有征税对象、纳税人、税目、税率、纳税环节、纳税期限、缴纳方法、减税、免税及违章处理等。征收的主要税种如表 11－1 所列。

表 11－1　征收的主要税种

税种名称	国税/地税	申报期限
增值税	国税	月
消费税	国税	月
营业税	地税	月
企业所得税	国税、地税	季

一个税种申报流程又分为几个环节，下面分别介绍。

3. 申报流程介绍

(1) 具体业务描述

税务机关收到纳税人报送的增值税(一般纳税人)、增值税(小规模纳税人)、消费税、企业所得税、外资企业所得税等纳税申报表及其附列资料，受理后，在一般申报的对应税种申报模块将其录入到系统中，并可以打印税收缴款书、完税证等税收票证。如果开具的税票是税收通用缴款书，银行将税票的报查联返回税务机关后，操作员需要在系统中作上解销号，表示纳税人已经将税款缴纳完毕；国库将税票回执联返回税务机关后，操作员需要在系统中作入库销号，表示税款已经入库。

(2) 业务流程图

业务流程图如图 11－1 所示。

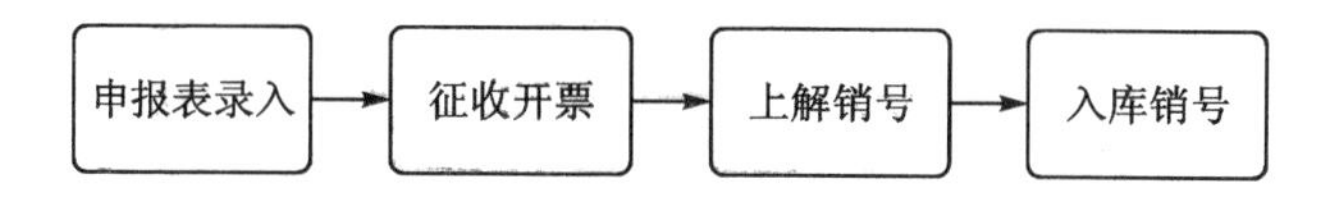

图 11－1　申报征收业务流程图

办理纳税申报的纳税人已经进行了税种登记。如果纳税人要进行具体申报，需要取得相应资格。

11.2.2　核心系统测试需求分析

测试需求分析就是在项目中明确测试的对象和范畴(what)，决定测试的策略和方法(how)，估计需要的测试环境、测试人员和时间等。测试需求分析的结果将用于制订测试计划。在税收征管信息系统测试中，从以下几个方面开展测试需求分析工作。

1. 需求分析

在项目需求分析过程中，测试经理和部分测试人员参与需求分析过程，熟悉和理解业务需

求，对需求规格说明书等进行评审。项目组对测试人员反馈的需求问题比较重视。

2. 测试需求分析

在此项目中，由测试经理主持，从测试的角度对需求规格进行深入的分析。由于项目需求分析已经将整个系统划分为子系统，子系统又划分为模块，可以得到整个系统的模块列表，经过统计一共有六百多个模块。对每个模块进行进一步细化，分解成要测试的功能点(在金融软件中叫“交易”)。例如，有些税种的申报需要申报很多张附表，这样附表的申报将作为单独的功能点来测试；从另一个方面看，一些模块要连起来形成流程进行测试；还要考虑开展哪些种类的测试，如各种专项测试(如安装测试)、非功能性测试等。通过这样的分析，会列出一张大表，叫《测试需求总表》。在此表中列出需要测试的模块及其功能点、需要测试的流程和需要开展的测试类型等。所谓的测试范围就是从此表中选择本次要测试的范围和重点内容。

本次测试范围是申报征收、税务登记、文书、认定、发票、计会子系统中各个模块的功能及业务流程。而下面所讲的实际案例则主要涉及其中的一个子系统，即申报子系统。这是测试对象，要测试的正是申报子系统中各个模块的功能及申报的业务流程。申报子系统中包括增值税一般纳税人申报、增值税小规模纳税人申报、消费税申报、企业所得税申报、委托代征申报、代扣代缴申报等。基本功能是申报表主附表的保存、修改、删除。申报后续的处理过程包含：开票、上解销号、入库销号等。

3. 测试风险分析

在测试需求分析过程中，要开展测试风险分析。这里采用了如 11.4.3 节所述的测试风险分析方法，对系统中的模块和功能点进行了风险评估，重点关注新开发的模块、需求变化大的模块、新的系统架构、用户常用功能、重要基础功能、复杂业务功能等。通过风险分析，找出了风险级别为“高”的模块，包括各税种申报模块、文书流转、发票发售、开票、退抵税、会计记账等，这些将作为测试的重点。另外，由于本次采用了新的架构，将子系统进行了拆分，所以各个子系统之间的集成也是测试的重点。

4. 测试策略制订

根据项目现实情况和测试需求分析，确定项目的主要测试方针为：以系统测试为主，集成测试为辅；以功能测试为主，专项测试为辅；以手工测试为主，自动化测试为辅；以基于测试用例的测试为主，探索性测试为辅。具体的测试策略如下：

1) 测试用例设计采用测试要素分析和正交矩阵设计法；采用自底向上的测试用例设计步骤，先进行模块测试用例的设计，再做流程测试用例的设计。

2) 采用自底向上的集成测试方法，先进行模块测试用例执行，再做流程测试用例执行，将系统逐步集成起来。

3) 集成测试、系统测试由测试人员按照测试用例执行测试，采用黑盒测试方法，大多数是手工测试，少部分功能利用自己的测试工具 Sm@rtest 实现自动化测试。

4) 除了功能测试外，还将进行安装测试、兼容性测试、可用性测试、异常测试、文档测试等专项测试。性能测试将另外安排。

5) 测试管理策略，采用“基于迭代的测试过程”，边开发测试用例，边做执行，通过探索性

测试以优化测试用例；执行冒烟测试、回归测试，开展测试用例评审，驱动开发人员开展自测等。

6）在测试过程中将使用缺陷管理工具、配置管理工具、自动化测试工具 Sm@rtest 等。

5. 测试计划制订

通过上述测试需求分析过程，就可以制订测试计划，如阐述测试范围、测试策略、测试方法、测试环境、测试资源、测试过程、测试工作量和人力估计、WBS 计划等内容。就像制订项目 WBS 计划一样，在制订测试 WBS（进度）计划的时候，将测试需求分析、设计开发和执行等各项工作，测试评审和管理工作都纳入了进来，并对测试工作量、测试人力和测试时间进行估计，基于估计来制订进度计划。为了管理上的方便，既有基于里程碑的主 WBS 计划（Project 文件），又有基于模块/功能点的滚动计划，以适应基于迭代的开发过程和测试过程。

11.3　核心系统测试用例设计

每个项目的测试时间都是有限的。测试组要在有限的时间内，尽可能多地发现系统中的缺陷，而达到这一目的最有效的途径就是设计一套有效的测试用例集。为此主要采用正交矩阵设计方法，通过仔细的测试要素分析，以尽可能覆盖主要的测试场景，并用正交矩阵以减少无效的测试用例，节省测试工作工时。

在设计步骤上主要采用自底向上的设计方法，先设计各个模块/交易的测试用例（模块测试用例），再将各模块/交易串起来设计业务流程的测试用例（流程测试用例）。下面以税收征管信息系统中的申报征收子系统为例描述测试用例设计的方法与过程。

11.3.1　模块测试用例设计

为了做好模块测试用例，在实践的基础上总结提炼出了“测试用例设计六步法”。它是基于测试要素分析和正交矩阵的测试用例设计方法在税务行业中的实例化应用。下面以税收征管信息系统中的增值税小规模纳税人申报模块为例说明“测试用例设计六步法”中的设计过程和方法。

1. 明确测试对象

首先明确测试对象是税收征管信息系统申报征收子系统中的增值税小规模纳税申报模块。我们先了解一下该申报业务。增值税小规模纳税人应符合下列条件：从事货物生产或者提供应税劳务的纳税人，以及以从事货物生产或者提供应税劳务为主，并兼营货物批发或者零售的纳税人，年应征增值税销售额（以下简称年应税销售额）在 50 万元以下；年应税销售额在 80 万元以下的其他纳税人。

增值税小规模纳税申报流程如图 11－2 所示。从图 11－2 中可以看到很多判断和分支节点，这为开展测试要素分析提供了重要的信息。

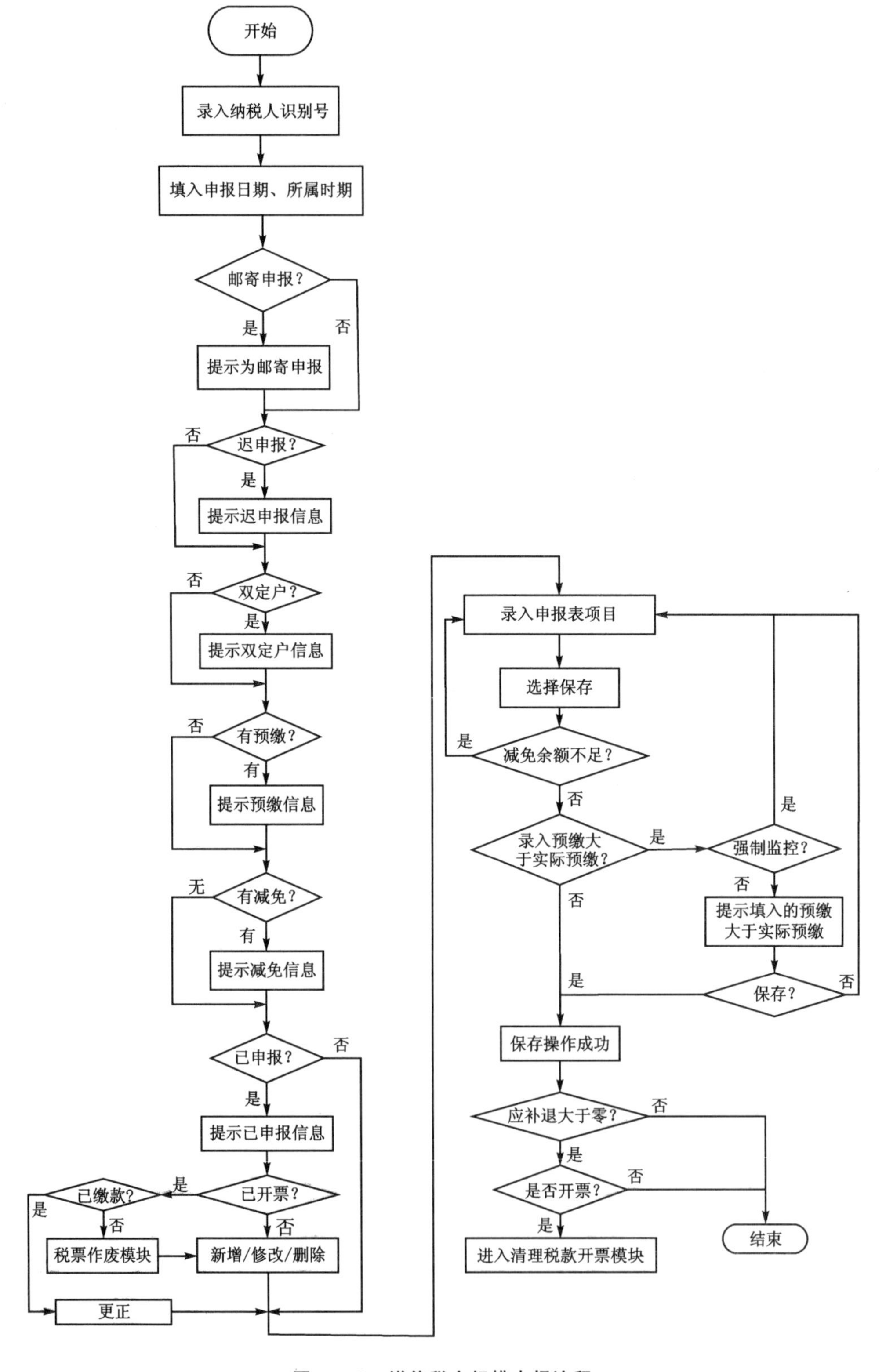

图 11－2　增值税小规模申报流程

2. 分析测试要素

基于测试要素的分析方法是在设计测试用例之前，先找出影响模块主要操作流程的因素，并确定取值；然后使用正交矩阵法生成测试用例矩阵表，并进行优化。分析测试要素就是分析可能影响被测对象的因素。使用“测试要素”的原因，是为了扩展在需求规格说明书中输入的概念。仅仅使用输入的概念往往不容易设计测试用例，而使用测试要素可以更容易地分析问题。在分析出了测试要素之后，必须明确每个要素可能的取值，确定测试要素与取值是设计测试用例的关键。因此要求尽可能全面、正确地确定取值，以确保测试用例的设计做到完整、有效。

先从增值税小规模申报流程图(图 11－2)中开始进行测试要素分析，主要看图中的判断节点，例如在图中是否有邮寄申报的判断。经过分析可以得出测试要素“申报方式”，取值为：直接申报、邮寄申报、数据电文申报等。按照这种方法从图中还可以找出下列测试要素：双定户信息(定期定额户)；减免信息(按照某项政策，税款允许按一定比例或者额度少缴)；预缴信息(提前缴纳的税款)；迟申报情况(超过每月或每季度规定的申报时间到税务局申报的为迟申报)；申报信息(本所属时间已经进行过申报，或者未申报过)等。

除此之外，对增值税小规模申报的其他业务规则进行分析，找出了下列因素对申报功能有影响：操作员权限会影响对于模块的操作；纳税人所属税务机关则影响模块中的数据操作；纳税人识别号是企业税务登记证上的号码，每个企业的识别号都是唯一的，相当于企业的“身份证”号，纳税人识别号输入是否正确将影响后续的操作；纳税人状态分为开业、停业、非正常等，状态不正常的纳税人将不能进行申报；增值税一般纳税人需要经过税务机关的认定，增值税一般纳税人不能进行小规模申报；税种登记信息影响申报操作，做了增值税税种登记的才能进行此申报；是否延期申报影响申报税款的计算；所属时期也影响税款的计算；逻辑计算关系影响申报表中数据的计算。

将上述因素进行提炼和选取，形成增值税小规模申报功能的测试要素集合，如表 11－2 所列。通过选取，可以对测试要素的数量进行控制。

表 11－2　增值税小规模纳税人申报的测试要素选取说明

序　号	要素名称	要素说明	要素选取目的
1	操作员权限	操作员对于模块的操作权限	测试程序对于模块权限的控制是否正确
2	纳税人所属税务机关	纳税人属于的税务机关	测试程序对于数据权限的控制是否正确，纳税人所属税务机关和操作员的权限税务机关一致时才可以查看具体的数据
3	纳税人识别号	企业税务登记证上的号码	测试程序对于纳税人识别号的查询及控制是否正确，纳税人识别号在系统中不存在时应有提示信息
4	纳税人状态	纳税人当前的状态，是否开业等	测试程序对于纳税人状态的查询及控制是否正确，停业及非正常户等不能申报

续表 11－2

序　号	要素名称	要素说明	要素选取目的
5	是否是增值税一般纳税人	增值税纳税人认定情况	测试程序对于增值税纳税人认定的查询是否正确，没有认定为增值税一般纳税人的可以进行小规模申报
6	申报方式	采用何种方式进行申报，如上门申报等	测试程序对于各种申报方式的处理是否正确
7	税种登记信息	税种登记情况	测试程序对于增值税税种登记信息的查询是否正确，做了增值税税种登记的才能申报
8	双定户信息	定期定额户	测试程序对于双定户认定的查询是否正确
8	预缴信息	提前缴纳的税款为预缴	测试程序对于预缴的计算是否正确
9	减免信息	按照某项政策，税款允许按一定比例或者额度少缴	测试程序对于减免及税款的计算是否正确
10	申报信息	本所属时间已经进行过申报，或者未申报过	测试程序对于已申报、未申报的处理是否正确
11	迟申报情况	超过每月或每季度规定的申报时间到税务局申报的为迟申报	测试程序对于按时申报、迟申报的处理是否正确
12	是否延期申报	被税务机关批准可以过了申报日期再来申报的为延期申报	测试程序对于有无延期申报的处理是否正确
13	所属时期	税款所属时期是指纳税人所缴税款的纳税义务发生时或计税期间	测试程序对于所属时期的检查是否正确
14	逻辑计算关系	校验关系	检查程序对于数据逻辑校验关系的计算是否正确

继续进行业务分析，为各个测试要素确定取值，如表 11－3 所列。按照等价类划分方法，除了要有正常取值，还要有无效的取值。注意在表 11－3 中，无效取值都用斜体标示出来。

表 11－3　增值税小规模纳税人申报的测试要素列表

序　号	要素名称	取值 L1	取值 L2	取值 L3	取值 L4	取值 L5
1	操作员权限	有权限	无权限			
2	纳税人所属税务机关	纳税人属于操作员的权限税务机关	纳税人不属于操作员的权限税务机关			
3	纳税人识别号	识别号存在	识别号不存在			
4	纳税人状态	正常户	非正常户			
5	是否是增值税一般纳税人	不是	是			

续表 11－3

序　号	要素名称	取值 L1	取值 L2	取值 L3	取值 L4	取值 L5
6	申报方式	直接申报	邮寄申报	数据电文申报	无法找到申报方式	
7	税种登记信息	已登记增值税	未登记增值税			
8	双定户信息	双定户	非双定户			
9	减免信息	无减免	有减免，且录入减免不大于实际减免	有减免，且录入的减免大于实际减免		
10	预缴信息	无预缴	有预缴，且录入的预缴不大于可用预缴	有预缴，且录入的预缴大于可用预缴		
11	申报信息	未申报	已申报			
12	迟申报情况	未迟申报	已迟申报			
13	是否延期申报	是	否			
14	所属时期	正确	错误			
15	逻辑计算关系	全部正确	本期应纳税额错误	核定应纳税额错误	录入销售额>核定销售额的 20%	应补退税额错误

通过表 11－3 还可以进行容错要素分析。所谓容错是指在故障、错误存在的情况下计算机系统不失效，仍然能够正常工作的特性。将表 11－3 中的无效取值汇总得出增值税小规模纳税人申报的容错要素，如表 11－4 所示。容错要素可以用来构建逆向测试用例（negative testing，旨在使系统不能正常工作的测试用例）。

3. 构建初始测试用例集

在分析出了测试要素之后，就可以开始构建初始的测试用例集。一个测试用例集就是测试要素的各种取值的组合集合。构建初始测试用例集可以从两个方面来着手：1）对象的正常处理流程，2）对象的异常处理流程。

下面根据表 11－3 中增值税小规模纳税人申报的部分测试要素生成初始测试用例集，如表 11－5 所列。它是关于测试要素的正交矩阵。编号 1 到 11 的用例描述是申报方式为“直接申报”时与测试要素是否双定户、减免信息、预缴信息、申报信息、是否迟申报、是否延期申报等各种取值的组合情况，关于其他申报方式的各种组合就不都罗列在这里，容错的也先不列出来。

表 11-4　增值税小规模纳税人申报的容错要素

测试用例编号	容错要素名称
SBZS_002_RC_01	操作员没有操作权限
	纳税人不属于操作员权限税务机关
	纳税人识别号不存在
	纳税人为非正常户
	纳税人为增值税一般纳税人
	纳税人未登记增值税
	纳税人申报方式不存在
	录入的所属时期起止错误
	有减免，且录入的减免大于实际减免
	有预缴，且录入的预缴大于可用预缴
	逻辑计算关系中的任何一个发生错误，如下所示： 销售额×征收率≠本期应纳税额； 核定销售额×征收率≠核定应纳税额； 录入销售额>核定销售额的20%； 销售额×征收率－减免税额－预缴税额≠应补退税额

表 11-5　增值税小规模纳税人申报初始测试用例集

编　号	申报方式	是否双定户	减免信息	预缴信息	申报信息	是否迟申报	是否延期申报
1	直接申报	是	无	无	未申报	否	否
2	直接申报	是	有，且正确	无	未申报	否	否
3	直接申报	是	无	有，且正确	未申报	否	否
4	直接申报	是	有，且正确	有，且正确	未申报	否	否
5	直接申报	是	无	无	已申报	否	否
6	直接申报	是	无	无	未申报	是	否
7	直接申报	是	无	无	未申报	否	是
8	直接申报	否	无	无	未申报	否	否
9	直接申报	否	有，且正确	无	未申报	否	否
10	直接申报	否	无	有，且正确	未申报	否	否
11	直接申报	否	有，且正确	有，且正确	已申报	否	否
12	邮寄申报	是	无	无	未申报	是	是
13	邮寄申报	是	无	无	已申报	是	是
14	数据电文申报	否	无	无	未申报	否	否

4. 优化测试用例集

对测试用例集进行评审是优化测试用例集的一个有效途径。

下面来优化表 11－5 增值税小规模纳税人申报初始测试用例集。因为业务上规定对于双定户（即定期定额户）不允许有减免和预缴，所以编号 2，3，4 的测试用例不可能存在，需要删除；编号 5，6，7 的测试用例主要是测试已申报、迟申报、延期申报的情况，由于邮寄申报测试用例中都考虑了，这些用例就不需要了，可以删除；在编号 1 的测试用例中已经考虑了无减免、无预缴的情况，编号 8 的测试用例可以删除；编号 11 的测试用例设计了非双定户有减免，且有预缴的情况，编号 9，10 的用例则是分别考虑有减免或者有预缴的情况，可以删除，合并到编号 11 的测试用例中。这样，表 11－6 中的带下画线的字表示要删除的测试用例。

测试用例并不是多多益善，要在众多的测试用例中选取最有效的、最能发现程序问题的测试用例。上面经过分析，已经将不可能出现的测试用例删除掉。另外用配对的原则、多个要素取值合并到一个测试用例中的方法来减少测试用例的数量。此外利用等价类划分方法也可以减少部分测试用例。

测试是保证软件产品的质量。而最“完整”的质量保障或者说测试覆盖，其实应该是满足了客户的当前需求。说白了，其他不是客户想要的质量，可以弱化，要切入要点进行测试，从而在要害关卡编写测试用例。

表 11－6　对增值税小规模纳税人申报初始测试用例集的优化

编　号	申报方式	是否双定户	减免信息	预缴信息	申报信息	是否迟申报	是否延期申报
1	直接申报	是	无	无	未申报	否	否
2	直接申报	是	有，且正确	无	未申报	否	否
3	直接申报	是	无	有，且正确	未申报	否	否
4	直接申报	是	有，且正确	有，且正确	未申报	否	否
5	直接申报	是	无	无	已申报	否	否
6	直接申报	是	无	无	未申报	是	否
7	直接申报	是	无	无	未申报	否	是
8	直接申报	否	无	无	未申报	否	否
9	直接申报	否	有，且正确	无	未申报	否	否
10	直接申报	否	无	有，且正确	未申报	否	否
11	直接申报	否	有，且正确	有，且正确	已申报	否	否
12	邮寄申报	是	无	无	未申报	是	是
13	邮寄申报	是	无	无	已申报	是	是
14	数据电文申报	否	无	无	未申报	否	否

功能测试要执行的操作包括：新增申报表、修改申报表、删除申报表、更正申报表、零申报、读入申报表。据此，通过测试要素矩阵分析法，选择典型的测试要素组合，设计出一组测试用例，然后进行优化，优化后，并增加反向用例的测试用例集，如表 11－7 所列。

表 11-7 增值税小规模纳税人申报的测试用例集

测试用例编号	申报方式	是否双定户	减免信息	预缴信息	申报信息	是否迟申报	是否延期申报	操作描述
SBZS_002_GN_01	直接申报	是	无	无	未申报	否	否	零申报，删除零申报
SBZS_002_GN_02	直接申报	否	有，且正确	有，且正确	未申报	否	否	新增，零申报
SBZS_002_GN_03	直接申报	否	有，且正确	有，且正确	已申报	否	否	新增、修改、删除、零申报、更正
SBZS_002_GN_04	邮寄申报	是	无	无	未申报	是	是	新增、零申报
SBZS_002_GN_05	邮寄申报	是	无	无	已申报	是	是	新增、修改、删除、零申报、更正
SBZS_002_GN_06	数据电文申报	否	无	无	未申报	否	否	新增、零申报、读入申报表
SBZS_002_GN_07	纳税人申报方式不存在	否	有减免，且录入的减免大于实际减免	有预缴，且录入的预缴大于可用预缴	未申报	否	否	新增、零申报、读入申报表

在设计测试用例时除了设计正向测试用例(表 11-7 中是正向测试用例)，还要设计逆向测试用例，把表 11-4 容错要素进行组合可以生成逆向测试用例，逆向测试用例不宜太多。一般正向测试用例与逆向测试用例的比例为 4∶1 较好，逆向测试用例可以合并起来一起集中测试。

在表 11-7 中，每个测试用例都有其测试目的，例如：测试用例 SBZS_002_GN_01 是验证手工申报、直接申报、无预缴、无减免、无延迟申报、无迟申报，之前属期和本属期未做过增值税申报，通过资格验证，零申报、删除零申报功能。只不过在此表中没有直接写出“测试目的”这一栏，而是隐含在各测试要素的取值中了。这充分体现了测试要素分析法的好处。

5. 划分测试用例优先级

划分测试用例的优先级是为了优先执行高优先级的测试用例，以提高测试有效性和效率。而测试用例优先级又是根据项目目标、质量目标和测试风险分析等确定的。在增值税小规模纳税申报中，直接申报的优先级最高，邮寄申报的优先级为中，数据电文申报的优先级为低。测试用例 SBZS_002_GN_01 可以作为冒烟测试用例。划分优先级后测试用例集如表 11-8 所列。

表 11-8　划分优先级的增值税小规模纳税人申报测试用例集

测试用例编号	优先级	申报方式	是否双定户	减免信息	预缴信息	申报信息	是否迟申报	是否延期申报	操作描述
SBZS_002_GN_01	高	直接申报	是	无	无	未申报	否	否	零申报、删除零申报
SBZS_002_GN_02	高	直接申报	否	有，且正确	有，且正确	未申报	否	否	新增、零申报
SBZS_002_GN_03	高	直接申报	否	有，且正确	有，且正确	已申报	否	否	新增、修改、删除、零申报、更正
SBZS_002_GN_04	中	邮寄申报	是	无	无	未申报	是	是	新增、零申报
SBZS_002_GN_05	中	邮寄申报	是	无	无	已申报	是	是	新增、修改、删除、零申报、更正
SBZS_002_GN_06	低	数据电文申报	否	无	无	未申报	否	否	新增、零申报、读入申报表

6. 开发测试用例

经过前面的分析，得到了测试用例的要素表和测试用例集。这只是测试用例的概要设计，接下来要开发测试用例。所谓开发测试用例，就是对每一个测试用例进行详细的描述。

现在针对表 11-8 中的第一条记录 SBZS_002_GN_01 来开发一个测试用例，完成后的测试用例如表 11-9 所列。其中，测试用例编号为 SBZS_002_GN_01，测试用例标题采用表 11-8 中"操作描述"栏的内容。测试用例目的是将各种要素取值的组合、操作描述简单描述一下。测试用例级别为高；预置条件很重要，需要写出做增值税小规模申报前，对纳税人提前做了什么操作，纳税人具备了何种资格。然后，分步骤写出此测试用例的重要输入、操作步骤，针对每一步，要写出预期结果，即系统在接受输入信息后的前台反映和对于数据库的操作等。

表 11-9 中每一个字段的说明和注意事项简要说明如下。

- **用例编号**　用例编号应有一定的命名规则，以便于查询和跟踪。这里采用的规则是：子系统名称＋模块编号＋GN＋用例编号(GN 表示"功能")。
- **测试标题**　对测试用例的描述，应该清楚表达测试用例的用途。
- **测试目的**　描述测试用例的主要测试目标，多用测试要素组合表达。
- **级别**　定义测试用例的优先级别："高"、"中"和"低"，一般与需求的优先级一样。
- **输入**　提供测试执行中的各种主要输入条件。根据测试要素的取值、需求或设计中的输入条件，确定测试用例的输入。
- **操作步骤**　描述测试执行过程的步骤。对于复杂测试用例，测试用例的输入需要分为几个步骤完成。这部分内容在操作步骤中列出。操作步骤只要把关键的步骤列出即可，不要写得过于详细。
- **预期结果**　描述测试执行的预期结果。预期结果应该根据软件需求中的输出得出。

如果在实际测试过程中，得到的实际测试结果与预期结果不符，那么测试不通过；反之则测试通过。

表 11-9　增值税小规模纳税人申报的一个测试用例

测试用例编号	SBZS_002_GN_01		
测试用例标题	增值税小规模纳税人零申报、删除零申报		
测试用例目的	验证手工申报、直接申报、无预缴、无减免、无延迟申报，之前属期和本属期未做过增值税申报、通过资格验证、零申报、删除零申报功能		
测试用例级别	高		
预置条件	1）纳税人信息满足要求： ①是系统中已经登记的纳税人 ②当前进行申报表录入的操作员具备该纳税人的操作权限 ③纳税人已经作了增值税税种登记 ④纳税人是增值税小规模纳税人 2）填表日期、申报日期、所属时期等申报表的表头信息满足： ①申报表的提交时间未超过申报期限 ②填表日期＜申报日期 ③所属时期有登记增值税 ④所属时期之前的时期未做过增值税申报 ⑤所属时期未做过增值税申报 3）增值税的税目有 5 个 4）增值税申报方式为直接申报		
输　入	**操作步骤**	**预期结果**	**实测结果**
用户(ctest) 密码(111111)	登录系统，选择进入申报征收—申报—纳税申报—2005 增值税小规模纳税人申报	1）系统显示 2005 增值税小规模纳税人申报界面 2）系统自动默认填表日期、申报日期为当前日期，申报属期为申报日期月的前一个月 3）税票录入为未选中状态 4）纳税人识别号处自动带出当前登记操作员的行政区划 5）本月数、本年数均为 0，且不可录入	
录入纳税人识别号	手工录入/粘贴纳税人识别号，回车	系统会自动带出纳税人名称以及纳税人所属税务机关等基本信息	
	录入填表日期、申报日期、属期	本月数、本年累计中的值均为 0	
	点击“零申报”按钮	系统提示“该纳税人真的零申报?”，选择“是”：提示保存成功，点击确定后返回申报界面；选择“否”：返回申报界面。（保存成功后后台： sb_zzs_xgmnsr_2005 新增该纳税人零申报相应记录：各申报列值为 0； sb_sbxx 新增该纳税人零申报记录：zsxm_dm＝01，ynse＝0，yjse＝0；sb_zsxx 无任何变化）	

续表 11－9

输　入	操作步骤	预期结果	实测结果
	点击“删除”按钮	1）系统提示“真的删除吗”，选择“是”，系统提示“已成功删除申报表”，点击“确定”返回申报界面，申报界面回到初始状态；选择“否”：返回申报界面 2）后台：数据库存在的相关数据被删除	

请注意：在测试用例中需要写出预置条件，这样可以让测试用例执行人清楚了解操作过程；在输入部分不建议写出具体的测试数据，测试数据与测试用例混在一起就太复杂了，而且修改起来不方便；操作步骤只写出关键点即可，太详细了就是操作手册了；而预期结果则需要写得详细，要把验证的每一个点都列出来，避免遗忘，还要写出系统前台的响应和后台数据库的变化。

一个征管核心系统大概有 600 多个主要模块，需要编写几千个这样的测试用例，工作量是很大的，一般的项目承受不了。因此，对于代码表维护、查询等类型的模块，一般就不需要专门写测试用例，针对这些模块统一写一篇测试要点及注意事项就可以了。这就是测试规程的概念。要让测试人员集中精力编写重点模块的测试用例，在人员和时间紧张的情况下，测试用例不需要写得非常详细。

测试用例要写得简洁：一是要求测试用例设计开发人员的业务能力强，提炼和逻辑思维的能力也要强；二是要加强对测试执行人员的培训，要求他们熟悉被测试系统的业务和操作。

不同税种申报模块的测试要素有相同的，也有其特有的，例如，只有增值税一般纳税人申报才有“留抵”，企业所得税申报中才有“汇总合并”。表 11－10 是对于各个税种申报要素的总结，此表对于申报功能模块具有普遍适用性。它是申报类交易的通用测试要素模型。如果在测试用例设计中提炼这种模型，就可以提高测试用例的设计效率，使测试用例更规范，更一致，更可复用。

表 11－10　各种申报表的测试要素模型

税　种	申报方式	申报日期	税种核定否	预缴	预缴方式	减免	留抵	应补(退)税额	检查累计值	纳税人所属行业	汇总申报模式	弥补亏损	汇总(合并)纳税企业类别	征收项目
增值税一般纳税人申报	OK	OK	OK	OK		OK	OK	OK	OK					
增值税小规模申报	OK	OK	OK	OK		OK		OK	OK					
增值税定期定额申报	OK	OK	OK	OK		OK		OK						
营业税申报	OK	OK	OK	OK		OK		OK		OK				
企业所得税月(季)度申报	OK	OK	OK	OK		OK		OK	OK				OK	

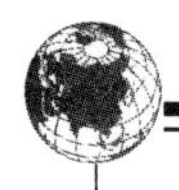

续表 11－10

税　种	申报方式	申报日期	税种核定否	预缴	预缴方式	减免	留抵	应补(退)税额	检查累计值	纳税人所属行业	汇总申报模式	弥补亏损	汇总(合并)纳税企业类别	征收项目
企业所得税年度申报	OK	OK	OK	OK	OK	OK		OK			OK	OK	OK	
综合申报表	OK	OK	OK	OK		OK		OK						OK

11.3.2　流程测试用例设计

税收征管信息系统非常复杂，模块多，流程多，仅仅设计模块测试用例集是不够的，还要将模块功能串接起来，形成流程测试用例。这样才能完整运行一个业务流程，并从中发现缺陷。流程测试用例的设计按下列三个步骤进行。

1. 分析模块流程要素表

在分析业务流程时，先以系统功能模块为分析依据，对每个功能模块分析其测试要素中对前后续业务的走向有影响的那些要素，罗列在表 11－11 中。为与功能点测试要素区分，将这种要素称为流程要素。

申报征收子系统中主要的业务流程就是：各税种申报→征收开票→上解销号→入库销号。经过分析，增值税小规模申报中流程要素为预缴、减免、申报日期、申报方式等；征收开票的流程要素为：品目、滞纳金信息、开票种类等；上解销号的流程要素为：税票种类、上解日期，入库销号的流程要素为：税票种类等，如表 11－11 所列。

表 11－11　增值税小规模申报模块流程要素表

序　号	模块名称	流程要素	取值 L1	取值 L2	取值 L3	取值 L4
1	增值税小规模申报	预缴	有，且正确	无		
2	增值税小规模申报	减免	有，且正确	无		
3	增值税小规模申报	申报日期	准期	迟申报	批准延期	
4	增值税小规模申报	申报方式	直接	邮寄申报	数据电文申报	
5	征收开票	品目	少于 3 个	多于 3 个		
6	征收开票	滞纳金信息	有	无		
7	征收开票	开票种类	完税证	转账专用完税证	缴款书	
8	上解销号	税票种类	缴款书	汇总缴款书		
9	上解销号	上解日期	限期内	过限期		
10	入库销号	税票种类	缴款书	汇总缴款书		
	……					

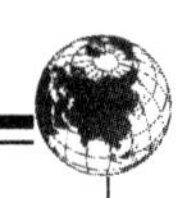

2. 设计流程列表

我们还是按照模块测试用例设计中构建初始用例集、优化测试用例集等的方法来演化生成流程测试用例集。最后生成的单个模块的流程测试用例集如表 11 - 12(a)到表 11 - 12(d)所列。

表 11 - 12(a)　单个模块的流程测试用例集——增值税小规模申报模块

编　号	申报方式	减免信息	预缴信息	申报日期
sb_1	直接申报	无	无	准期
sb_2	直接申报	有，且正确	有，且正确	迟申报
sb_3	邮寄申报	无	无	批准延期

表 11 - 12(b)　单个模块的流程测试用例集——征收开票模块

编　号	滞纳金信息	开具税票种类
kp_1	该税种没有滞纳金	通用完税证
kp_2	该税种有滞纳金	转账专用完税证
kp_3	该税种有滞纳金	缴款书

表 11 - 12(c)　单个模块的流程测试用例集——上解销号模块

编　号	税票种类	上解日期
sj_1	汇总缴款书	限期内
sj_2	缴款书	过限期

表 11 - 12(d)　单个模块的流程测试用例集——入库销号模块

编　号	税票种类
rk_1	汇总缴款书
rk_2	缴款书

我们把上面四个模块的流程测试用例进行适当的组合，生成增值税小规模申报征收流程一览表(表 11 - 13)，用来简述这几个模块的所有申报征收的流程，作为举例。这里只列出两个流程。

然后把表 11 - 13 进行细化，写出详细的步骤，还要根据各个用例的前置条件增加相应的操作步骤，就生成如表 11 - 14 所示的流程测试用例列表。增值税小规模申报征收的两个典型流程，如表 11 - 14 所示。

表 11-13 增值税小规模申报征收流程一览表

税　种	流程名称	流程描述	申报日期	预缴	减免	滞纳金信息	税票种类	上解日期
增值税	增值税小规模一	无预缴、无减免、应补税额、准期、直接，并在期限内缴款，现金，一次开票，上解销号，入库销号	准期申报	无	无	无	完税证	限期内
增值税	增值税小规模二	有预缴、有减免、应补税额、迟申报、直接，并过限期缴款，上解销号，入库销号	迟申报	期初	幅度	有	缴款书	过限期

表 11-14 增值税小规模申报征收流程测试用例列表

流程名称	流程序号	模块名称	编　号	描　述
增值税小规模一	1	增值税小规模申报	sb_1	无预缴，无减免，应补税额，准期，直接
增值税小规模一	2	开票	kp_1	限期内，现金，全税额
增值税小规模一	3	现金票证汇总		开的是完税证，所以增加此步骤
增值税小规模一	4	上解销号	sj_1	汇总缴款书，限期内
增值税小规模一	5	入库销号	rk_1	汇总缴款书
增值税小规模二	1	预缴期初设置		因为增值税申报要求有预缴，所以增加此步骤
增值税小规模二	2	减免税文书申请审批		按幅度减免。因为增值税申报要求有减免，所以增加此步骤
增值税小规模二	3	增值税小规模申报	sb_2	有预缴、有减免、应补税额、迟申报、直接
增值税小规模二	4	开票	kp_3	有滞纳金，缴款书
增值税小规模二	5	上解销号	sj_2	过限期，缴款书
增值税小规模二	6	入库销号	rk_2	缴款书

流程测试用例列表的栏目包括流程名称、流程序号、模块名称、描述等，下面分析说明。

1) **流程名称**:具有相同流程名称的一组模块序列组成了在一个征收期内的一个业务流程。

2) **流程序号**:本模块在此流程中的执行顺序。

3) **模块名称**:功能模块名。

4) **描　　述**:定义模块的流程要素取值。

在这里需要注意的是，要尽量模拟用户现实的工作场景，流程中要有分支，要体现出沿各条路径的不同流程走向的流程测试用例设计。

3. 设计整体流程

上面描述的是子系统内部的流程，在子系统内部的集成测试时使用。而整体流程用以描

述针对每一个典型纳税人，在模拟的测试年度内所发生的业务流程，更加符合实际业务需求，在系统测试时使用。在此案例中，所谓整体流程，就要从开业登记开始，经过税种核定、两费收取、证件发放、期初设置、申报、开票、销号等，完成一个纳税人开业、申报、缴款的全流程操作。

我们强调在流程中以一个纳税人贯穿到底，在征管系统中，纳税人识别号是一个纳税人在系统中的唯一标识，纳税人在系统中开业后就有了这个纳税人识别号，用这个纳税人识别号去做税种核定、两费收取、证件发放、期初设置、申报、开票、销号等，完成一个纳税人开业、申报、缴款的全流程操作。表 11－15 描述的是增值税小规模申报从开业登记到入库销号的全部流程，选取的是增值税小规模申报流程一。

表 11－15　增值税小规模申报流程——整体流程举例

操作日期	000101000000031 甲公司		
	模　块	数　据	测试 ID
	税务登记		
2003－1－5	内资企业开业登记	内资企业	税务登记岗
2003－1－5	工商户未逾期		系统
	增值税税种核定	核定增值税	管理检查科税务登记岗
	外国企业所得税税种核定	核定外国企业所得税	管理检查科税务登记岗
	核实税票		税务登记岗
	两费收取(工本费和登记证费)		申报征收岗
	证件发放		
	发放销号(发通知书)		税务登记岗
	增值税小规模申报一		
2003－3－5	增值税小规模申报	无预缴，无减免，应补税额，准期，直接	申报征收岗位
2003－3－5	开完税证	限期内，现金，全税额	申报征收岗位
2003－3－5	现金票证汇总	开的是完税证，所以增加此步骤	申报征收岗位
2003－3－10	上解销号	汇总缴款书，限期内	申报征收岗位
2003－3－10	入库销号	汇总缴款书	申报征收岗位

在上面的流程测试用例设计中，模拟了 3 个月的时间，例如该户 1 月份开业，3 月份来税务局报 2 月份的税款，3 月申报后，过几天再进行税票销号。

在表 11－15 整体流程中包括的栏目说明如下。

1）**操作日期**　模拟业务发生的日期。

2）**典型纳税人**　发生此业务序列的典型纳税人。

3）**模块**　功能模块名。

4）**数据**　此功能模块的输入数据，用指向某数据表中某条记录的方式表示。

5）**测试 ID**　测试人员操作岗位。

做流程测试用例设计时，还要对测试数据进行很好的规划。

通过一些测试实践，我们总结提出了面向行业领域的“流程测试用例设计方法”，在税务、

金融、政务和智慧城市等行业应用，达到了较好的效果。

11.3.3 用画图法设计测试用例

关于用图形来设计测试用例已经发展出了很多种方法①。我们也采用了画图法来辅助测试用例设计。主要利用两种图：业务流程图和状态图。例如在税收征管信息系统中，抵缴欠税是一种比较复杂的业务，为了更好地设计它的测试用例，画出了抵缴欠税流程的状态图，如图11－3所示。

抵缴欠税就是纳税人用自己多缴纳的税款来抵自己以前的欠税。在图11－3中画出了纳税人的三种状态，即正常户状态、有欠税状态，有可抵缴税款（有盈余）状态。我们一起按照图中的编号来看一下图中描述的业务场景。编号1到6是产生可抵缴税款的场景，例如“误报多收1”表示正常户由于误报多收（多缴了税款），形成误报多收税款，因而他需要通过“退抵税费文书审批”环节，将本月多缴的税款用于缴纳下个月的税款，即进入“有可抵缴税款”状态；而编号7到12是产生欠税的场景，例如编号8表示的是正常户申报后未缴款，形成欠税，进入“有欠税”状态。

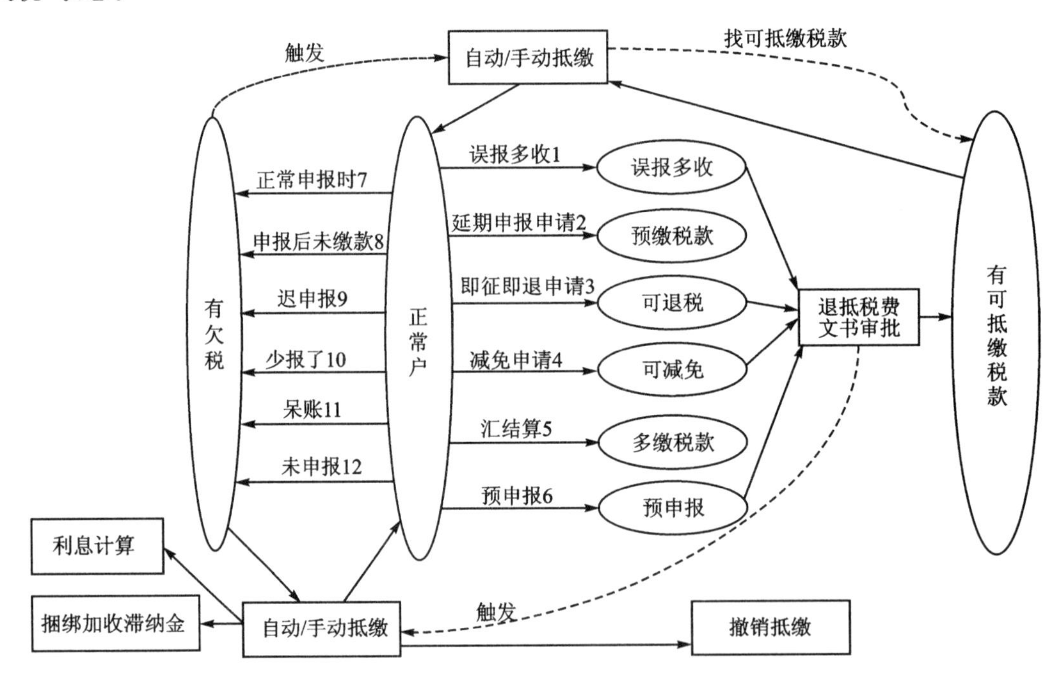

图11－3 抵缴欠税业务的状态图

根据图11－3的状态图设计多缴抵欠的流程测试用例，将产生多缴的1，2，3，4，6场景与产生欠税的7到11配成对，形成表11－16中的流程测试用例。每一个测试用例执行6步，例如在用例TC－001中，先在申报时产生误收多报，再做文书审批，形成可抵缴税款，再在正常申报时通过抵缴处理以抵缴形成的欠税。其他用例也是类似的，总之通过状态图可以一目了

① 朱令娴，周伯生，罗文劼．过程模型的测试用例自动生成研究[J]．计算机系统应用，2008(2)．

然地发现要测试的流程，不容易遗漏业务场景。

表 11－16 抵缴欠税业务的流程测试用例

用例编号	STEP－1	STEP－2	STEP－3	STEP－4	STEP－5	STEP－6
TC－001	误报多收 1	文书审批，形成可抵缴税款	正常申报时 7	形成欠款	自动/手动抵缴	抵缴处理
TC－002	延期申报申请 2	文书审批，形成可抵缴税款	申报后未缴款 8	形成欠款	自动/手动抵缴	抵缴处理
TC－003	即征即退申请 3	文书审批，形成可抵缴税款	迟申报 9	形成欠款	自动/手动抵缴	抵缴处理
TC－004	减免申请 4	文书审批，形成可抵缴税款	少报了 10	形成欠款	自动/手动抵缴	抵缴处理
TC－005	预申报 6	文书审批，形成可抵缴税款	呆账 11	形成欠款	自动/手动抵缴	撤销抵缴
TC－006	上述 1 至 6 之一	文书审批，形成可退税款	退款处理	国库更正	退库处理	

通过一些测试实践，我们总结提出了面向行业领域的"基于状态图的测试用例设计方法"，在税务、金融、政务等行业应用，达到了较好的效果。

11.3.4 测试用例集管理

测试用例集是测试工作的最重要资产，一定要纳入管理过程，妥善地管理起来。管理的目的一是为了现在的测试工作开展，二是为了将来的复用。下面分几个方面论述此专题。

1. 测试用例组织

如何组织、跟踪和维护数量庞大的测试用例集合是一件非常重要的事情。可以采用不同的方法对测试用例进行分类和组织：1）按照软件功能模块进行分类和组织，这样方便保证测试用例对模块的覆盖率；2）按照测试用例类型进行分类和组织，比如分为功能测试用例、安装部署测试用例、性能测试用例等类型。

组织测试用例的方式是：先按类型区分，包括模块测试用例、流程测试用例、专项测试用例等。在模块测试用例中按模块来组织，在流程测试用例中按子系统来组织。按照这种方法，还在组织级建立了测试用例库，以存放所有历史项目的测试用例集，方便人们按项目、按类型、按子系统/模块等方式来查询和复用测试用例。

2. 测试用例优先级划分

给测试用例划分优先级很重要。Ross Collard 在《Use Case Testing》一文中指出：测试用例的前 10％到 15％可以发现 75％到 90％的重要缺陷。小版本确认测试（BVTs，即冒烟测试）、高、中、低等四类测试用例优先级别的百分比分布情况一般为：BVTs 为 10％～15％，高为 20％～30％，中为 40％～60％，低为 10％～15％。

在测试用例优先级划分时利用了测试风险分析的结果，将与高风险模块（如新开发模块、需求变化大的模块、复杂业务功能等）、用户常用功能、重要基础功能等相关的测试用例的优先级设为"高"，一般比例在 30％～40％左右。我们会优先执行这些测试用例，通过这些测试用例发现的 BUG 数基本上符合上面的统计规律。

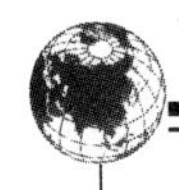

3. 测试用例评审

在项目中一般分两轮对测试用例进行评审。第一轮对测试用例设计进行评审，对测试要素分析、正交矩阵筛选过程、测试用例集列表等进行评审，并评价测试用例结构清晰性、测试用例的覆盖率、测试用例的优先级等。包括模块测试用例和流程测试用例还有一些专项测试的测试方案等都在第一轮测试的范畴内。第一轮测试评审会邀请需求、设计、开发人员参加，通过这轮评审将大的方案确定下来。

第二轮评审是对开发的详细测试用例进行评审。评审每一个测试用例描述是否正确、完整、清晰、繁简得当、易于执行、可复用等。这一轮评审在测试组内部开展即可。我们非常重视测试用例的评审，通过评审提前发现测试用例中缺失的要点，并安排测试人员提前补充和完善测试用例，以确保测试的质量。

4. 测试用例维护

测试用例维护就是对测试用例集进行新增、修改和删除工作，以提高测试用例的“新鲜度”，保证“可用性”、“与时俱进”。测试用例设计的误区之一是追求“一步到位”，这是不太现实的。当新增需求，或发生需求、设计变更的时候，需要新增或修改原有的测试用例；当第一轮测试效果不理想的时候，可能会考虑追加一些测试用例。特别是采用基于迭代的测试过程和探索性测试方法时，测试用例维护更是家常便饭。

如何提高测试用例的可维护性？首先，测试用例集要有一个好的结构，就像上述“测试用例组织”中阐述的那样进行分类和组织，还可以按照业务类型和功能性来对测试用例进行分类：业务类型测试用例主要倾向于业务的逻辑、数据流、场景等类型的测试用例；功能界面型测试用例倾向于功能的实现方式，如按钮、输入框、界面布局等。将业务类和界面类适当地分开（所谓“解耦”）。这样做的好处在于当需求发生变化或者功能实现发生变化时，需要修改的测试用例比较少。

其次，要保持测试用例的简洁性。测试用例应该主要明确测试目标、测试要点和测试场景，体现出测试要素分解思路和主要检查点等；可以使用流程图、状态图等表示，而操作步骤等则要简化，不能写得像用户手册那样详细。这样不仅工作量大而且适应不了需求/设计变更。要关注的是“测试思想”，而不是关注操作步骤，应该用容易理解的自然语言清晰地描述将要如何进行测试，而不是简单地把在应用程序上如何操作的烦琐步骤记录下来。

11.4 核心系统测试执行

在完成测试用例设计之后，接下来的工作就是测试执行。测试执行的步骤包括测试环境搭建、测试数据准备、测试执行、缺陷跟踪、测试分析、测试报告编写等。由于测试用例设计分为模块和流程两步，测试执行也分为两步，即执行模块测试和执行流程。下面分别论述测试执行中的主要专题。

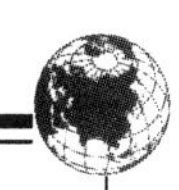

11.4.1　测试数据准备

测试数据准备的目的是为了使测试执行顺利进行，在系统中建立好必要的初始化数据，因此也被称为测试初始化工作。对于系统测试来说，需要准备相对完整的测试数据。而应用系统初始化数据又取决于系统的数据模型和数据库设计，所以测试经理要熟悉系统数据模型和系统初始化过程。

对于税收征管信息系统来说，初始化数据包括：各种代码表中的初始化数据、系统中的角色、典型纳税人、测试用例预置条件中需要的数据等。例如，表 11－17 列出了要准备的代码表内容和系统角色内容，系统中的用户和操作人员都要对应到相应的角色上，测试时需要以这些角色登录和执行相关操作。

表 11－17　核心系统测试数据准备表

代码表内容	录入方式	角色内容	录入方式
税务机关	后台	通用科员	
操作人员	前台	通用科长	
角色设置	前台	通用局长	
收款国库	后台	文管	
银行	后台	发票初始化维护	
预算科目	后台	发票外部管理	
预算分配比例	后台	发票代开	
发票初始化设置	前台	文书管理	
工作流配置	前台	税收证明	
特殊纳税人	前台	申报征收初始化	
计会初始化	前台	申报	
……	前台	征收计会	

测试数据准备的另外一项重要工作是准备纳税人数据。因为所有申报功能都需要以某一纳税人的身份进行。为了能够开展各种测试，要针对每一个类型的纳税人，多准备一些纳税人开户数据。我们可以将测试用户/测试场景编号直接与纳税人识别号（纳税人在系统中的唯一标识）对应起来，如表 11－18 所示。应该按照上述数据准备要求编写测试初始化数据插入、删除脚本，方便测试人员准备数据。

表 11－18　测试场景与纳税人识别号对照表

场景编号	纳税人识别号	所属税务机关名称
SB01	000000000000001	
SB02	000000000000002	

除了准备初始化数据，还要准备每个测试用例需要的测试数据，例如：纳税人信息、税种核定信息、期初数据、减免信息、预缴信息等。

11.4.2 测试执行

本项目采用基于迭代的开发和测试过程，测试执行和软件开发是同步进行的，而同步点就是软件版本“送测”时刻。就像第5章“基于迭代的测试过程”中所阐述的那样，开发人员完成一定的开发任务之后，会给测试组提交一个软件版本（这叫“送测”），随版本提交的还有相关的说明文档（如“送测清单”等），动态测试执行工作就从此开始了。

拿到一个版本后，先做“初测”，即所谓“冒烟测试”。进行冒烟测试的方法是：

1）执行系统安装测试，检查系统部署、安装和初始化过程是否有问题；

2）根据送测清单中列出的新增或修改的功能或新修复的缺陷等，从测试用例集中选择部分测试用例作为冒烟测试用例，并执行这些测试用例；

3）直接做探索性测试，初步测试一下相关的业务功能能否走得通（从头到尾运行起来），而不管业务结果数据是否正确，这叫做“连通性测试”。

冒烟测试通过后，才进入下一步，即“正式测试”，不然会打回给开发组，让他们重新修改，并送测新的版本。

在正式测试开始之前，会根据送测清单中列出的新增或修改的功能，从测试用例集中选择部分测试用例作为正式测试用例，并执行这些测试用例，即所谓“精测”。一般会先执行“模块测试用例”，再执行“流程测试用例”。另外，测试用例执行顺序也很重要，合理的测试用例执行顺序会提高测试执行效率。比如某些异常测试用例会导致服务器频繁重新启动，所以应该把这部分测试用例放在最后执行。

对于开发人员刚提交的程序，第一轮执行测试时通常可以松一些，大流程通过了，重要的数据计算正确就可以了；后面几轮测试就要严格一些。这样做也是对开发人员的一种理解，达到了很好的效果。

1. 执行模块测试

下面以表11-9增值税小规模纳税人申报的测试用例为例，说明执行模块测试用例的步骤和要点如下。

1）先检查系统中是否有满足此用例执行条件的纳税人。如果没有，则新建一户纳税人，或对某一纳税人进行业务处理，以满足其条件。

2）设法满足“预置条件”。这需要对纳税人进行业务处理，以便达到预置条件所要求的状态，如核定了增值税，是增值税小规模纳税人等。有时预置条件比较复杂，需要做多个操作；有时几个测试用例共享一套预置条件，这时需要让系统随时“复原”到此状态，以方便一些测试用例的测试。

3）按照测试用例中的步骤说明，使用一组测试数据，一步一步地执行，执行过程中要做好记录，这样在发现问题时方便复现。

4）测试执行时，对于新手，要严格遵循测试用例执行。对于有经验的测试人员，可以进行扩展测试。由于测试用例对于测试数据没有明确的指定，所以应该根据测试用例的目的和设计思路，多设计几套测试数据，并执行，以便充分利用此测试用例发现更多的BUG。

5）执行模块测试用例时，除了验证业务的正确性外，还要进行校验关系测试、可用性测试、各种操作按钮的组合测试等。这些测试可以在此测试用例中“顺带手”地做，也可以设计专门的测试用例来做，或者制订，并遵循专门的《测试规程》来做。

6）检查预期结果是测试用例执行中的关键环节。进行界面检查、系统日志检查、数据库表检查都是必须做的，全方位观察软件的各种输出可以发现很多隐蔽的问题。按照表证单书中的计算公式，人工核对界面数据计算关系，进行界面检查、校验关系测试；还要查看服务器上的系统日志，查找日志中是否有错误信息；特别是涉及多表处理时，还要检查相关数据库表的内容，看系统处理逻辑和数据库操作的正确性。

7）提交有效的缺陷报告单是对测试人员的基本要求。记录缺陷时要做到写清楚操作步骤、使用数据，在附件中贴上错误信息截图、日志信息、测试用例等。在测试执行时，如果确认发现了缺陷，可以提交缺陷；如果发现了可疑问题，但不敢肯定是否是缺陷，那么在条件允许的情况下可以通知开发人员到现场定位问题。

8）缺陷分类工作很重要，精确的缺陷分类既可以提高项目组的缺陷修复能力，也有利于将来的缺陷统计分析和缺陷预防。在这方面对测试执行人员有严格的要求，要求他们在缺陷跟踪系统中报缺陷时要尽力做好缺陷分类。缺陷分类的维度有多个，包括按子系统和模块、按严重程度、按缺陷类型（如需求类、设计类等）。

9）在测试执行的过程中也会发现测试设计和测试用例中的一些问题，如有错误、有遗漏或有冗余等。这时要及时地修订、增补或删除相关的测试用例，不要等到测试执行结束后再统一更新测试用例，不然会遗失掉很多重要的信息。将这养成习惯，就可以在测试执行完的同时，也形成了一套完整的测试用例集。

在测试执行时，有几个专项测试比较重要，下面分别说明。

(1) 校验关系测试

校验关系测试是为了检查界面输入的正确性、多项输入之间的关系的正确性及系统对错误输入的处理能力等。在执行模块测试时，界面校验关系测试通常有几类，包括每个数字输入框的取值、多个数字栏位之间的数量关系、在界面上做不同操作时引起的界面变化等。需要根据业务规则、计算公式及边界值法等进行检验关系的测试。

在校验关系测试时充分利用了用户业务需求中的填表说明等内容。例如增值税小规模纳税人申报模块的校验关系测试是对照需求中此表的业务规则、计算公式来进行的。要准备几组数据以测试表中的各个计算公式是否正确。准备测试数据时还要考虑边界值、错误值等，以检查系统对边界值的处理是否正确。

(2) 可用性测试

对于软件的可用性测试也很重要，关系到最终用户的使用感受。国际标准 ISO 9241－11 将可用性定义为“特定的用户在特定的使用情景下，有效、有效率、满意的使用产品达到特定的目标”。在测试部制订了统一的可用性测试规则，主要描述界面布局、显示格式、提示信息、光标控制等几个方面的规则。例如，界面布局中菜单的分组是否合理、菜单的顺序是否合理等；显示格式中滚动条的选用方式、数据输入的设计是否灵活等。

可用性测试的执行方式可以是灵活的，既可以在执行测试用例的同时做可用性测试，也可以安排专人做可用性测试。不管由什么人做，都要遵循可用性测试规则来做，站在用户的角度来考察系统是否易学易用，操作方便。

2. 执行流程测试

做完部分模块测试后，就可以进行流程测试了。模块的测试用例执行都成功了，未必流程的测试用例就没有问题，模块之间的衔接也可能会出现各种问题，所以执行流程测试用例非常重要。

流程测试可以看成模块之间的集成。集成测试包括：模块之间的集成测试、子系统之间的集成测试、系统与外系统的集成测试等。集成测试越早进行越好，可以提前发现接口的问题，降低问题修复成本。流程测试用例分为以下几类：子系统内的流程、子系统间的流程、全流程等。在集成测试中，我们也使用了自己的测试工具 Sm@rtest，提高了测试效率，节省了测试时间。

下面以增值税小规模申报流程为例，说明如何执行子系统内的流程测试用例。执行表 11－19 中的流程测试用例，该流程从申报开始到销号结束，执行顺序如下。

表 11－19　核心系统流程描述表

流程名称	流程序号	模块名称	描　述
增值税小规模一	1	增值税小规模申报	无预缴、无减免、无应补退税额、准期、直接
增值税小规模一	2	开票	限期内，现金，全税额
增值税小规模一	3	现金票证汇总	
增值税小规模一	4	上解销号	
增值税小规模一	5	入库销号	

1）第一步用事先准备好的纳税人做增值税小规模申报，是无预缴、无减免的直接申报。

2）第二步是为此纳税人的这笔申报税款开税票，开的是现金完税证。

3）第三步是执行现金票证汇总，将此完税证汇总成一张缴款书。

4）第四步是用上面的缴款书号进行上解销号。

5）第五步是用此缴款书号完成入库销号。

在执行流程测试用例时，不需要在每步执行完成后按照模块测试用例来检查预期结果，如果没有报错就向下进行。流程测试要关注数据的走向是否正确，流程分支是否处理正确。如果子系统中的重点流程测试用例的执行通过，意味着子系统的集成是成功的。

在做子系统间的集成测试时，则要执行更长的流程，例如，从开业登记开始到增值税小规模纳税人申报，直到销号结束。表 11－20 显示了增值税小规模申报流程的整体流程。

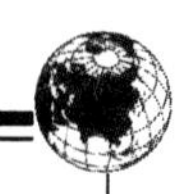

表 11-20　增值税小规模申报流程—整体流程

操作日期	00000000000000 甲公司		
	模　块	数　据	测试 ID
	税务登记		
2003－1－5	内资企业开业登记	内资企业	税务登记岗
2003－1－5	工商户未逾期		系统
	增值税税种核定	核定增值税	管理检查科税务登记岗
	外国企业所得税税种核定	核定外国企业所得税	管理检查科税务登记岗
	核实税票		税务登记岗
	两费收取(工本费和登记证费)		申报征收岗
	证件发放		
	发放销号(发通知书)		税务登记岗
	增值税小规模申报—		
2003－3－5	增值税小规模申报	无预缴,无减免,应补税额,准期,直接	申报征收岗位
2003－3－5	开完税证	限期内,现金,全税额	申报征收岗位
2003－3－5	现金票证汇总	开的是完税证,所以增加此步骤	申报征收岗位
2003－3－10	上解销号	汇总缴款书,限期内	申报征收岗位
2003－3－10	入库销号	汇总缴款书	申报征收岗位

执行表 11-20 的流程测试用例时,一是要注意日期的变化,二是要在每一步都严格按照用例使用相应的操作人员登录。执行子系统之间流程测试用例可以帮助验证集成是否存在问题,确保系统集成成功。

做最后的系统测试时,要使用时间跨度更长(跨年),包含多个纳税人,有多税种申报、涉及多个税务机关的全流程测试用例。表 11-21 显示了一个按时间轴的业务流程测试用例,每一行表示一个纳税人随着时间的进展而连续顺序地执行各个业务。由于篇幅有限,表 11-21 中的流程测试用例没有写全,完整的还要包括:开票、上解销号、入库销号、退税、金库对账、计会记账、生成计会报表等。用户验收测试时也要这样做,要模拟出系统真实的运行场景。

表 11-21　按时间轴的业务流程举例

序号	纳税人识别号	税种登记	主管税务机关	2003.11.30	2003.12.5	2003.12.25	2004.1.5
1	0000000 00000001	增值税、消费税	一分局		增值税延期申报预缴 1 000.00、消费税 600.00	申报增值税 2 400.00,应补 1 400.00	增值税 6 000.00、消费税 10 000.00 申报征收
2	0000000 00000002	增值税、消费税	二分局	增值税期初多缴 6 243.55	增值税申报 3 200.00、消费税不申报	分期预缴增值税 8 000.00	增值税应退 6 000.00

续表 11-21

序号	纳税人识别号	税种登记	主管税务机关	2003.11.30	2003.12.5	2003.12.25	2004.1.5
3	0000000 00000003	增值税、所得税	三分局	查补新欠增值税 865432.51	增值税 564300.52 申报未缴纳	2002年增值税查补 2000、罚款 4000；查退所得税 6000。增值税滞纳金 349.00	所得税季度申报 3300.00 未征收
4	0000000 00000004	增值税、消费税、所得税	四分局	所得税预缴 53450.32	增值税留抵 20000.00（稽查用）、消费税 5000.00	退税申请审批表批抵下期税款 2000.00，尚未抵扣	增值税 8000.00、所得税季度未申报
5	0000000 00000005	增值税、所得税	五分局	增值税缓缴期初税款，期限止：2003.12.20，金额：50000.00	开具缓缴税款 20000.00，增值税申报出口收入免抵调库 3500.00，出口退税 1250.00	退税收回 1000.00（测试退税收回开票_缴款期限）[正确]	外企所得税季度 16500.00 申报征收

在执行时，可以为每个测试人员分配一个税务分局，大家分头执行流程；还要注意统一切换系统日期；执行到查询，报表环节时要认真核对数据。只有在测试阶段把各种重要的流程都测试到了，才能保证系统上线的成功。

11.4.3 测试执行跟踪管理

测试执行跟踪管理是测试经理的主要职责之一。测试经理要随时监视测试执行的进展情况，并根据情况调整测试策略、测试方法、测试周期和测试人员安排等。我们在做征管系统测试执行跟踪时，主要跟踪下列各方面的情况，并根据情况采取相关的改进措施；还会采用一些特殊的测试方法以提高测试的有效性。在进行测试执行跟踪的时候，利用了如第8章“测试度量与分析过程”中所述的相关度量指标、度量过程和度量方法。

1. 测试用例执行跟踪

跟踪测试用例的执行情况，以此来判断测试任务的完成情况、测试对功能的覆盖率和测试执行的效率等，并与测试执行计划进行对比，一旦发现比计划有较大延迟，则会想办法解决或缓解。

利用表11-22的测试用例执行跟踪表来跟踪测试用例的执行情况。

表 11－22　测试用例执行跟踪表

用例编号	用例标题/目的	开始日期	执行者	已执行(1——已执行,0——未执行)	测试通过(1——通过,0——失败)	发现 BUG 数	测试结论	结束日期
小计:执行率								
通过率								
发现 BUG 数								

表 11－22 应该包括在此阶段应该被执行的所有测试用例集合。它们的状态应该为:测试通过、失败和未执行等,还会记录测试用例发现的 BUG 数,这样可以考察测试用例的有效性。在最下面的三行,还会做出相关的统计。

另外,不仅会看测试用例执行的总体情况,还会看每一位测试人员的执行情况,以此考察每位测试人员的执行效率。

2. 测试缺陷跟踪

我们跟踪缺陷的发现情况,以此来判断版本整体质量和各子系统的质量、测试用例的有效性、缺陷的收敛趋势等。一般我们会按照历史项目的缺陷到达模式(正如第 8 章“测试度量与分析过程”所述)来与现在的缺陷发现情况进行对比。如果早期发现缺陷较少,缺陷达到时间较晚,就会仔细检查测试执行各方面的情况,采取相关措施提高测试有效性;如果一下子出现了很多的缺陷,就需要进行缺陷分析,看是否是某一个版本出了较大的质量问题,这个时候就要和开发组一起进行分析和判断。

跟踪缺陷的修复和处理情况,以此来判断项目组修复和处理缺陷的效率和质量。对于影响测试继续进行的缺陷,我们要高度关注,并敦促开发组及时、限时解决;在缺陷处理方面,利用了第 5 章“基于迭代的测试过程”所述的缺陷处理流程。

统计每个测试人员发现的缺陷数(如表 11－23 所列),以此考察每个测试人员工作的有效性;也统计每个开发人员负责的模块的缺陷数(如表 11－24 所列),以此考察每个开发人员提交的软件的质量。引导测试人员和开发人员通过与自己以前的情况对比,与其他人对比找自己的弱项和问题,帮助大家一起改进和提高。

表 11－23　测试缺陷统计与分析表(按人员、缺陷程度统计)

缺陷提交者	严重缺陷	一般缺陷	微小缺陷	建议缺陷	总　计
测试人员 A	6	78			84
测试人员 B	6	7	1		14
测试人员 C	5	7	5	1	18
测试人员 D	6	54		2	62
测试人员 E	1	143	1		145
测试人员 F	1	47		2	50

续表 11-23

缺陷提交者	严重缺陷	一般缺陷	微小缺陷	建议缺陷	总 计
测试人员 G	20	14	21	2	57
总计	45	350	28	7	430

表 11-24 测试缺陷统计与分析表(按模块、缺陷程度统计)

模 块	建议缺陷	微小缺陷	严重缺陷	一般缺陷	总 计
车船税登记		1		6	7
车船税减免文书				1	1
车船税注销登记		1			1
加收滞纳金			1	2	3
居民企业(查账征收)月季度申报				1	1
居民企业(核定征收)年度申报				1	1
开具收入退还书				1	1
扣缴义务人登记				22	22
总计	0	2	1	34	37

通过对缺陷统计表进行分析,可以得出下列缺陷分析图,如图 11-4 所示。从中可以看出缺陷在不同子系统中分布比较均匀,说明比较正常,但如果考虑子系统规模和测试深度等因素,也可能存在问题,需要再细看。总之,只要稍做分析,就能够从中看出端倪。

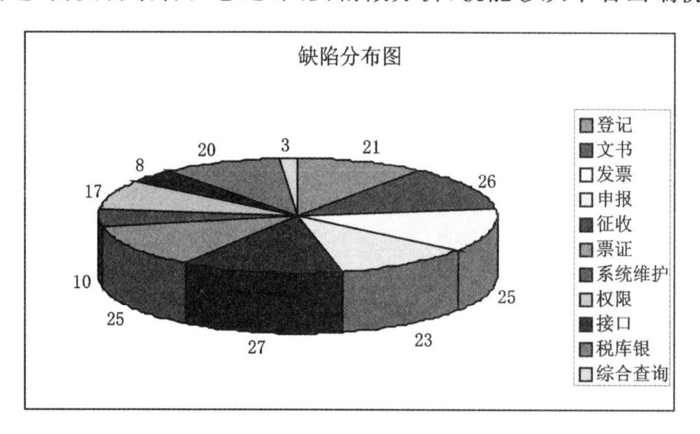

图 11-4 缺陷按子系统分布图

3. 回归测试控制

按照以往的教训,回归测试时容易测试不全面,导致下一个版本或系统上线时出现问题。回归测试经常会只回归上一次的问题本身(即只执行上一次失败的测试用例),而忽略了问题修改后对其他功能的影响。为此,在此项目中先确定重点业务流程,并让开发人员分析问题修改会对哪些模块和功能有影响,测试组在检验完被修改的问题后,执行关于重点业务流程的测试,并对于问题关联模块和功能进行测试。在时间充裕的情况下,会扩大回归测试的范围;回

归测试容易让测试人员厌倦，我们会调整每个人的测试内容，适当地进行交叉测试。

要注重规划测试轮次。对每个阶段版本的测试通常分为三轮，第一轮测试模块正常功能，执行正向测试用例，验证重点流程；第二轮回归重要问题，执行反向测试用例，进行流程测试；第三轮验证修改的问题，执行模块的重要测试用例，执行所有流程测试用例。对于每个版本、每轮测试，都采用基于风险的测试方法，对于高风险的功能先测试，安排能力强的测试人员来测试。我们鼓励测试人员进行探索性测试，不要只局限于测试用例。

测试经理要注意统计分析缺陷，关注缺陷是否收敛。如果几轮测试后，缺陷仍然不收敛，那么就要增加测试轮次，而且要告知项目经理，关注版本的质量，督促开发成员尽快修复缺陷。

回归测试中最适合采用自动化测试。我们用了自己开发的工具 Sm@rtest 做冒烟测试、回归测试，测试重要模块的服务是否正确。采用工具可以自动化执行部分测试用例，提高测试效率，解放人力。

4. 探索性测试

《测试计算机软件》作者 Cem Kaner 明确地将探索性测试定义为："一种强调每位测试人员自由和责任的测试，每个测试人员通过将学习、测试设计、测试执行和测试结果解释作为贯穿项目的平行活动，从而持续地优化他们的工作价值"。①

探索性测试指的是有目的地漫游：带着发现 BUG 的使命在被测试系统中漫游，但没有预先确定的路线。在本项目的测试过程中，鼓励测试人员在按照测试用例执行测试的同时，勇于进行探索性测试。在实践中总结了下列开展探索性测试的场景。

1）在设计和编写的测试用例中，不设定具体的测试数据，给测试人员进行探索性测试的空间，鼓励他们多试试几组数据，包括边界值、不同数的组合等。例如，增值税一般纳税人申报表中税额是正数的处理正确了，再看看给出一个特别大的税额、负数税额、0 税额，看看会怎么样，这叫侧向探索。

2）让测试人员在发现软件缺陷之后，再尝试测试别的情况，看能否发现更严重的问题。

3）在验证缺陷的过程中，除了再次尝试重现缺陷的步骤，还会改变一些步骤来验证修复是否具有一般性，同时，检验这个修复是否带来了其他新问题。

4）不按设计好的思路进行测试，在出现错误的地方再多测测。

5）在界面上到处点点，看界面上的变化。检查输入框的容错能力、数据校验关系的正确性、界面是否易用、界面逻辑是否出现混乱、错误信息是否明确等。

这样的原则还有很多，值得测试人员好好总结，积累多了，就可成为有经验的测试专家。

5. 基于风险的测试

基于风险的测试（Risk-based Testing ）是 James Bach 在 1995 年提出的，后来还在他的《启发式基于风险的测试》②一文中给出了一个详细的风险列表。基于风险的测试指的是：

---

① Cem Kaner, Jack Falk, & Hung Quoc Nguyen. Testing Computer Software (2nd Ed.), International Thomson Computer Press, 1993.

② James Bach, Heuristic Risk-Based Testing. Software Testing and Quality Engineering Magazine, 1999, 11.

1)通过测试风险评估确定模块和功能的风险,并根据风险级别设定测试优先级; 2)将测试重点放在风险较大的模块或功能的测试上,先做高优先级的测试。实际上,我们在测试用例设计时就已经给测试用例划分了优先级,如表 11-8 所列。

我们利用风险评估模型来做测试风险分析。在风险评估模型中选择了两类风险因子。一类是"使用风险因子",反映了用户的使用风险,包括:重要性、失效影响、用户使用频度等;另一类是"技术风险因子",反映了技术上的风险,包括:开发人员经验、是否采用新技术、接口多少等。我们利用此模型对系统中的模块/功能进行风险评估,得出如表 11-25 所列的一个测试风险评估表。注意表中风险因子取值为 0 到 5,5 最高。

表 11-25　核心系统的测试风险评估表

模块/功能	使用风险				技术风险			
	重要性	失效影响	用户使用频度	小　计	开发人员经验	是否采用新技术	接口多少	小计
开业登记	4	5	5	14	2	2	4	8
增值税小规模申报	5	5	5	15	2	4	5	11
开票	5	5	5	15	3	4	5	12
申报信息查询	2	2	3	7	4	1	1	6
系统参数维护	2	2	1	5	3	1	0	4

根据表 11-25,画出如图 11-5 所示的测试风险矩阵,其中横纵坐标分别表示使用风险得分和技术风险得分。

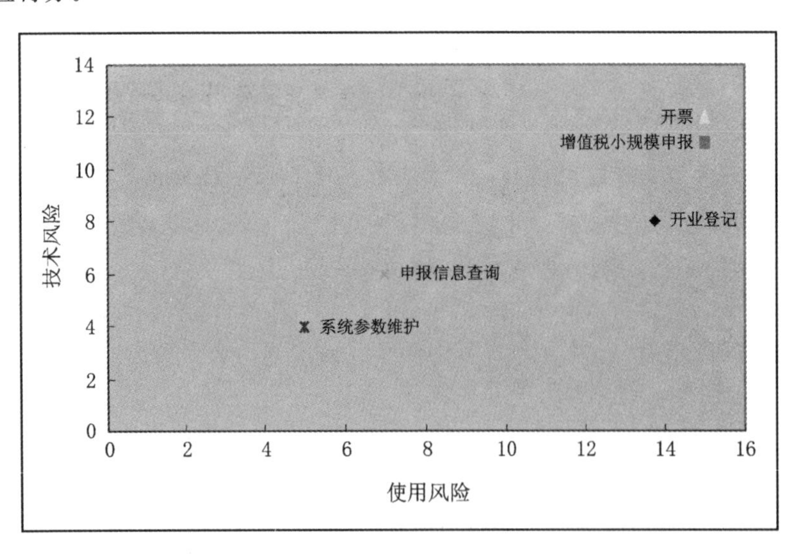

图 11-5　测试风险分析图

此时,就可以将纳入评估的模块/功能项划分到四个风险区间中。两项得分居高的,将作为测试重点,采取最严谨手段测试;一项得分高的其次,两项得分都低的再次。在上面的例子中,确定高风险模块是开业登记、增值税小规模申报、开票等,中风险的模块为申报信息查询等,低风险的模块是系统参数维护等。

高风险的模块和功能需要测试得更加彻底、更加完备，而对于风险比较小的模块或功能，可以简单测试。我们会安排有经验的、技术业务能力强的测试人员测试高风险的模块和功能，这样做可以设计出更加完善、完备和准确的测试用例，更加高效地发现被测对象中的缺陷。将经验较少的测试人员放在低风险的模块上，让他们在测试过程中，慢慢积累经验。这样项目测试的风险处于可控和可接受的范围之内。

11.5　核心系统测试效率提升

如何掌控一个大的核心业务系统的整个测试过程，如何提高测试效率和有效性，下面是本书作者郝进的实际总结和体验报告，希望对大家有所启发。

测试现场

我（郝进）在一个核心业务系统项目中担任测试经理。我们的测试人员从 3 个增加到 8 人，项目历时 8 个月左右，系统有 600 多个大的功能模块。在这里，和大家一起分享我们测试过程中的经验与教训，希望能给大家一些启发，对大家的工作有所益处。

一、人和人

我们遇到的第一个问题是缺少测试人员。项目启动时只有 3 名测试人员，测试组不仅要测试系统的功能、性能，还要进行兼容性测试、技术功能测试、系统集成测试等，人员是远远不够的。我们和领导汇报后，领导非常重视，要求各方支持，我开始多方联系，先是从事业部借 3 名懂业务的测试人员，然后又从外地平台调来了 2 人。可见取得领导支持非常重要。

领导还和整个项目组确立了全员关注质量和参与测试的原则，强调全员参与评审活动，开发人员要做好自测、互测，开发组要进行内部集成测试等。测试组把设计的测试用例提供给开发人员，让他们在自测时参考。真的是“测试人员不够，开发人员凑”，我们的冒烟测试通过率从 50%提高到 80%～100%。

我们非常重视测试人员的培养。我们培养新人的方法是：1）为他们找老师——老测试人员；2）让新人使用测试用例学习，按照测试用例反复执行测试，让他们快速掌握业务和系统操作；3）定期安排新人进行总结汇报。新人既参与了测试，又很快学会了业务，人员培养与测试同步进行，一举两得。

通过补充测试人员、强调全员测试、培养测试人员等举措，不仅解决了测试资源的问题，还使版本质量在层层把关下得到提升，严重缺陷仅占全部缺陷的 5%，人员的能力也提高了。

二、加油，再加油

项目周期本来就不长，再加上前期用于需求分析、设计的时间比较长，留给测试执行的时间只有 3 个月左右，要完成 600 多个模块的功能、流程和性能测试。真的是非常的紧张，怎么办？

解决办法之一是坚持尽早测试的原则。3 名测试人员在项目组成立初期，进行需求分析时就参与到项目中，发现需求缺陷，开展测试需求分析。由于他们对于项目和需求比较熟悉，测试用例设计和执行效率高，同时还能很好地指导后面加入的测试人员。

解决办法之二是测试用例设计和测试执行同步进行，这样节约了时间，提高了测试效率。我们首先根据需求进行测试用例的概要设计，分析测试要素，形成简要的测试用例列表，然后在测试执行的过程中完成最终的测试用例编写。这样做的效果是既缩短了整个测试周期，又使测试人员发现了一些在阅读需求时想不到的测试场景。

解决办法之三是制订详细的测试计划，并做好跟踪检查。我们要测试的内容很多，包括业务功能测试、技术功能测试、兼容性测试、安装部署测试、文档测试、异常情况测试等，为此测试组制订了一个总计划（主测试计划），总计划到周，确定了相关任务的里程碑，然后为每项任务制订分计划，分计划定到日，便于跟踪。当测试任务不是很紧时，每周跟踪就可以了；而到了项目后期，测试压力大、时间紧时，就每日跟踪，确保当日任务当日完成，在每日的晨会中会跟踪每日每人的进度。

我们力争做到让合适的人做合适的事！在合适的时间做合适的事！为了赶进度，必要的加班是不能避免的，但要用在关键的时期。在此关键时期，我每天早上七点到公司，一直干到晚上十点多，通过表率作用带领大家抓紧工作。

时刻关注关键路径（critical path）上的任务，发现问题及时解决，基本上做到每日统计缺陷，通过与开发组协商，争取做到重要缺陷当日修复。版本发布和部署用手工做比较费时费力，项目组搭建持续集成平台使之自动化执行。

经过一番努力，我们按时保质地完成了项目的测试工作，心中有说不出的自豪感。

三、让我们携起手来

在项目中协助项目经理制订和跟踪项目计划，测试计划也纳入项目计划中统一考虑，可以说相当于半个项目经理。我们一起制订了项目的很多过程和规范，特别是与测试相关的过程和规范，如版本发布过程、软件送测过程、测试过程和缺陷管理规范等。通过制订和遵循过程规范，使开发组和测试组有效地协作起来。规范的执行也不是一帆风顺的，例如，开发组在版本发布时不提供版本清单，就不厌其烦地找他们，说明测试组需要依靠版本清单来确定测试的范围及重点，直到他们提供了才罢休。

在我们的推动下，测试组和开发组密切协作、互相支持。我们互相参与对各自重要产出物的评审，出现需求或设计变化时及时告知；测试人员将测试用例提供给开发人员，供他们自测时使用；开发人员辅导测试人员如何搭环境，准备测试数据，告知模块的前置条件等。

我们在项目中建立了多层次的沟通机制，例如测试经理对项目经理、测试组长对开发组长、测试人员对开发人员等；通过月例会、周例会和不定期讨论会等多种形式交流情况，讨论和解决问题。测试组坚持每日开晨会，晨会是站着开的，持续时间不长，一般不超过 10 min，要求参会人员站着说明自己昨天的工作和今天的计划，有什么问题需要帮助，每日晨会帮助测试经理跟踪测试进度，及早发现问题和解决问题，其中很多问题需要再去与项目组讨论才能得到解决。

开发和测试携起手来，我们是一家人，共担风雨，一路同行！

四、不是冤家不聚头

开发和测试是一对冤家，不是冤家不聚头！我们不仅是合作者，更是对抗者。为了做好测试工作，我需要时刻关注开发人员的质量，在这一点上我相当于半个质量经理。

坚持执行版本送测过程和冒烟测试是我们提高版本质量的第一关。开始在版本送测时，开发组提交的版本清单等非常简单，测试人员需要费很大的劲才能搞清楚，经常引起误解。经过协商，开发组在版本清单中比较清楚地写出版本新增加的功能点，修改的缺陷号，版本中包含的数据库脚本及源代码清单等。

我们在项目中由测试人员负责版本的编译和部署，这样做可以迫使开发人员在打基线前检查程序是否正确提交，并且进行过自测。项目配置管理员打好基线后，通知测试组，测试组自己取基线，自己编译版本，然后部署版本，其实这也是一个安装部署测试的过程。我们项目组用自动化持续集成的方式实现了整个编译部署过程，非常方便。

起初，测试组没有做冒烟测试，每次拿到版本就进行正式的测试，结果发现送测版本的质量不是很好，时常有问题导致测试不能进行下去。测试组和开发组经过协商，确定了冒烟测试的原则，测试组编写冒烟测试用例。在每次接收送测版本后执行冒烟测试，达不到冒烟测试的通过条件会打回开发组解决问题，并重新发布版本。如此反复几次，开发组开始自觉地关注送测版本的质量。

在测试环境上开发和测试也出现过矛盾。开发组由于怕麻烦，在开发的环境中没有按照仿真的集成环境去部署，而测试环境则是仿真的集成环境。两边的环境不一致，导致发现缺陷后很难在开发环境中重现并定位，问题修改效率不高。经过反复沟通，开发组理解了环境保持一致的重要性。测试组主动承担起每日 build(构造)开发环境的工作，开发与测试的环境一致了，缺陷的定位与解决就顺畅。

我们还敦促开发人员对自己的代码进行自测，对与其他人相关的代码进行联调，采取尽早集成的策略逐步实现模块内、模块之间和子系统之间的集成，在 BUG 修复之后进行自测等。由于开发人员对自己的代码最熟悉，他们可以开展一些类似白盒测试那样的测试，能够在软件送测之前将相关问题解决了。保证版本质量不只是测试人员的工作，而是全项目组的职责。在我们的驱动下，在项目组成员共同的努力下，版本质量不断提高。

五、打铁还得自身硬

测试组不能只找开发人员的不足，还要善于发现自身的问题，并持续改进，把自己的工作做好了，才能赢得别人的尊重，打铁还得自身硬！

测试组非常重视测试用例的编写和评审，不断提高测试用例的质量。我们事先确定测试用例的模版、编写规范及样例，在测试用例中增加了流程图、测试数据等，使得测试用例更具有可读性、可执行性，直观性强。我们组织几位有经验的测试骨干就典型模块进行测试用例设计和测试用例开发，通过评审后形成范例样本(sample)；我们要求测试人员按照范例样本来设计和开发测试用例；除了模块测试用例，测试人员还编写了兼容性测试用例、数据库物化视图的

测试用例、异常情景测试用例等;对于代码表维护模块、查询模块等,只需要写一个通用的测试规程用于指导这些模块的测试。

如11.3节所述,测试设计分为两个阶段,即在测试用例设计阶段形成概要测试用例,在测试用例开发阶段完成测试用例的编写。因此,测试用例评审也相应地分两次进行。参与评审的人员包括项目经理、技术经理,需求、设计、开发、测试人员等。

提高测试执行效率和有效性,尽量发现BUG,不让BUG遗留到交付系统中是我们努力追求的目标。在测试执行之前进行仔细的筹划,根据测试人员的业务水平,将人员分为管理服务、申报征收、计会、技术等几个组,每个组都是由老人和新人配对组成的,每个人完成各自的测试任务后,还要进行交叉测试,起到查漏补缺的作用;通过模块和流程测试用例执行、回归测试、探索性测试和基于风险的测试等方法,发现了很多深层次的问题。

要求测试人员清楚而准确地记录缺陷,对缺陷进行分类;帮助开发人员复现和定位缺陷;开展缺陷统计和分析,找出缺陷的典型根源,并引起开发人员注意,帮助项目组进行缺陷预防。测试人员一定要时刻要求自己在质量方面起到模范带头作用,才能要求别人。

六、让我们飞得更高

工欲善其事,必先利其器!好的测试工具可以提高测试效率。我们测试的系统采用面向服务的架构(SOA),很多模块向外提供服务接口,接收XML报文请求,并返回结果信息。根据系统的这个特点,设计并开发出了自己的测试工具Sm@rtest。Sm@rtes通过向被测试系统发送报文来测试系统服务,使后台业务逻辑测试自动化进行。为此,在此工具中准备了几百个服务报文,并将这些报文作为测试用例的输入数据管理了起来。该工具不仅实现了测试用例的管理,还可以选择执行单个测试用例,批量执行测试用例,可以自动比对测试结果,跟踪和统计测试用例执行情况。

在我们的项目中,测试人员使用Sm@rtest,在集成测试、回归测试中,它发挥了作用,一些重点流程都可以自动执行。

七、到用户现场去

在用户验收测试之前,多次到用户处,给他们讲解用户验收测试的方法及过程、测试用例的编写方法等。在我们的引导下,用户组织业务人员积极编写验收测试用例,准备测试数据,还提前发现了需求方面的一些问题,还安排了另外的4名测试人员,辅导用户做这些工作。

在验收测试过程中,测试人员负责辅导用户测试,收集用户问题,重现及确认用户问题,每日将缺陷汇总反馈给开发组。开发人员修复缺陷后,测试组先检验通过后再提交给用户。在用户验收测试过程中,测试组起到了桥梁的作用。到现场去,和用户一起摸爬滚打,还锻炼了测试队伍,使测试人员的业务水平得到迅速提升。

在公司领导和项目组的支持下,整个测试组人员齐心协力、心无旁骛地投入到测试中去,不仅在预定时间内高质量地完成了测试任务,得到了公司和用户的认可,还积累了经验,形成了一套核心业务系统测试过程和方法,训练出了一支强有力的测试队伍,为组织级软件测试体系建立了活生生的成功案例和典型样本,这些都是很令人欣慰的地方。

11.6 小 结

当写完这一章之后，给某省税务局做了一次培训和交流，重点介绍了测试用例设计六步法、流程用例设计方法、基于状态图的测试用例设计方法等，引导税务局业务和技术人员设计和开发实际的测试用例，税务局的人员上手很快，普遍反映效果很好。

本章涉及了一些专业测试方法，如探索性测试、基于风险的测试等在实践中的应用。这些应用还需要经过一段时间的度量才能算出效益来；另外，基于测试工具 Sm@rtest 的自动化测试实践也需要持续进行，积累更多的测试用例，并从开发周期延伸到维护周期。

行业核心业务系统的测试是一个很大的范畴。本章只是涉及了其中的一小部分，很多专题，例如性能测试、用户现场测试、用户验收测试、系统运维中的测试等，我们正在用户现场开展这些方面的实践，希望在以后有更多的总结贡献出来，供大家共享。

附录 1

术 语

acceptance testing 验收测试

一般由用户/客户进行的、确认是否可以接受一个系统的验证性测试。是根据用户需求和业务流程进行的正式测试，以确保系统符合所有验收准则。

ad hoc testing 随机测试

非正式的测试执行，即没有正式的测试准备、规格设计和技术应用，也没有期望结果和必须遵循的测试执行指南。

baseline 基线

通过正式评审或批准的规格说明或软件产品，以它作为继续开发的基准，并且在变更时，必须按照正式的变更流程来进行。

best practice 最佳实践

在界定范围内，帮助提高组织能力的有效方法或创新实践，同行业组织通常称之为最佳方法或最佳实践。

black - box testing 黑盒测试

不考虑构件或系统内部结构的功能或非功能测试。

boundary value 边界值

通过分析输入或输出变量的边界或等价划分(equivalence partition)的边界来设计测试用例，例如，取变量的最大值、最小值、中间值、比最大值大的值、比最小值小的值等。

branch coverage 分支覆盖

执行一个测试套件(test suite)所能覆盖的分支数占总分支数的百分比。100%的分支覆盖是指 100%判定条件覆盖(decision covergate)和 100%的语句覆盖(statement covergage)。

business process - based testing 基于业务过程的测试

一种基于业务描述和/或业务流程的测试用例设计方法。基于业务模型的，将用例(use case)作为测试用例(test case)的测试方法，可以开发出用例全集作为测试用例全集进行测试。

Capability Maturity Model (CMM)能力成熟度模型

能力成熟度模型包含一个或多个领域的有效过程的关键元素，描述以改进质量和有效性为标志的、从因人而异的特定的不成熟过程改进为规范化的成熟过程的进化路径。

Capability Maturity Model Integration (CMMI)能力成熟度模型集成

能力成熟度模型集成是能力成熟度模型的继承和发展，包含有效的产品开发和维护过程的关键元素，它又区分为适用于开发、采购和服务的三个模型 CMMI DEV，CMMI ACQ 和

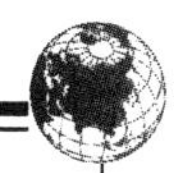

CMMI SVC。其中每一个模型都适用于软件工程、系统工程和硬件工程三个学科。

code coverage 代码覆盖

一种分析方法，用于确定软件的哪些部分被测试覆盖到了，哪些部分没有。例如：语句覆盖(statement covergage)，判定覆盖(decision coverage)和条件覆盖(condition covergate)。

configuration item 配置项

配置管理中的硬件、软件或软、硬件结合体的集合，在配置管理过程中通常被当做一个实体。

configuration management 配置管理

一套技术和管理方面的监督原则，用于确定和记录一个配置项的功能和物理属性、控制对这些属性的变更、记录和报告变更处理和实现的状态，以及验证与指定需求的一致性。

coverage 覆盖

用于确定执行测试所能覆盖项目的程度，通常用百分比来表示。

Continuous Integration 持续集成

是敏捷开发方法所推崇的驱动软件编码和单元测试的一种实践机制，要求团队成员经常集成他们的工作，每次集成都通过自动化的构建(包括测试)来验证，从而尽快检测出错误。持续集成平台(或系统、工具)是支持其运转的基础设施。

daily build 每日构建

每天对整个系统进行编译和链接的开发活动，从而保证在任何时候包含所有变更的完整系统是可用的。

defect(bug)缺陷

可能会导致软件构件或系统无法执行其定义的功能的瑕疵，例如，错误的语句或变量定义。如果在构件或系统运行中遇到缺陷，可能会导致运行的失败。

defect density 缺陷密度

将软件构件或系统的缺陷数与软件或者构件规模相比的一种度量(单位为每千行代码、每个类或功能点存在的缺陷数)。

defect management 缺陷管理

发现、研究、处置、去除缺陷的过程，包括记录缺陷、分类缺陷和识别缺陷可能造成的影响。

defect preventing 缺陷预防

鉴别缺陷的原因，并防止它们再出现，包括分析过去曾遇到的缺陷，和采取特别措施以防止将来再出现此类缺陷。

defect measurement 缺陷度量

对项目过程中产生的缺陷数据进行采集和量化，统一管理分散的缺陷数据的过程。缺陷度量的目的是为了缺陷分析，为了更好地控制和管理测试过程，使测试过程有效，产品质量提高。

defect analysis 缺陷分析

在形成的缺陷管理库基础上，对缺陷的信息进行分类和汇总统计，计算分析指标，编写分析报告的活动。缺陷分析的目的主要有两个，一个是为了做产品质量评估，一个是为了做测试过程和开发过程的控制。

defect distributing analysis 缺陷分布分析

缺陷分布分析是按各种维度来分析缺陷数量的分布情况。具体的维度(缺陷属性)包括缺陷严重程度、缺陷来源、缺陷类型、注入阶段、发现阶段、修复阶段、缺陷性质、所属模块等。

defect matrix 缺陷注入——发现矩阵

缺陷有“注入阶段”与“发现阶段”两个重要指标，注入阶段与发现阶段可以是软件生命周期的各个阶段。根据这两个阶段可以绘制出一个矩阵，从中分析出软件开发各个环节的质量，找到最需要改进的环节。

entry criteria 入口准则

进入下个任务(如测试阶段)必须满足的条件。准入条件的目的是防止执行不能满足准入条件的活动而浪费资源。

equivalence partition 等价类划分

根据规格说明，将输入域或输出域划分为一个个子域，使每个子域内的任何值都能使构件或系统产生相同的响应结果的技术。

error tolerance 容错

构件或系统存在缺陷的情况下保持连续正常工作状态的能力。

exception handling 异常处理

构件或系统对错误输入的行为反应。错误输入包括人为的输入、其他构件或系统的输入以及内部失败引起的输入等。

exit criteria 出口准则

和利益相关者达成一致的一系列共性的和特殊的条件，以正式地定义一个过程的结束点。出口准则的目的是防止将没有完成的任务错误地看成任务已经完成。

expected result 预期结果

根据规格说明等，构件或系统在特定条件下预计产生的结果或行为。

exploratory testing 探索性测试

非正式的测试设计技术：测试人员能动地设计一些测试用例，通过执行这些测试用例，并根据测试中得到的信息来设计新的更好的测试用例。

framework 框架

是一组构件，是某种应用的半成品，供你选用来完成自己的系统。

functional testing 功能测试

通过对构件/系统功能规格说明的分析而进行的测试。

incremental development model 增量开发模型

一种开发生命周期：项目被划分为一系列增量，每一增量都交付整个项目需求中的一部分

功能。需求按优先级进行划分，并按优先级在适当的增量中交付。

integration testing 集成测试

一种测试类型，旨在发现构件或系统之间的接口处或交互时存在的缺陷。

iterative development model 迭代开发模型

一种开发生命周期：项目被划分为大量迭代过程。一次迭代是一个完整的开发循环，并(对内或对外)发布一个可执行的产品，此产品是正在开发的最终产品的一个子集。

keyword driven testing 关键字驱动测试

一种脚本编写技术，所使用的数据文件不单包含测试数据和预期结果，还包含与被测程序相关的关键词。用于测试的控制脚本通过调用特别的辅助脚本来解释执行这些关键词。

load testing 负载测试

一种通过增加负载来测试构件或系统的测试方法。例如，通过增加并发用户数和(或)事务数量来测量构件或系统能够承受的负载。

metric 度量

测量所使用的方法或者度量标准(measurement scale)。

Metric Indicator 度量指标

度量指标是软件度量的内容，是对产品、项目与过程进行量化管理时需要关注的信息对象的基本属性的描述，例如软件规模、项目工作量、测试 BUG 数等。

metric model 度量模型

关于要度量哪些度量指标的需求规格说明。它是通过生命周期、直接度量指标或间接度量指标来描述的。

non - functional requirement 非功能性需求

与功能性无关，但与可靠性(reliability)、高效性(efficiency)、可用性(usability)、可维护性(maintainability)和可移植性(portability)等属性相关的需求。

non - functional testing 非功能性测试

对构件/系统中与功能性无关的属性(例如可靠性、高效性、可用性、可维护性和可移植性)进行的测试。

organizational software testing system 组织级软件测试体系

在一个组织范围内，所建立的在此组织内通用的软件测试体系，它适用于组织内的大多数项目，并能促进软件组织整体测试能力的提升。

peer review 同行评审

由研发产品的组织内部或外部的同行对软件产品进行的评审，目的在于识别缺陷，并改进产品。同行评审的形式有审查(inspetion)、技术评审(technical review)和走查(walkthrough)等。

performance 性能

构件/系统在给定的处理周期和吞吐率(throughput rate)等约束下，完成指定功能的程度。

performance testing 性能测试

判定软件产品性能的测试过程。

performance testing system 性能测试体系

支撑性能测试的相关技术和方法，如性能测试和调优方法、性能测试框架、性能测试工具等。

process 过程

一组将输入转变为输出的相关活动的有序组合。

process performance baseline 过程性能基线

组织关于过程和产品质量相关度量指标的统计均值，代表了组织当前的过程能力和人员水平。这些指标可用于指导新项目做相关指标的估计、度量和分析活动。

quality 质量

构件、系统或过程满足指定需求或用户/客户需要及期望的程度。

quality assurance 质量保证

质量管理的组成部分，为达到质量要求而采取的活动，如评审、审计等。

quality attribute 质量属性

影响某项质量的特性或特征。

quality management 质量管理

在质量方面指导和控制一个组织的协同活动。通常包括建立质量策略、质量目标、质量计划、质量控制、质量保证和质量改进。

quality management system 质量管理体系

为实施质量管理的组织机构、程序、过程和资源所构成的有机整体。质量管理体系把影响质量的技术、管理、人员和资源等因素都综合在一起，使之为一个共同目的——在质量方针的指引下，为达到质量目标而互相配合和努力工作。

regression testing 回归测试

测试先前测试过，并修改过的程序，确保更改没有给软件其他未改变的部分带来新的缺陷。软件修改后或使用环境变更后要执行回归测试。

release note 发布说明

标识测试项、测试项配置、目前状态及其他交付信息的文档。这些交付信息是由开发、测试和可能的其他风险承担者在测试执行阶段开始时提交的。

reliability 可靠性

软件产品在一定条件下(规定的时间或操作次数等)执行其必需的功能的能力。

requirement 需求

系统必须满足的为用户解决问题或达到目标的条件或者能力。通过系统或者系统的构件的运行以满足合同、标准、规格或其他指定的正式文档定义的要求。

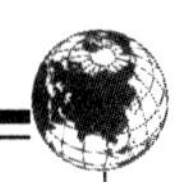

Resource Model 资源模型

对项目中的人员工作量花费情况建立的模型，包括生命周期各阶段的时间跨度占比，各种工作的工作量占比等，用于估计、分析和预测过程的实施情况，控制项目资源的合理使用。

result 结果

测试执行的成果，包括屏幕输出、数据更改、报告和发出的通信消息。

review 评审

对产品或产品状态进行的评估，以确定与计划的结果所存在的误差，并提供改进建议。例如，管理评审(management review)、非正式评审(informal review)、技术评审(technical review)、审查(inspection)和走查(walkthrough)。

risk analysis 风险分析

评估识别出的风险以估计其影响和发生的可能性的过程。

severity 严重性

缺陷对构件/系统的开发或运行造成的影响程度。

smoke test 冒烟测试

执行已定义的测试用例的一个子集(它覆盖构件/系统的主要功能)，以确保程序的关键功能正常工作，但忽略细节部分。

software process capacity 软件过程能力

描述遵循一个软件过程所得到预期结果的范围(即，预计组织承担下一个软件项目时最可能的结果)。软件项目采用这些过程能力数据来建立和修订其过程性能目标，分析项目定义软件过程的性能。

software process performance 软件过程性能

表示遵循一软件过程所得到的实际结果。

software testing system 软件测试体系

为实施软件测试和测试管理的组织机构、资源、过程、方法、技术等所构成的有机整体。软件测试体系把影响测试质量和效率的技术、管理、人员和资源等因素综合在一起，使之为一个共同目的—为达到测试目标而互相配合和努力工作。

specification 规格说明

说明构件/系统的需求、设计、行为或其他特征的文档，常常还包括判断是否满足这些条款的方法。理想情况下，文档是以全面、精确、可验证的方式进行说明的。

stability 稳定性

软件产品避免因更改后导致非预期结果的能力。

state diagram 状态图

一种图表，描绘构件/系统所能呈现的状态，并显示导致或产生从一个状态转变到另一个状态的事件或环境。

static testing 静态测试

对构件/系统的规格说明、设计和代码等进行检查,而不是执行这个软件。比如,代码评审或静态代码分析。

stress testing 压力测试

在规定的或超过规定的需求条件下测试构件/系统,以对其进行评估。

system testing 系统测试

对一个已经集成的系统进行测试,以验证它是否满足特定需求的过程。

system engineering 系统工程

组织管理“系统”的规划、研究、设计、制造、试验和使用的科学方法,是一种对所有“系统”都具有普遍意义的科学方法。

system 体系

若干有关事物互相联系,互相制约而构成的一个有机整体。

test approach 测试方法

针对特定项目的测试策略的实现,通常包括根据测试项目的目标和风险评估所做的决策、测试过程入口/出口准则、采用的测试设计技术和所执行的测试类型等。

test automation 测试自动化

利用软件工具来执行或支持测试活动(如测试管理、测试设计、测试执行和结果检验等)。

test case 测试用例

为特定目标或测试条件(例如,执行特定的程序路径,或是验证与特定需求的一致性)而制定的一组输入值、执行入口条件、预期结果和执行出口条件。

test cycle 测试周期

针对一个可分辨的测试对象发布版本而执行的测试过程。

test data 测试数据

在测试执行之前存在的数据(如在数据库中)。这些数据与被测构件/系统相互影响。

test design technique 测试设计技术

用来创建和选择测试用例的步骤。

test environment 测试环境

执行测试需要的环境,包括硬件、仪器、模拟器、软件工具和其他支持要素。

test execution 测试执行

对被测构件/系统执行测试,产生实际结果的过程。

test execution automation 测试执行自动化

使用软件(例如捕捉/回放工具)来控制测试的执行、实际结果和期望结果的对比、测试预置条件的设置和其他的测试控制和报告功能。

test execution phase 测试执行阶段

软件开发生命周期的一个阶段。在这个阶段里执行软件产品,并评估软件产品以确定是

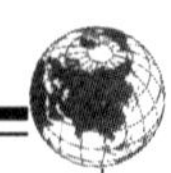

否满足需求。

test infrastructure 测试基础设施

执行测试所需的组成物件，包括测试环境、测试工具和办公环境等。

test input 测试输入

在测试执行过程中，测试对象从外部源接收到的数据。外部源可以是硬件、软件或人。

test level 测试级别

统一组织和管理的一组测试活动。测试级别与项目的职责相关联。测试级别的例子包括构件测试、集成测试、系统测试和验收测试等。

test log 测试日志

按时间顺序排列的有关测试执行所有相关细节的记录。

test manager 测试经理

负责管理测试活动的人。他(她)指导、控制、管理测试计划的执行。

test management 测试管理

计划、估计、监控和控制测试活动，通常由测试经理来执行。

Test Maturity Model (TMM)测试成熟度模型

测试过程改进的五级阶段框架，描述了有效测试过程的关键要素。它参照了能力成熟度模型(CMM)的结构，但专注于测试领域。

test object 测试对象

需要测试的构件或系统。

test objective 测试目标

设计和执行测试的原因或目的。

test plan 测试计划

描述预期测试活动的范围、方法、资源和进度的文档。它标识了测试项、需测试的特性、测试任务、任务负责人、测试人员的独立程度、测试环境、测试设计技术、测试的入口和出口准则等。

test planning 测试策划

制订或更新测试计划的活动。

test policy 测试方针

描述组织级别的关于测试的原则、方法和主要目标的高级文档。

Test Process Improvement (TPI)测试过程改进(TPI)

用于测试过程改进的一个连续框架，描述了有效测试过程的关键要素，特别针对于系统测试和验收测试。

test strategy 测试策略

一个高级文档。该文档定义了需要对一个或多个项目执行的测试级别和需要进行的测试。

test tool 测试工具

支持一个或多个测试活动(例如,计划和控制、用例设计、数据准备、测试执行和测试分析等)的软件产品。

test type 测试类型

为特定测试目标而开展的针对被测构件/系统的一组测试活动,例如功能测试、易用性测试、回归测试等。一个测试类型可能发生在一个或多个测试级别或测试阶段上。

testability 可测试性

软件产品可以被测试的能力。

test requirement analysis 测试需求分析

根据软件的需求和设计,结合项目目标和各方面的情况,得出软件测试需求、软件测试策略等结论。

test design 测试设计

根据测试需求进行测试方案设计和测试用例开发的过程。

test tracking and controlling 测试跟踪与监控

提高测试实际进展程度的可视性,使管理者能在测试状况明显偏离测试计划时采取有效措施。测试跟踪和监控包括对照已文档化的估计、约定和计划评审、跟踪测试完成情况和结果,并基于实际完成情况和结果来调整测试计划。

testing engineering 测试工程

一致地执行一个妥善定义的工程过程(该过程集成全部测试工程活动),以便有效地,且高效率地执行测试活动。测试工程包括采用项目定义测试过程和适当的方法及工具去进行软件测试的工程作业。

testing system documentation 测试体系文件

关于组织标准测试过程的定义文档,及相关的测试规范、测试文档模板、测试指南、测试检查表等系列文档。

testing methodology base 测试方法库

关于测试的方法论,如测试用例开发方法、测试过程控制方法等。

test case base 测试用例库

存放各个项目/产品做得好的测试用例(如功能测试用例、性能测试方案、自动化测试脚本等)的地方。

testing process database 测试过程数据库

存放测试过程中的估计、度量和统计数据(如测试工作量、测试效率、测试缺陷分布等)的地方。

testing principal 测试原则

整个组织在测试方面应该遵循的总的原则和要求,组织在测试方面所作的投入、支持和承

诺，组织在测试方面相应的负责机构和人员的职责、权力等。

testing process model 测试过程模型

软件工程大师在软件生命周期模型中加入测试过程而形成的对软件测试过程的定义。它形象地表达了测试与分析设计开发活动的关系。

test plan metric 测试计划度量

与测试计划的制订和执行跟踪相关的度量。

testing size 测试规模

是被测软件的规模(即大小，size)。

testing effort 测试工作量

指的是完成一件与测试相关的任务，需要几个人投入多长时间，单位一般是“人时”、“人天”、“人月”等。

test executing rate 测试执行率

表示实际执行过程中已经执行的测试用例的比率。

testing pass rate 测试执行通过率

表示在实际执行的测试用例中，执行结果为“通过”的测试用例的比率。

testing automation 自动化软件测试

用机器代替手工以自动运行的方式完成部分测试任务，以提高软件测试效率。

testing automation system 自动化测试体系

为开展自动化测试实践而建立的相关基础设施、策略、过程、方法，技术、框架、工具、系统等:

testing automation infrastructure 自动化测试基础设施

支撑自动化测试活动开展的基础环境、工具、平台、系统等。

testing automation framework 自动化测试框架

能够自动地以各种方式运行被测软件，并记录运行结果的一个软件系统，是用来搭建自动化测试环境的框架。

usability 可用性

软件能被理解、学习、使用和在特定应用条件下吸引用户的能力。

usability testing 可用性测试

用来判定软件产品的可被理解、易学、易操作和在特定条件下吸引用户程度的测试。

use case 用例

用户和系统进行对话过程中的一系列交互，能够产生实际的结果。

V - model V -模型

描述从需求定义到维护的整个软件开发生命周期活动的框架。V -模型说明了测试活动如何集成在软件开发生命周期的每个阶段中。

validation 确认

通过检查和提供客观证据来证实特定目的功能或应用已经实现。

verification 验证

通过检查和提供客观证据来证实指定的需求是否已经满足。

walkthrough 走查

由文档作者逐步陈述文档内容，以收集信息，并对内容达成共识。

white - box testing 白盒测试

通过分析构件/系统的内部结构进行的测试。

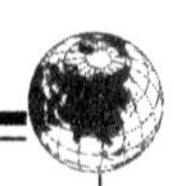

附录 2

参考文献

[1] BarryBoehm. Report of the Defense Science Board Task Force on Acquiring Defense Software Commercially Defense Science Board,1994.

[2] Cem Kaner, Jack Falk, & Hung Quoc Nguyen, Testing Computer Software (2nd Ed.), International Thomson Computer Press, 1993.

[3] Daniel J. Mosley, Bruce A. Posey, Just Enough Software Testing Automation, Prentice Hall PTR,2002.

[4] Dennis M. Ahern 等著. CMMI 精粹——集成化过程改进实用导论[M]. 周伯生,译. 北京:中信出版社,2002.

[5] Elfriede Dustin, Jeff Rashka, John Paul, Automated Software Testing: Introduction, Management, and Performance, Addison - Wesley Professional, 1999.

[6] Erik van Veenendaal, Test Maturity Model integration(TMMi) Version 3. 0,TMMi Foundation.

[7] Glenford J. Myers, The Art of Software Testing, Wiley Publishing, Inc., 1979.

[8] Ian Sommerville. 软件工程[M](英文版 第八版). 北京:机械工业出版社,2006.

[9] Ivar Jacobson 等著. 统一软件开发过程[M]. 周伯生,等译. 北京:机械工业出版社,2002.

[10] James Bach, Heuristic Risk - Based Testing, Software Testing and Quality Engineering Magazine,1999.

[11] Mary B. Chrissis, Mike Konrad, Sandy Shrum. CMMI for Development. Third Edition. Addison - Wesley Publishing Company, 2011.

[12] Michael Fagan,Advances in Software Inspections, July 1986, IEEE Transactions on Software Engineering, Vol. SE - 12, No. 7.

[13] Paul E. Rook. Controlling Software Projects, the IEEE Software Engineering Journal,1986.

[14] Paul Herzlich. The Politics of Testing,the first EuroSTAR conference in London,1993.

[15] Thomas Stober, Uwe Hansmann, Agile Software Development, Springer, 2010.

[16] Victor R. Basili,The goal question metric paradigm,Encyclopedia of Software Engineering,1994.

[17] Watts S. Humphrey. Introduction to Team Software Process. Addison－Wesley Publishing Company，2000.

[18] Watts S. Humphrey. The Discipline for Software Engineering. Addison－Wesley Publishing Company，1994.

[19] Watts S. Humphrey：Managing the Software Process. Addison－Wesley Publishing Company，1989.

[20] 钱学森.论系统工程[M].长沙：湖南科学技术出版社，1988.

[21] 钱学森，宋健.工程控制论(第3版)[M].北京：科学出版社，2011，2.

[22] 任发科，周伯生，吴超英.软件度量过程的研究与实施[J]，北京航空航天大学学报，2003(10).

[23] 王慧，周伯生.基于CMMI的资源模型[J].计算机工程，2007(19).

[24] 王慧，周伯生，罗文劼.[基于CMMI的软件过程性能模型][J].计算机工程与设计，2009(1).

[25] 郑人杰.计算机软件测试技术[M].北京：清华大学出版社，1990.

[26] 周伯生，董士海.软件工程环境引论[J].计算机研究与发展，1986(7).

[27] 周伯生，张子让，黄征，张社英.中华人民共和国国家标准·计算机软件质量保证计划规范GB/T 12504－1990，计算机软件配置管理计划规范GB/T 12505－90.

[28] 周伯生，张子让.制定软件工程化生产规范的若干问题[J]，航空标准化与质量，1986(6).

[29] 周伯生，朱令娴，孙自安，罗文劼.项目管理过程域中的统计过程控制研究[J]，计算机系统应用，2005.

[30] 周伯生等.过程工程原理及过程工程环境专题[J]，软件学报，1997(6)(增刊).

[31] 朱令娴，周伯生，罗文劼.过程模型的测试用例自动生成研究[J]，计算机系统应用，2008年.

[32] 段玉聪，顾毓清.多维关注分离的模型驱动过程框架设计方法[J]，软件学报，2006(8).

[33] 刘超，张莉.可视化面向对象建模技术：标准建模语言UML教程[M]，北京航空航天大学出版社，1999.

[34] 李虎，金茂忠，刘超，高仲仪.上下无关文法测试充分性[J]，北京航空航天大学学报，2003，10.

跋

跋一

粗读全稿，感到本书是作者在软件测试领域做了大量工作后的经验总结；也是作者在周伯生教授指导下所提出的软件测试理论、技术、方法、环境的新尝试，其中包括了书中提到的6W原则、组织级测试体系、自动化测试体系的建设等。

我认为本书的出版是我国软件测试领域的重大事件。这是因为有大量软件人员正在从事软件测试工作，而软件测试工作的质量又直接关系到软件项目以至于软件产品的生命！目前我国软件产业到了一个重要的历史关头，已从小作坊的软件开发、测试，发展到软件产业化的研制、外包开发、测试阶段。如何保证我国软件产业的快速健康发展，已成为当务之急。其中软件质量的保证和软件企业的质量评估，就是一个关键。本书的出版，将为我国软件的产业化、人员培训等做出积极贡献，是软件企业的领导、管理人员和技术人员值得阅读的好书！

董士海
北京大学信息科学技术学院教授
2012年5月3日

跋二

有人曾经把软件测试比作制造业中的成品质量检验。我认为，从生产流程的地位来说，这种类比有其合理性，但软件测试毕竟是一项更为复杂、更为艰巨的工作。

首先，软件作为测试的对象，它本身比制造业产品复杂得多；同时，它还是抽象不可见的逻辑实体。它常常涉及许多不同业务领域的知识，所凝聚的是众多前期软件人员的智力劳动。此外，每个软件具有十分突出的个性，找不到两个完全一样的软件。所有这些特点都表明，对这种产品的质量检验具有更大的难度。

其次，软件测试工作既有基本理论的指导，又有突出的实践性；并且根据被测试软件在实际工作或社会生活中的重要性和关键性，测试工作承担了重大的责任。同时，也必然承担了一定的风险。

实践告诉我们：做好测试工作对测试人员提出了更多的要求，这里不仅有技术方面，还有许多其他方面。例如，必须掌握软件测试的相关理论和知识，具有实践经验；而且要有细心洞察和分析能力，有良好、合理的组织和分工以及很好的团结、配合；还要有健康的心理素质。本书对以上多个方面都有所涉及。

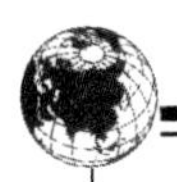

作者具有丰富的软件测试实践和测试管理经验。书中较为全面、系统地介绍了软件测试的基本概念、过程、方法和组织，并且吸收了近年来 CMMI、PSP 和 TSP 在测试方面提供的有益实践。此外，作者总结了自己在软件测试工作中的体会，具有重要的参考价值和鲜明的实用性。

本书适合作为高等学校计算机相关专业的教材。同时，也可供专业人员在实际工作中参考。相信本书能为关心软件测试的读者打开有益之门，还能完满地解答软件测试工作中常会遇到，却又感到棘手的一些疑难问题。

郑人杰
清华大学计算机学院教授
2012 年 5 月 10 日

跋三

《软件测试技术、方法和环境》一书作者具有丰富的软件研发和软件测试实践经验。本书从系统工程方法论角度来看待软件测试，探讨软件组织如何建立软件测试体系，改进软件测试过程，提高整个组织的软件测试能力。这对软件系统的质量是至关重要的。

在系统工程思想指导下，全书以建立软件组织的测试体系为纲，提出了软件测试 6W 原则，论述了软件测试体系的组织形式，以及对测试工程师的培养；在测试体系的组织和人员保障的基础上，给出了测试体系的总体设计，引入了测试成熟度模型，指出了软件组织如何建设测试体系；阐述软件测试过程的建立，推荐和介绍了基于迭代的软件测试过程；详细讨论了同行评审过程、方法和度量原则；列出了白盒测试和黑盒测试测试用例的设计方法及选择测试用例的策略；从实用角度建立软件组织的测试度量分析系统，确立测试度量分析原则，以“赛柏质量监控系统”为例说明如何建立测试过程性能基线；讨论了如何在软件组织内建立包括测试环境、持续集成平台、自动化测试框架、测试工具及自动化测试过程的自动化测试体系；探讨了性能测试体系和队伍的建设。

本书最后详细介绍了“税收征管信息系统”的测试实践，给读者一个直观的软件系统测试实例，全面阐述了书中介绍的原则、过程、方法和技术如何运用在测试实践中，以及软件测试体系在软件系统测试中的作用。

本书适合软件测试人员，开发人员和软件专业的高年级本科生和研究生阅读，具有启发作用。

对软件组织构建适合自己组织的软件测试体系有宝贵的指导意义，并必将对软件产业做出贡献。

顾毓清
中国科学院软件所研究员
2012 年 5 月 8 日

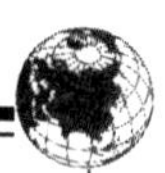

跋四

我快速阅读了《软件测试技术、方法和环境》这本书，看到了在中国的软件行业中已经成长起来的软件测试实践者们的“成功之道”。最让我感兴趣的是，这本书不是简单罗列在其他书中都能读到的各种软件测试方法，而是作者从其所经历的软件测试实践入手，用朴实的语言介绍了在软件企业实践中获得成功应用的方法和经验，并为软件企业建立其内部测试体系提供了一个可用的基本框架。书中简明地介绍了相关的实用软件测试方法，以及如何运用这些方法来有效地开展各项测试工作。书中有丰富的实例可以帮助读者理解和掌握这些方法。

这本书还提醒我们，对于软件企业，软件测试不仅是帮助开发者发现缺陷的技术手段，同时也是管理层对其产品质量做出正确判断和相关决策的重要参考。此外，通过引入专业化的软件测试，还能够有力地促进软件企业建立规范的软件过程，并对其进行持续的改进。

在我国，信息化大潮正势不可挡地涌入各行各业，软件企业面临着难得的市场机遇。但是，许多崭露头角的软件企业也正在经受着软件质量问题的困扰。这本书值得这些企业的管理者一读，或许可以为他们探寻突破质量瓶颈之路提供有益的借鉴。对于软件开发和测试的参与者，以及本科高年级学生和研究生，读读这本书，有助于拓展视野，更深刻地理解软件测试实践中面临的技术问题，以及相伴随的组织问题、管理问题、过程控制问题、测试工具问题，乃至测试相关的知识资产及其利用问题等，并学习相关的知识和方法。

刘　超

北京航空航天大学计算机学院教授

2012 年 5 月 12 日